企劃、選題、行銷、
通路、電子書全都得會

王乾任 著

【代序】出版業為何如此艱難，卻又令人義無反顧？

提起台灣的出版產業的世道，就算是總能不斷推出暢銷書的出版社，也有滿肚子苦水想吐，像是暢銷書的銷售量今非昔比，翻譯版權授權費越來越高而且書還很難搶，卡通路櫃位和活動越來越困難……。

對於出版世道的崩壞，不少人直覺地就會怪罪市場，常聽見的說法有「國人都不讀書、不買書」，「實體書店越倒越多」。

實際上，「人口」因素的確影響銷售量，好比說大量的圖書消費人口外移或老化，都會影響出版品的販售。

不過，根據我的觀察，台灣的出版世道變差，除了有大環境（總體內需市場）的變化（蕭條）影響，出版產業本身的內在特質影響也很大。

出版產業的特性是，市場上的產品供給遠大於需求，而且時間拉得越長，供需失衡的情況便越嚴重，令出版業永遠處於景氣週期中的「不景氣」階段。

我們都知道，台灣每年平均約出版四萬種書。一年四萬，十年就是四十萬，二十年就是八十萬，出版業存在的時間越長，出版品的數量就越多。就算扣除絕版、不再版等其他因素，能夠在市場上存留下來的產品數量還是相當的驚人，是其他產業難以望其項背的產品規模。好比說時裝產業，換季後就很難在新品通路買到過季產品，但是，新書週期結束後，圖書仍然留在書店通路上販售（特別是拜網路書店崛起的長尾效應之賜，過季圖書永遠可以在書店架上販售）。

圖書商品的生命週期因此拉得非常長。如果此一書籍還成了長銷書，除了新書出版當年能夠賺取較高的銷售數量之外，爾後每年也會有一定比例的銷售量，那就更長了，而且時不時還能來個改版重出，當成新書重新在市場發一次，與其他新書競爭。

偏偏雖然新書產品種類與長銷商品不斷增加，但是，整體出版市場的產值卻維持靜止不動，甚至反向萎縮。越來越多的產品，卻要分食一塊不會大幅成長的市場大餅，還要扣除少數暢銷書搶走相當一部分的市值，最後自然變成人人有口飯吃，卻越來越少人吃得飽的情況（這也許是為什麼有一些出版社的業務範圍越來越廣，不再單純只從事出版，還做起政府標案，或者承接沒有銷售壓力的自費出版業務）。

台灣是市場經濟，不可能限制人民出版的自由，既然無法從供給面進行縮減，又無法擴大市場需求，於是便形成出版產業特有的「供給不斷增加，需求／銷售量卻不斷下滑」的供需永遠失衡的特殊現象。

更別說近年來還有電子書等新興出版載體的崛起，更讓書籍出版品一旦問世，就不會絕版或退出圖書市場，未來等電子書市場更加成熟後，將不再有絕版書，供過於求的狀況應該會更嚴峻。

雖然根據長尾理論，出版人只要手上握有夠多的出版品品項，還是能賺到一定量的利潤，不過個別的作家／寫手卻因為每一本書能夠分到的版稅越來越少，被迫寫更多的書好賺取同樣的收入，或者乾脆放棄／退出出版領域。

想要從產業面改變此一供需失衡造成的過度競爭問題，大概很難。不過，個別的出版人想從此一結構性困境掙脫，還是有機會，關鍵就在於不斷創新。

出版人不妨多觀察自己想要推出的出版品類型在既有的出版市場上的發展狀況，是否已經有很多長銷經典卡位，暢銷新書的市佔率是否偏高（簡單說，該出版領域是否已經成為血流成河的紅海）？

台灣每年出版的新書數量雖多，但是不容諱言的是，同質性的類型出版也是相當驚人（其中最為人所知的不外乎言情小說、勵志成功學等）。

出版人若能盡可能挖掘還沒有太多人耕耘但有市場潛力的出版領域，並且在推出新作品時，一口氣就搶下此一出版領域的龍頭地位，再抱持隨時有大批後進模仿者會加入競爭的審慎心態，亦步亦趨，還是能站穩自己的腳步，在激戰的出版市場中卡到屬於自己的一席之地。

出版業不太可能擺脫供給失衡的特殊產業結構，怪罪市場大餅做不大（或者市場太小），出版品太多，退書率太高也無濟於事（也因此，行銷已經是出版書籍的業者不能不做的事情，實際情況是好的行銷活動比好的圖書內容，更能幫助自己的出版品贏得市場青睞），只能不斷想辦法挖掘讀者內心真正的需求，推出好作品以吸引讀者的目光。

然而，這不也正是出版產業最有趣、迷人的地方嗎？

明明有那麼多人知道這一行不好混，書很難賣，卻還是樂意往出版產業這個火坑跳嗎？我自己認為，出版之所以迷人，實在是因為但凡人身處過度競爭的產業環境，為了面對挑戰，不斷激發的潛能的過程實在太過迷人，伴隨新書大賣所帶來的成就感（除了利潤，更重要的是社會影響力），更是讓人無可自拔，才會有那麼多人明知出版這一行很難賺大錢，卻還是前仆後繼的加入了！

目次

編輯

行銷

通路

書店

電子書

出版與社會

尋找你的目標讀者
——從出版上中下游分別談起

尋找目標讀者，是每一個出版從業人員都必須要考慮的事情。每一個，指的是不僅上游出版社裡的（總）編輯、行銷企劃、美編、排版、印務，還包括中游經銷商的業務（經理），跑團購／直效行銷的團隊，乃至直接接觸消費者的下游通路（書店）等，全都該好好考慮，我手上的書（無論是自己編輯的，還是經銷、寄賣的），要賣給誰？該怎麼賣？

先從上游生產者談起

編輯有一點最矛盾的事情，那就是常常編出連自己都提不起興趣購買的書。我說的不是因為工作得編自己平常不看的書，甚至是自己平常有閱讀興趣的書（但當了「編輯」，基本上就不該只想當個純讀者，只讀自己想讀的書，而必須雜讀任何可能有助於自己工作的任何類型的書）。

為什麼會這樣？似乎是當「編輯」附身時，思考一本書的編製，全都從生產者、製造方的角度出發，只想著自己要把書編得如何完美，只想定價／印量能否反映初期成本（雖然這些也都很重要），但卻忘了這本書的讀者是誰？平常過什麼樣的生活？喜好怎樣的風格與美學元素？會因為什麼動機而購買該（類型）書？在哪裡（實體書店，網路書店，團購）買書？這裡的重點在於，身為編輯，能否精準的說出你手上正在編輯之書籍，是要賣給誰（潛在讀者之職業、性別、年齡層、經濟狀況、興趣、需求、生活模式之預設／推估），這個讀者的具體容貌細節（以及背後的母群體有多大），你能否描述得出來？

當編輯的，雖然不能只編自己想看想讀的書。但是，當接下一本書的編製工作時，就要拋棄個人身為讀者時的主觀好惡，進入「編輯」角色之中，拿出專業，從目標讀者的角度出發來思考一本書的編製，做出一本連自己都想買、想讀的書。

除了找到自己的潛在讀者外，還必須懂得從市場既有的同質性書籍的出版狀況（月出版量）、基本起印數、主要出版社、暢銷書情況、是否能攻上暢銷排行榜等等數據，儘可能的推估出你的潛在讀者。

身為一個編輯，想要掌握目標讀者的資訊，最好定期查閱自己過去編輯書籍的銷售經驗，出版社裡的讀者回函卡，或者和社內行銷企劃、業務、團購／直銷行銷負責人，甚至經銷商業務經理，書店第一線門市人員、店長開會討論。而最重要的是，千萬不要忘了定期（最好是每週一次）到各種級別之書店（大型連鎖旗艦店／專門店／社區小店，獨立書店）或書街（公館、重慶南路、各縣市之書店匯聚街區）走走，實地觀察，都是些什麼模樣的人在看你編的書（或同類型的書），從這些第一線具體收集到的讀者資料，再回頭反推其在人口學中的統計意義，找出潛在讀者母群體，是身為編輯在編製一本書之前，不該忽略的事先準備功課。

此外，由於部落格興起，喜好在部落格上和人分享閱讀經驗的網友和網站也越來愈多，更有專門以閱讀為主題的網站，這些網站裡的寫手、讀者，也是編輯參考尋找目標讀者，找出目標讀者渴望之閱讀需求的重要地方。若編輯能收集從專業到業餘各種不同等級之閱讀部落格，定期閱讀並整理分析其所發表的文章和留言，應該可以相當程度的掌握市場的閱讀現狀，甚至揪出未來的閱讀趨勢。

由於台灣引進不少翻譯書，閱讀口味深受國際影響。因此，編輯在編製一本書之前，也不妨多參考歐美日韓各國同質性（暢銷、長銷、熱門話題）書籍的編輯製作手法，了解這些市場上對該書的評價（報紙雜誌閱讀版、閱讀部落格、網路書店書評），找出哪些人（社會類屬）對於該書的閱讀感受為何？若能精準抓住激發閱讀感受的元素，則要製作一本能引起本地讀者相同共鳴之書，也較便捷許多。

再來說說中游經銷商

說到經銷商，一般會想到的就是將出版社所出版之書籍，分配發送到各級書店或地區經銷商手上。

經銷商看似不用直接接觸讀者，但其實，經銷商扮演著連接書店和出版社的任務。出版社編輯雖然知道自己做的書要賣給什麼樣的讀者，但是，若沒有經銷商幫忙具體的在全國各書店中找出這些讀者會出沒的書店，並且精準的將書籍鋪送到目標讀者面前，則出版社編輯就算再能夠掌握目標讀者，也沒有用。

未來的經銷商，絕對不能只是被動的鋪貨。而必須根據自己經銷之出版社所出版之圖書類型，以及這些書籍在全國各書店門市銷售狀況，逐步分析整理出各家書店的銷售強／弱項。甚至，直接深入每家書店門市，了解該門市所在之商圈人口之閱讀屬性、人口規模，判斷其是否仍有發展空間，或者以達到飽和，從而找出最合適的鋪貨數量與整體鋪貨模型，以增加新書在對的門市曝光的機率，減少不必要退書。

因此，經銷商必須積極與各級書店第一線門市會談，了解自家所經銷書籍的評價，實際銷售狀況，推算出在各家書店的進銷存退、銷售週期、熱／冷銷狀況，找出各類型、各等級書的最佳鋪貨清單，並且定期檢視修正，務必替自家經銷之書籍找到最佳陳列曝光機會。

此外，更要積極開拓公司團購、各級學校／圖書館訂購，接洽海外（東南亞、香港、中國大陸、歐美澳日海外華文書店）書店的經銷鋪貨，盡可能的替自家新書找銷貨管道。

最後，絕對不能馬虎的書店門市

眼下台灣，能夠被稱為書店的賣場是越來越少。除了網路書店崛起的衝擊外，出版種類過多，導致被店面坪數限制的絕大多數中小型書店之圖書銷售業績日降，再加上大賣場、便利超商竄起分食暢銷書市場，連鎖書店挾集體採購優勢壓低進貨成本而大打形象牌／折扣戰，更讓許多地區／獨立性書店經營困難，轉型為文具兼賣圖書的書店日多。

雖然競爭日趨激烈，但社區／獨立書店還是有可為。只是，必須充份調查了解店面所屬商圈的客層屬性、消費人口規模、熱／冷門消費時段等等統計數據，再針對上門顧客進行調查，了解其購書動機與需求。此外，參考各大連鎖書店暢銷排行榜與報刊雜誌書評推薦，選擇合適自家商圈銷售之書籍陳列，再發揮獨立書店的服務優勢，和客人建立情感連結，則要讓消費者定期上門買書，也不至於完全不可能。

不過，書店門市最要緊的，還是根據商圈規模與客層屬性，以及自家書店既有的庫存值上限、營業額，再參考消費者、經銷商與編輯的意見，找出最適合的銷售書單，建立穩健長銷而週轉快的商品結構。例如地區書店或許偏重在大眾暢銷書的快速提供（與折扣優惠上），放棄不必要的冷門書與專業書（我發現，不少社區書店裡充斥著不符合商圈需求的書籍，導致庫存值浪費）。

此外，除了張貼出版社／經銷商提供之宣傳海報外，自行製作銷售海報，張貼個人／店主書評閱讀感想，挖掘商圈內的重度讀者，積極向讀者推薦購買，營造出良好的銷售氛圍，是書店賣場必須積極深耕的一環。

通力合作，一起找出目標讀者

出版產業面對來自其他文創產業（如電影、電視）與網路提供大量免費內容閱讀的挑戰，若不能通力合作，積極尋思開發且深耕目標讀者，找出最具經濟效益的圖書編製／行銷／陳列模式，則無效率的出版與銷售情況將會不斷累積、惡化。

再者，大型連鎖通路與少數擁有行銷資源的大出版集團結盟壟斷市場情況也將日漸嚴重（不是陰謀論式，而是務實妥協式），造成出版產業更多更快的退書與滯銷，導致市場過度簡化為大眾暢銷與其它滯銷，從而壓抑了多元豐沛的閱讀能量。

唯有上中下游攜手合作，多方交流，公開自家的營業數據，一起找出台灣社會中熱愛且默默支持閱讀／出版的目標讀者，才是深耕且擴大出版營業產值的正確之道。

台灣當前出版產業解析

據說，現代的台灣出版界，一年出版的新書高達四萬多種。這似乎是個嚇人的數字，不過，這個數字並不代表台灣過去五十年的出版情況。有些出版人以這個龐大的數字，作為某種出版產業危機論的開脫藉口。

其實，台灣繁體中文書籍出版數量，一直到一九五三年開始，才有正式統計資料，而當年不過四百多本新書出版。台灣一直到一九六八年以前，每年出版的新書均不超過四千種，大概維持在兩千種左右。一九七〇年到一九八五年的台灣出版界，每年大約出版八到九千種新書，一九八六年後破萬種。一九九四年正式破兩萬，一九九八年破三萬，前幾年也都在三萬種的出版量徘徊。

造成書籍出版數量增加的原因有很多。像是台灣國民所得逐年升高，教育水準提高，民眾視字率提高，政府出版政策趨向開放，出版界大量引進外文翻譯與大陸地區著作，羅曼史工業蓬勃發展，漫畫市場日漸擴大，電腦產業興起，教科參考書日漸盛行，書籍種類日漸分化等等。書籍出版數量增加的原因，並非本文的重點，不過這個新書出版數量所產生的結果，卻是本文所要探討的問題核心。

新書出版數量快速增加，會有什麼問題？一般出版社主編或文化分析家，談到新書數量暴增的問題時，多半將這一大堆新書，視為一個模糊而不加分類的統一體，並以此數據陳述台灣出版業的不景氣，抱怨產業結構，甚至人民閱讀風氣等問題，最後再以自嘲式口吻，結束所討論的任何出版產業的問題。然而，無論問題是翻譯素質、書籍銷售量、通路、書籍品質、中國稿源、人民閱讀風氣等等，這些文章總是以哀嘆起頭和結尾，有誰認真分析過台灣出版產業各個環節，有哪個環節的廠商，願意投注心力分析並且試圖改變現狀？

很可悲，答案可能是——沒有！每個環節的人都在抱怨其他環節的廠商是拖累台灣出版產業的兇手。出版社怪通路，通路怪書店，書店怪出版社，甚至出版社同行相忌、彼此批判者不在少數。小出版社謾罵大出版社將書籍商品化，傳統出版社抱怨財大氣粗的出版集團等等，這些口水文章在報章媒體偶爾會出現一篇，在書展前後有可能大量出現。這些文章流於謾罵叫囂，只是不帶髒字，但對於問題的解決，真的沒有任何貢獻。

本文則企圖針對出版產業的上中下游各個出版環節與各自平行間的互動關係，提出我長期觀察出版市場與生產環節中可能的問題，提出評析以及解決之道。

一般的讀者或許並不在意自己所讀的書，究竟是由哪些出版社出版。大家或許會注意某些常在書店或媒體曝光的出版社，也許會注意知名大作家所屬的出版社，或者是一些大型綜合出版社如時報、遠流、圓神集團、城邦集團、聯經、皇冠等，但對於某些擁有特定集中而穩定讀者的出版社，一般讀者可能並不太清楚，例如專出社會學的巨流、群學，專營商管的華泰等專業出版社，很多讀者根本不認識。讀者對於出版產業內部情況更是不了解，似乎也沒興趣知道。然而這卻成了出版社隱瞞產業問題的方式。

本來，每一個產業都有其商業秘密，都有不為外人道的專門技術。只是，台灣的出版產業中某些出版人，似乎特別喜歡一方面拿一堆看似可怕的統計數據打迷糊帳，另一方面卻對自己出版社的銷售情況絕對保密，然後大談出版產業的困境與危機，我認為這種片面引用且錯誤詮釋統計數字的觀點，有誤導社會大眾之嫌。既然要談出版產業的危機與困境，卻不談產業內部的問題，而怪罪閱讀風氣不盛、翻譯品質太差、通路系統衰亡。台灣人特有的出事怪別人的心態，似乎在出版產業也存在著。出版產業整體產值無法有力提昇，錯的永遠是其他出版環節的業者，而不是自己，自己只有無奈和苦水，別人才是元兇。這種上游怪下游，下游怨上游的說法，除了互踢皮球外，對於出版產業整體問題的解決，並沒有任何幫助。

本文先簡單介紹出版產業幾個主要的環節，然後再來討論出版產業各個環節所隱含的問題以及可能的解決辦法。出版業可以粗分為上游、中游與下游。上游是出版社，中游是通路，下游是書店，也是一般讀者接觸一般書籍的地方。不過這是指一般大眾，在書店通路自行購買書籍的情況。

在某些情況之下，人們群聚，並且一同購買書籍，是不用透過書店這個通路。例如過去百科全書盛行的時代，書籍是由業務員登門推銷，而不是讀者在書店看了喜歡買回去。還有不需考慮獲利的政府出版品和政府的出版補助，這些都和市場競爭沒有太大關係。

還有像高中、國中、國小、幼稚教育、補習班、才藝班等教育機構，所購買使用的教科書、教材、參考書，這部分的書籍通常以團購方式購買，並不太與書店接觸，其可能購買方式是該特定團體與出版社業務直接接觸購買。

這部分的產值很高，試想全國四百萬的學生，每個人都需要教科書、參考書，這的確是一個龐大的商機。經營這部分的出版社，不太與出版界的中下游接觸，而直接與其所銷售的特定團體之意見領袖接觸，例如學校中的任課老師或校長。

因此，常常傳出有購書弊端與回扣的事宜。這部分的出版社可以說是絕對性壓倒性的獲利，任何讀過計算出版成本書籍或者在出版業工作的人，都可以清楚算出這些書籍的獲利能力，絕對不像這些出版社對外宣佈的那麼低。

例如國小教科參考書，台灣主要經營這塊領域的出版社只有七家，這七家瓜分全國近兩百萬小學生的購書預算，就算平均，其收入也很可觀。書籍編輯排版印製成本，遠比任何不在出版產業中工作的人所能夠想像的低，而且當書籍印製數量是以十萬本計時，更比一般以千計者降低許多。以市場最難被獨占的大學教科書來說，一本翻譯教科書銷售超過三千本後，可以說是賣一本賺一本的情況。而國小教科書出版社並不出版不獲利的冷門書籍，甚至連書籍版權都掌握在出版社自己手上，書籍編輯製作成本，幾乎等於出版社人事成本，這其實並不高。問題出在行銷成本太高，這部分不言可喻。

另外還有一種獨占性出版社就是宗教性出版社，這種出版社擁有團結而堅固的潛在讀者，想想慈濟有多少人，這換算成書籍銷售量，的確不可忽視。就算一本書只賺三、五元，都是可觀的收入。

還有一種是羅曼史工業，以及有租書店系統承受基本印量的書籍，台灣的租書店大約有兩千家左右，有些生意好的熱門書店新書會進兩到三本，這都是經營這塊出版類型出版社的基本銷售量，出版社有保本的效果。

就拿羅曼史來說，台灣從事羅曼史的出版社約莫二十餘家，而台灣羅曼史的出版量占一年的百分之十二。羅曼史的稿件，除非極為大牌作家，否則一般採買斷制，一本書二萬到十萬不等，一般約為五萬，定價幾乎公定一八〇元一本，一印約五千本，有兩千多本進入租書店這類固定通路，另外的進入市場。

還有專營國家及各級考試用書的出版社，補習班附設的出版部門，這些出版社看準市場需求，出版考試用書，獲利可觀。例如早期的三民書局，其法律考試用書可以說是獨霸全國。

另外像語言、電腦、商管等工具書，在出版界中，也是擁有穩定而龐大的消費者來支撐。想想台灣是多麼熱中英語教育，經營這部分的出版社，其收益難道還少得了。

以上所述幾種出版型態是出版產業的特性（書籍類型分殊化，出版社專業出版某些特定類型的書籍），佔去不少出版社，粗略估計應該有一百多家出版社從事這類出版，若再加上高等教育專門出版社，這個數字可能還要再翻一倍。這些出版社有穩定而特定集中的潛在讀者在支持，因此市場風險較低，某些具壟斷獨占類型的出版社，獲利能力也頗穩定。

其他沒那麼幸運可以獨／寡占某些特定讀者團體的出版社，必須進入完整的出版流程，在市場上與其他書籍競爭的出版社，其書籍製作成本和選書考量，在經濟普遍不景氣的情況之下，有所調整。

首先談談書籍稿源，一般來說書籍稿源有三種。第一是台灣作者提供，這部分大多抽版稅，也有賣斷（但現在已經比較少），版稅從百分之五到百分之二十不等，但大概都落在百分之七到十二。書籍的版稅計算方式是以書籍定價乘以首刷預計印量再乘以版稅率。一般來說，現在市場上的新書，除知名作家外，一刷約兩千本。這樣的版稅報酬率除非是知名作家，否則很難以版稅維生。

第二種是寫手供稿，這部分可以分兩種，一種是台灣出版社直接邀稿，另外一種是中國已經出版的優秀著作的授權台灣版。前者一般來說是買斷制（也有抽版稅，只是很少），一千字五十元人民幣，一本書假設十萬字，稿費約五千人民幣，也就是兩萬元。後者當然也是版稅制，版稅結構和前面所提一樣。

第三種是翻譯，除了極少數的例外（例如聯經的《魔戒》），翻譯稿費是買斷制，一般翻譯從每千字三百元到七百五十元不等。出版社還必須預付授權費給書籍的原出版社，還有版權代理公司。

書籍授權費又可分下列幾種：學術專書和學術教科書，大眾讀物和暢銷著作。學術專書絕大多數在一千美金以下，學術教科書則在三千美金以下，不過近年來開始轉向合作出版（也就是抽版稅）。大眾書籍大約在一千三四百美金左右起跳，知名書籍當然也是抽版稅，不過情況很少，因為外國出版社對於台灣圖書市場的預計並不大。大致上來說，翻譯書可以算成是稿件買斷制，成本是預付款和翻譯稿費。預付款部分，若由版權代理公司洽談合約，版權代理公司一般的收費是預付款的百分之十。

除了稿費，再來就是其他的書籍製作成本。這部分可分外包和出版社自行吸收兩種。由於電腦普及，書籍製作均已電腦化。出版社若有固定編輯（文編、美編）者，多半會自行吸收，排版、打字、潤校、製圖等費用算入編輯的薪資成本之中。

就書籍製作外包來說，排版、打字（現在已經很少）每千字三十到兩百左右都有，圖表另計（一圖一表也是三十到兩百均有，看書籍本書圖表難度）。潤校從一千字十五元到兩百元（視書籍難易程度）。書籍內含之推薦導讀文章（大約是一篇一千至五千元）。封面設計從數千到一兩萬不等。製版印刷等平均分攤到每一本書中所佔成本並不高（不容易超過定價一折）。

再加上倉儲辦公室等必要的成本，就算是出版社的所有成本。一般來說，出版社可大可小，而台灣出版社的問題就在於固定成本太高，印量控制不宜，出版社定位不清楚。

先說固定成本，其實以台灣的閱讀人口來說，除了時報文化、聯經、遠流、圓神、五南、三民等大型綜合出版社外，其實不需太多固定員工，出版社是個可以大力仰賴協力網絡的產業。出版社可以利用外包來調整自己的成本。中小型出版社只要擁有一定比例的常銷書，可以負擔倉儲等必要之固定成本，人事盡量精簡，則可以在不景氣時縮減出版量以求彈性自保，並在景氣好轉時增加出版量，賺取利潤。出版社之間更可以藉由不同類型書籍的出版社的相互連結，在市場上建立共同品牌，最有名的例子就是過去尚未有外資進入的城邦集團的共同平台制。

外包有什麼好處？對出版社的好處我們已經談過了，對於員工好處更大。一般出版社編輯薪資從一個月兩萬到三萬五，主編從三四萬到十餘萬，但高薪編輯實屬極少數，絕大多數編輯乃是兩三萬這個範疇的薪水階級。

但是如果出版社均採外包制，由上述的外包成本，編輯可以自行調整工作量，但我相信，絕對比現在固定職員所付出的時間和精力回收的多。編輯之間可以成立工作室，集合每個人的專業，向出版社統包書籍製作事宜。

這對出版社節省成本，編輯提昇收入和生活品質，都有幫助。更對書籍品質有所提昇。現在台灣少數出版量龐大的出版社，由於書籍製作時間壓縮，文字品質已經日漸低落。某大型商管出版社之人文類書籍，錯字連篇時常可見。

然而，為什麼不願意這麼做，大概是舊式管理思維作祟，希望能夠有人可管，喜歡科層管理，難以接受組織扁平化和彈性的做法。但那固定而龐大的人事成本，卻在不景氣的時代成為出版社的高額成本支出。

其實，台灣雖然號稱一萬多家出版社，但實際有達到以營利為目的的出版社只有一千餘家，絕大多數出版社都是登記後不出版，或沒有取消登記，以及非營利單位如基金會的附屬出版組，並不能算是營利出版社。

而這一千家中，大約只有五六百家出版社是正常營運。這些出版社除了少數大型綜合出版社所經營的書種較為廣泛而全面外，其他中小型出版社均以數種特定書籍類型作為出版社本身的主要出版業務，一來可以鎖定市場，二來可以專心發揮。出版社是個內部極為分殊化而專業化的特殊產業，除了文學類書籍外，其他每一類書籍多半有二十餘家左右的書店專營（文學是市場的閱讀主力），而中小型出版社多半會負擔四到二十種不同的書籍類型，並且可以概括在某個學科或書籍類型範疇之下。例如專營高等教育的學術出版社可以大致分為商管類、社會科學類、人文科學類、理工類和醫學類等，而這些類別之下又各自出版屬性相近的書籍。例如社會科學類出版社旗下會擁有社會學、政治學、教育、法律、心理學、經濟學等類型的書籍。

基於如此特殊的產業結構，台灣的出版社雖然看來很多，但其實分工仍屬粗略，仍無歐美出版社的精細。

登記出版社並不難，而且在過去有其必要性。例如過去大學教授升等時需繳交書籍，不少教授就自行登記出版社出版書籍，然後就等待下次升等再使用，然而過去博士畢業是聘副教授，因此絕大多數這類出版社只出版一本書就不再出版。

以六七百家出版社來經營幾百種圖書文類，其實綽綽有餘。特別還有不少出版社是大眾市場冷門但獲利卻十分穩定的出版社，如上述和教育宗教有關聯的出版社，以及羅曼史漫畫等出版社。

老實說，就書籍類型來說，台灣可以開發的範圍還有很多，台灣的出版產業並非飽和，而是發錯書給讀者，將讀者的胃給弄壞了。例如這兩年來大量出版的名人書籍，絕大多數都是消耗品，對於資訊或知識甚至智慧的求取價值不大，但卻搶光了消費者口袋中準備買書的錢。而且還進一步毀掉了讀者的閱讀品味，只求無文字負擔、但求讀後感覺爽的書，對於讀者是一種扼殺。這樣做還不如不要出書，免得破壞了消費者選擇書籍的能力。這種完全商業利益考量的書籍越多，台灣未來人力資源的前途就越悲慘。

如果過去對於漫畫那麼多的譴責有些道理的話，那對於那些講究流行宛如流行唱片般的書籍，豈不是更應該受到譴責。更何況，看漫畫所獲得的資訊和人生智識，還遠比那些書多得多。如果不信，可以看看《家栽之人》、《人生交叉點》等漫畫，保證我所言不虛。

我們出版界的同行最大的問題就是，以秘密不公開原則經營出版業，不對外公開實際印量銷售量和書籍製作成本，不願意以提高效率作為出版社管理方式，造成資源浪費，才是出版社這個出版產業環節的問題。

不過，出版社老闆一定不這麼認為，他們認為是通路與書店的問題，沒錯，出版產業中下游的確出現問題，但上游應該先反省自己所產生的成本浪費以及錯誤決策所造成的浪費。不過接下來我們就要來談談出版產業中下游的問題。

出版人認為，出版產業最核心的關鍵就是中游的通路，通路是影響書籍流通販賣的關鍵。除了少數不需通路的特定書籍類型外，在書店販售的書籍都需要藉由通路鋪貨。通路的利潤是書籍定價的百分之十。出版社一般以定價的五折到六五折為發書給通路的標準，通路再加上所得利潤後，便是下游書店的進書成本。

出版者認為，台灣的通路已死，但卻沒人想為此已死的通路解套，本文則將試圖提供一個解套的辦法。台灣的通路問題其實並非無可救藥，而在於整體出版產業各個環節不願意合作，不願意研究市場的閱讀走向，銷售情況背後所暗藏的玄機，不願意做市場分析與市場調查。試想，傳播界想引進一部新影片，產業界想開發一個新產品都會進行市場調查，台灣的出版者會作什麼認識市場的舉動嗎，很可惜，絕大多數都不會！大部分的人都看看歐美日等先進國家流行暢銷書，然後照單全收，翻譯引進，保證基本銷售量。出版者甚至對於他所經營的書籍類型在市場上有多少同業，多少競爭者，潛在市場和潛在讀者在哪裡，都完全搞不清楚。

回頭來談談台灣書籍的配銷問題。台灣的書店採寄賣制，書籍是出版社寄放在書店販售，在一定時間賣不出去後，書店可以退貨給出版社，不需支付任何款項給出版社。書店的主要成本為電租和水電，書店多半以工讀生和低價店員為主要人力，薪資成本不高。

台灣書店的問題在於不夠專業化，無法了解自己的定位和屬性，更不願意花心血建立最合適的自己書店的書單和書籍類型，完全浪費書店空間，無法達成「單位面積銷售量最大化」。這一點和面積不大但卻銷售成績傲人的便利商店多學習，會有所收穫。便利商店花了很多心血研究分析，試圖找出有限空間的最大商業效能。這並不可恥，畢竟書店是商店，要賺錢維持生存是天經地義的事。浪費空間擺放不合自己書店格調和客戶屬性的書籍，只有浪費成本，讓書擺對地方，賣給對的人，這樣才能解開台灣通路的死結。

有許多出版人都抱怨台灣的通路已死，因為一年新書那麼多，然而全台灣最大的書店，號稱可以容納三十萬本書，看似不足以包納所有的書，更別說一般書店。然而，這完全是錯解統計。人們都只看統計所反映的整體，而忽略內部差異。

一年出版三、四萬本書是從一九九八年才開始，一九九四年到一九九七年一年平均兩萬種新書，一九八六到一九九三年則每年平均一萬種新書，在此之前的書我們可以視為絕版或老舊不堪使用的書種，以及六十年代拼命出版的那些中國古籍，許多並不需要在大眾書店出現陳列吧，再算上其他不需書店經銷的特定書籍。因此，我們可以大膽假設，現在可供全市場銷售的書籍種類約二十六萬種，也就是說，台灣號稱可容納三十萬本書的書店一定可以蒐齊，但其實沒有，因為內行人隨便一逛還是可以知道有許多書沒有陳列。更別說一般書店。

台灣的通路並沒有死絕，只是出版社、通路和書店，大家都只從自我的角度出發，並且以龐大而模糊的統計數字營造失敗主義思想，不願意讓出版業工業化和專門化，不願意分析市場結構和特性，而一味怪罪其他環節破壞出版產業。互相幫助才是產業生存之道。

台灣書店和通路最大的問題在於將書鋪給錯誤的書店。就好比將一本社會科學學術專業著作鋪到鄉下的社區書店一樣，這除了為他將來的絕版留下一線生機，好讓未來可能需要這本書的人，因緣際會買到外，沒有其他貢獻。書店也會因為這個空間一直被佔而無法提昇銷售量，這種書只要多幾本，那書店就很慘。不過更慘的是，根據我的觀察，這種搞不清楚自己定位和屬性的書店，從獨立的社區書店到大型連鎖書店，比比皆是。

台灣一般坊間的書店，雖然不能容納從過去到現在，所有出版社所出版過的書，不過，那完全不必要也不必須。因為，書店必須了解自己的定位，了解自己的顧客群與消費書種，針對顧客群以及書店自我定位，設計出最適合該書店的書單，提高書店的單位面積銷售量，才是解決書店銷售問題的辦法。

台灣的書店可以說極不專業，書店根本不管通路鋪給書店的書是什麼，適不適合，書店連判斷一本新書該進多少、甚至該不該進的能力都沒有，更別說建立一份屬於書店自己的常備書單。書店一般都把新書找到相關出版社或相關書系就上架了事，然後依賴電腦的銷售系統資料，判定下架時間，這完全錯誤。簡單說，書店不懂得如何取捨書籍的擺放或退送。當我看到鄉下社區型書店擺著零星幾本冷門學術書時，就感嘆他們必定滯銷的命運。

我曾經在專業書店打工，通路商總是送來一大堆不符合該書店屬性的新書，這些書的下場只有退書，根本無法上架。這些書或許可以在該書店上架，也或許有賣出的可能，但卻不符合書店的效益。因為書店的定位明確，因此讀者的身分也非常特定，根本不預期在此買到某些書。

專賣人文書籍的書店就不該進不符合屬性的書籍；社區型書店就不該進太過冷闢的專門

圖書；大學附近專業書店就不該進一般大眾勵志叢書，原因很簡單，和目標讀者的預期心理不符。這都是提昇書店單位面積銷售量的好方法。

我逛遍台灣大小書店，發現能夠按照書店自己特有屬性和目標讀者，規劃出合適書單與書籍架位擺設位置和比例，以及新書數量的書店，實在少之又少。無論是專業書店或者是社區型書店都一樣，連鎖書店更不用說了，每家書店都大同小異，忽略了書店位置和銷售對象的差異。

若是無法完全發揮書店的單位面積銷售能力，那麼只是在浪費出版產業大家的時間、金錢和心力罷了。

賣書是一種和時間賽跑的事情，通路如果試探性的每家書店都鋪個幾本新書，而不願意有系統有規劃的為新書選擇合適的書店，那除了增加退書率外，還會有其他的可能性嗎？這種完全浪費資源的事情，每天都在台灣的出版產業上演著。書店缺乏選書專業和主體性，完全被出版社行銷企劃和通路鋪書策略所主導，沒有自己主體性和選書的書店，這如何提昇競爭力？

如果你的書店明明是專業精英走向，卻浪費空間擺放大眾圖書，那就是浪費自己最佳的單位面積銷售能力。如果我是文具與圖書複合的中小學社區型書店，那就別浪費時間在專業書上，一本都不要！難道你能期望高中生買一本如何管理企業的商管書，還是討論經濟原理的大部頭？當然是多擺一些大眾文學、羅曼史、名人傳記（最好是課本會提到的），通俗歷史故事讀物，雜誌和漫畫等等，空間已經很小了，何必再浪費。

書店應該能夠而且必須了解自己的定位，了解自己的讀者階層和閱讀品味，了解他們的需求，針對你的客戶需要進最合適的新書，擺放盡可能齊全的相關圖書。

通路也是，明確的分工與分化，將新書送到正確的書店，將避免不必要的時間成本的浪費。一本書一開始就發到對的書店，會比到錯的書店走一趟，省下不少時間。

像過去一些少數大賣的學術冷門書，在我打工的書店一鋪貨就賣到缺貨，一書難求。然而到兩步之外的一般書店，卻仍有存貨，這就是沒有拿捏正確的進書數量。讓你的書店賣正確的書，不要浪費時間去賣你的顧客不感興趣的書！

台灣出版產業最大的問題在於不願意幫助彼此幫助，協助其他環節，讓整體出版產業建立一套完整的鋪書和書籍製作流程，讓書籍生產工業化，讓書籍販售流通專門分殊化，建立完備的配書銷售系統，不讓書跑錯出版社！

書店和書店之間，出版社和出版社之間，也要通力合作。書店和出版社要有雅量向讀者推薦其他出版社的好書，推薦讀者到馬上買得到他想買的書的書店去買，而不是要求讀者浪費時間訂購。相信這個舉動或許不能讓你賺到這筆交易，但鐵定更能留住這個讀者的心。這招可以說是百試皆靈，你不一定要在第一次就作成交易，但一定要讓他在與書店的第一次接觸，就了解我們書店是以服務讀者而非賺錢為最主要目的。

其他提昇書店單位面積銷售量的方法還有很多。例如多和常來書店的客人接觸，了解其閱讀需求和購書類型，適時推薦合適新書，將更有助書店的銷售成績，而這部分則有賴書店和通路提昇員工素質。起碼了解一下你賣的商品是什麼吧？

手機銷售商難道會分不清楚三星和蘋果嗎？不過書店就會，你問店員什麼出版社什麼書，絕大多數得到的回答都是我不知道。不知道沒關係，但起碼背一些可以讓客人找到相關資料的店，網路書店也行啊，多花點心血。書店其實可以請人診斷書店藏書，訓練店員的認書能力和服務態度，這完全不難而且有趣的很！

提昇素質可以借助出版社或老客戶的幫助，書店要了解自己最佳的合作對象是出版社和消費者，並與他們通力合作，定出最合適書店擺設與販賣的商品。

在漫畫專賣店賣詩，在精英書店賣大眾勵志讀物，不都是浪費時間嗎？在商就必須某種程度的言商，那種自認是高貴文化產業而胡搞一氣導致銷售成績下滑的舉動，可一點都不高明。

解決台灣出版產業的困境很簡單，唯有出版產業上中下游通力攜手合作，互相幫助，提供其他環節建立制度和專業的資訊。幫助別人就是幫助自己，否則任憑你出版社自認出了多少好書，只要書店不擺或擺錯書店不都是徒然浪費人力和資源；任憑你書店認為自己多有品味，只要通路沒能給對你想賣的書，書店能夠多有品味？

認真解析統計數字背後的複雜意義，不要老是拿來當作搪塞的銷售成績不佳的藉口，認真了解整體出版產業的多元性複合性和關聯性，以合作代替謾罵，台灣的出版產業才不會走向日本那個出版大崩壞。

書店和出版社都一樣，大不一定好，專業分工，建立風格和特色，了解自己的位子和屬性，兩相配合，才是最重要的解套關鍵。降價求售最後的倒楣的只有未來的消費者。讓出版生態成為良性而非惡性循環。

二〇一三年台灣出版大盤點
——大環境不佳，小確幸當道

二〇一三年，台灣的總體大環境持續不佳，GDP預估數字不斷下修，民間百業蕭條，物價飆漲而薪水凍漲趨勢不變。面對此一總體大環境不佳，也反映在出版與銷售狀況上。

二〇一三年重要出版趨勢回顧

1. 理財、實用、勵志與手作熱

首先是省錢與理財書籍續強，DIY、手作與實用書熱賣（特別是最近不斷爆出的食品安全問題，更讓許多習慣外食的族群紛紛改為自己烹煮，廚藝類出版品持續熱銷），激勵人心的傳統勵志書也極續熱賣，比較特別的是，提醒二十幾歲年輕人留意職場發展的作品不少，顯然不少人都很擔心少子化與溺愛時代長大的青年朋友的職場競爭力。

2.「小」字輩當道

除了理財書與實用書籍持續熱賣之外，最有趣的出版現象當屬「小」（與「微」）字輩出版品當道，「小清新」、「小旅行」、「小確幸」、「小革命」、「小成功」、「小探險」、「小練習」、「小料理」、等「小〇〇」出版品越來越多，像是《小塵埃》。《小寂寞》《小道消息》《小太陽》《小王子》《小鎮生活指南》《小城市》《小城》《小陌生人》《小星星》……，即便書名上沒有直接出現「小」，卻也是標榜微小而確切的幸福。

當人們不敢企望高度經濟成長時期的強大，改為追求精緻小巧，個人範圍內力所能及的確切而微小幸福，看來「小」（與「微」）字輩出版品來年還會繼續興旺下去。

3.慢跑書竄紅

最近一兩年，台灣吹起了跑步風，不少都會中產階級高階白領甚至企業大老闆紛紛投入各項跑步運動（慢跑、馬拉松、鐵人三項、極限運動等）。據說，這股跑步熱背後有運動品公司在推動，此股熱潮也延燒到出版界，紛紛推出了與跑步有關的作品，像是單單二〇一三年十一月就出了三本與跑步有關的書，分別是《歐陽靖寫給女生的跑步書：連我都能跑了，妳一定也可以！》、《真實：超馬女神工藤真實的跑步人生》、《郭老師的跑步課：從入門到進階，

300個正確的跑步要訣》。

到底這股跑步熱會持續下去還是曇花一現，讓我們二〇一四年繼續看下去。

十二年國教即將上路，探討十二年國教各種面向的出版品紛紛上市，像是《圖解你該知道的十二年國教》、《十二年國教，孩子這樣提升多元學力》、《未來教育：2030年教師備忘錄》、《學習的革命：從教室出發的改革》、《學習，動起來1英國：創造力的學習》，銷售成績也都不差，顯見台灣社會十分關心影響未來下一代的十二年國教問題。

4.村上春樹新書《沒有色彩的多崎作和他的巡禮之年》中文預售版稅創新高

睽違四年的村上春樹新小說，《沒有色彩的多崎作和他的巡禮之年》簡繁體預售版稅紛紛開出新高。繁體中文版據傳為五百萬新台幣，簡體中文版為五十萬美金，鉅額版稅讓許多出版人驚嘆，同時擔心墊高外文小說翻譯預付版稅的費用（近年來已經飆漲不少，台灣從過去的一千五百美金飆升到至少五千美金起跳），增加出版營運成本。

5.《大人的科學》中文版登台

日本知名的科普雜誌《大人的科學》來台推出中文版，一口氣推出多期，創下不錯的銷售成績。

6. 女性情慾小說當道，帶動羅曼史銷售熱

《格雷的五十道陰影》與《謎情柯洛斯》出版後，摻雜女性情慾書寫的羅曼史帶動新一波的羅曼史銷售熱潮，也帶動一波羅曼史、女性成長小說（重新）出版，像是茱麗．嘉伍德的《新娘》、《天使》、《禮物》等經典羅曼史改版重譯。春光出版企劃周丹蘋說：「新版吸引許多非羅曼史族群的讀者，比舊版銷售約增四成。」

7. 個人出版走群眾募資路線

當大型出版集團與連鎖通路幾乎壟斷出版市場時，個人出版該如何殺出重圍？群眾募資路線可能是一個不錯的選擇。靠著創意提案，台灣獨立出版人黃建璋與李憶婷成功在美國著名募資網站Kickstarter募得三千美元，推出限量三百本的手工立體書「The Alley」，且順利脫銷，為台灣獨立出版開創新的可能性。

二〇一三年出版產業與閱讀熱點議題回顧

除了出版品反映當年社會現狀外，二〇一三年出版業本身也捲入了幾個重要的事件，成為重點話題人物。

首先是二代健保課徵補充性保費引發的怪現象，一向不算高薪的文字工作者與外包編輯等出版Soho族，常常收入低到不需繳納個人綜合所得稅，卻得繳納二代健保的補充性保費（凡每月單筆接案所得超過五千元時，未在正式公司有擔任職務或沒有加入職業工會者，需繳交百分之二補充性保費），雖然備受抨擊，卻也如期開徵。

1.兩岸服貿協議，出版業成戰場

今年台灣出版業炒最兇的一個議題，當屬兩岸服貿協議中，即將開放中國的印刷業來台。由於中國的印刷業與台灣印刷業的情況不同，台灣的出版人認為中國出版業可以透過印刷業進軍台灣出版市場，然而，兩岸服貿協定簽議後，台灣出版人卻不能前進中國從事出版工作，對出版業來說極度不對等的服貿協議條件，引爆民間出版人士不滿，資深出版人郝明義先生更以怒辭國策顧問的方法向馬政府抗議。

2.一年只讀兩本書，引發社會輿論譁然

由文化部委託進行的台灣閱讀調查報告發現，台灣民眾平均一年讀兩本書，此一數據嚇壞一票學者與政府高官，直指台灣閱讀風氣不盛，應當想辦法挽救。

3. 大師翻譯名著惹議

台灣知名學者洪蘭翻譯《快思慢想》一書，翻譯品質遭受廣大讀者抨擊，屢有學者發文批評書中的譯稿，甚至一度盛傳出版社願意接受退換貨。雖然之後證實是誤傳，且書籍持續高掛暢銷排行榜不墜，但暢銷書由知名學者翻譯的品質問題，乃至暢銷書翻譯問題登上輿論，受到熱烈討論。

發行通路：創新開拓與整合的一年

二〇一三年的台灣出版通路，是充滿創新開拓與整合的一年。在實體通路面有誠品推出松菸文創商城，政大書城進軍台南府城設立大型門市，老獨立書店結盟，而獨立書店新血加入。

在通路與經銷方面，全家便利超商跨足出版發行業務，令人期待。不過，今年也有令人遺憾的事情，在台灣專營圖書館通路的經銷商啟發，因不堪長期以低價搶標造成的營運壓力，終於跳票倒閉，近年來台灣的經銷商不斷因為帳務問題而倒閉或結束營業，顯見台灣未來面對電子化與網路書店崛起後的便利性，勢必得對出版發行與經銷問題進行重新評估，傳統經銷模式已經走不下去。

1. 誠品生活上櫃

誠品生活上櫃，不含書店、畫廊和展演的事業體，是以商場和餐飲事業為主體，於一月三十日上櫃，終於一圓誠品上市夢。

2. 政大書城進軍台南

老字號的經銷商黎銘旗下的書店通路政大書城，繼花蓮成立複合型民宿書店之後，又看中台南的老百貨公司，經重新整修裝潢之後，推出總樓層面積達七百五十坪的大型書店商場，七月中一開幕就成為台南的新文化地標，吸引不少人潮。

3. 獨立書店結盟

獨立書店不只是書店，而是藝文空間，甚至是社區活動中心，它最大的價值是關注社會議題及小眾文化的精神，「我們希望這樣的精神可以被傳下去，不只在這間書店裡發生，而是可以擴大的。」協會成員包括唐山書店、東海書苑、水木書苑、洪雅書房、小小書店、有河book、凱風卡瑪兒童書店、自己的書房、註書店等九家書店。

4. 文化部補助租金，獨立書店紛紛開

為了鼓勵青年返鄉開書店，文化部結合文創產業圓夢計畫，提供五十萬元的創業第一桶金，今年共有八件提案通過，包括新北市板橋區新新書店、桃園縣平鎮市晴耕雨讀小書院、新竹市竹東鎮的瓦當人文書屋、臺中市西區的新手書店、臺中市沙鹿的桃樂絲童書坊、臺中市的戀風草青少年書房、台南市的意識・意思書店、花蓮縣秀林鄉的雨果部落書坊。

5. 水牛書店重出江湖

前立委羅文嘉在桃園縣新屋鄉籌設「水牛書店」，號稱全台第一家社會企業書店。水牛是台灣老字號出版社，是許多人童年時代的共同回憶，出版不少經典好書，多年來處於半停止營運狀態，由羅文嘉接手續營。

6. 專營圖書館與學校團購廠商跳票

圖書經銷商啟發文化公司傳出因低價搶標，導致下游出版社沒有利潤而不願供貨，前晚跳票，約百多家出版社遭波及、跳票金額上千萬。

7. 全家便利超商進軍出版

全家便利超商推出暢銷書實體書卡預購，同步引進翰林數位學系系統，搶攻一年逾百億元的網路書店與補教市場。

8. 松菸誠品開幕

誠品於今年推出的第一個大型複合文創園區松菸誠品，松菸誠品除了有原本的書店文具館與百貨商場美食街之外，還有專門電影院，未來第二期計畫還將推出誠品飯店，發展以文化為軸心的複合型零售百貨業，松菸誠品的成敗某種程度象徵著未來大型實體連鎖書店的成敗，書店能否走上百貨零售通路模式以克服高昂地租成本的經營困難，誠品的發展，全世界都在注目！

9. Google Play登台

Google於亞太區九個市場、包括台灣、香港、新加坡、紐西蘭、印尼、馬來西亞、菲律賓、泰國、越南同步推出Google Play圖書服務。

登入Google Play，並使用「Google Play圖書應用程式」，就能透過網路、平板電腦或智慧型手機購買中、外文電子書。

Google圖書目前在台灣的合作夥伴包括遠流、城邦、時報文化、秀威資訊、華雲數位、尖端出版、台大出版中心、三采等八家出版社，未來還會持續增加。

10. 中華民國出版商業同業公會全國聯合會成立

台灣五都出版公會日前成立「中華民國出版商業同業公會全國聯合會」，以整合出版界產官學的力量，迎戰數位浪潮對出版業帶來的衝擊，推動兩岸共同華文市場，帶領出版業走出新藍海為組織目標。

「出版社」

阿波羅與酒神，大象與跳蚤

——論台灣未來出版組織兩極化的成因與發展

分眾時代的來臨

早在一九八〇年代，就有出版人昭告《分眾的誕生》。然而，身為發展後進國的台灣，真正要體驗分眾的崛起，還是解嚴之後，台灣社會力大幅解放的事情。總是最能夠嗅到社會新奇現象的出版界，除了繼續提供大眾出版品，也逐步走向分眾經營。

於是，開始有出版人朝分眾市場經營。在大型出版社方面，開始走向產業化、組織化，出版品走向書系化、集團化。例如以書系區分出版社內的圖書類型（例如時報文化分為八大線）；或將社內出版社再行分割，旗下每個子出版社各自經營不同的圖書類型（例如圓神集團）；或成立副品牌，經營其他類型出版品（例如皇冠成立平裝本）；或讓書系獨立成子公司，但共享編輯製作平台（例如華文網）或者召聚不同圖書專長之出版社，成立聯邦（例如城邦、共和國）。

另外，鎖定專門市場的出版社逐漸崛起，既有專門出版社則深化書系經營。前者例如電腦書、言情小說，後者如宗教類、學術類出版社。

台灣出版界急著搶進資本主義產業化經營模式，忙著擺脫前現代的家庭手工生產。對於出版，開始有商業經營的觀念抬頭，過去文人出版的傳統逐漸沒落。再加上連鎖通路的崛起擴大，發行通路市場也產生相當大的變化，更迫使出版社無不想方設法尋找屬於自己的特定利基，好維持生存，甚至逆勢向上擴大。整個出版界一時間風起雲湧，前景變化莫測。

電子化／網路化的崛起

同樣也是一九八〇年代，不過是末期。個人桌上型電腦在台灣逐漸普及。傳統出版社的編輯排版設計工作，逐漸由電子化接手。再加上台灣本身就是電腦代工（以及海盜）王國的便利性，出版社取得電腦（與各種出版相關電子軟體）相對容易，大幅降低進入出版產業的門檻。甚至只要一個人、一部電話／傳真機、一台電腦，就可以開始搞出版。

一九九五年，台灣邁入網路時代，緊接著數年之內，網路基礎建設普及，電子郵件、網際網路、ＩＣＱ、ＭＳＮ等新型態溝通媒介興起（甚至從一九九八年到二〇〇〇間還瘋魔了一陣數位出版與網路書店），更在在降低了進入出版產業的門檻。

於是乎，不知道是否是巧合，還是真的是分眾社會加上電子化的崛起，台灣的出版量和出版社，就在一九八〇年代以後，迅速擴增。一九八八年破萬種，一九九〇年一萬七千種；一九九二年二萬一千種；一九九四年三萬種；二〇〇一年四萬種；二〇〇五年出版量則高達四萬六千八百種。進而引發各種令出版人焦慮／興奮的出版現象（興奮如出版品類型逐漸多元化、出版品質日漸優質；憂慮如出書量過大，退書率節節高升、通路問題嚴重）。

創作發表模式的改變

台灣社會在一九八〇年代以後，歷經經濟發展、政治解放、電子化崛起，逐步邁入多元社會，有志創作者的發表管道增加，並且接二連三出現優質作品。特別是電子化與網路化的崛起，各式部落格與臉書的興起，只要有網頁，人人都能夠書寫並且對世界發言。

有志於寫作之人，不再非得透過傳統平面媒體發聲，再加上台灣社會經濟成長，人民眼界大開，寫作不再侷限於文學創作，各式非文學創作、生活風格類作品大行其道（雖有老一輩文人出版家對此現象感到感嘆憂愁，但我反而抱持樂觀心態，這是社會成熟多元化的表徵，書寫不再被少數文化精英把持）。只要有心，人人都可以是作家。某種程度導致傳統純文學出版沒落，各式新興出版市場崛起，新興非純文學寫手趁勢而起。

於是，出版社所推出的新書，類型逐漸多元化。加上數位書寫成為新興創作人的主要發表管道，讓出版社編輯除了接受毛遂自薦的來稿、原先市場大牌作家的作品外，也開始到各式人氣網站搜尋作者，合作出版。

或許有人會說，網路的崛起，幫助作品跳過出版社（編輯）、經銷商，甚至通路，可以直接和讀者接觸。理論上當然沒錯，只要這位作者無心於獲利，不想以創作賺錢的話。將作品發表在網路上，的確就足以滿足其創作欲望，並獲得認同者的閱讀及讚賞。但有志於以販賣作品維生的新興作家，真的可以就此跳過出版社與經銷商，直接將作品販售給讀者嗎？其實是相當困難的。

隨著電子化的崛起，再加上自由經濟市場的成熟，未來編輯在文稿挖掘、編輯排版設計、行銷發行業務上，都處於與過往不同的新模式。過去那種我只要出好書，書出後就會有讀者買單的狀況將不再發生！沒有包套的出版企劃案，一本再好的文稿都可以被做死（相反的，中下的文稿也可以透過優質企劃進而成為暢銷書）。

未來出版四要素：企劃／文稿（包含版權買賣）／編輯／行銷

在台灣，編輯專業普遍不被尊重。少數作者與大部分民眾誤以為他們寫好了文章，出版社只要排版校稿（而校稿就是找錯字），再加裝個封面，就可以推出到市場了。甚至因此以為，自己也可以搞出版社。其實是大錯特錯！

編輯絕對是一門專業，而且是一門高度複雜的專業。身為專業編輯，除了必須具備敏銳的嗅覺，比一般人（甚至絕大多數同業）看見新興社會現象／群眾集體焦慮／公共議題中的出版商機，做出出版提案，針對讀者閱讀需求，設計出可讀性高的作品（這並不能以媚俗、商業考量或庸人主義化約而論，而是編輯專業的呈現）。提案必須包括目標市場分析，作品主題、書寫模式、合適寫手、行銷方案、圖書特色等等面向提出一份完整的出版企劃案。

另外，編輯本身必須有自己的人脈（這人脈可能是在入行後不斷累積的），包括作家寫手、翻譯人員、美術排版專業人員、印務印刷廠、經銷通路、相熟書店與書評作家等等，並且能夠隨時調動掌握這批批龐雜且都各具高度自主性的創意團隊，讓手上正在進行的出版企劃案的不同進度能夠順暢。一般來說，一個編輯一個月約莫推出一到四本書，但並非僅只需要負責當月新書，還未來半年甚至一年陸續出版的圖書，都需要負責編輯提案、追稿、送審、校稿、發排、送印……，每本書在不同的執行環節上運作著。

一個編輯必須具備基本的連結能力，串聯這所有不同專業的出版從業人員，協商／懇求／威脅……，進度能夠如期產出，又不傷害彼此的良好互動關係，讓自家出版品的出版期限內，將作者文稿順利成為書籍並且好好的躺在書店裡，供消費者選購。

上述每一個編輯環節，都是專業，都需要極度的耐心細心，才能夠完成。試想，若從作者交稿到印刷發行、書店下單，每個環節都給你拖延一兩天（一兩天不算多吧？），整本書就得延遲多久才能夠出版？又若社內每個編輯每本書都如此延遲，後面的營運週轉、業績帳款問題，馬上就如滾雪球般而來。怎麼能說編輯不是一種專業？

未來出版社：大象與跳蚤，阿波羅與酒神的競合賽局

出版是個高度仰賴專業外包團隊的產業，即便大型出版集團，在文稿撰寫與翻譯上，也必須仰賴外人提供，更別說台灣百分之八十是二十人以下中小型出版社，這些出版社舉凡文稿撰寫翻譯、封面版型設計、印刷發行經銷等等，都必須委外代工。幸有電子化崛起，幫助編輯管理這一長條的鬆散連結。

因著電子化的崛起，出版門檻降低，委外代工模式的成熟，未來的出版將以圖書企劃優劣與編輯行銷流程的確實掌控作為決勝負的關鍵。

名氣作家若沒有好的編輯將其文字轉化為適合讀者閱讀的字體版型，弄出吸引讀者目光的封面文案，和各式媒體版面洽談推薦行銷，與連鎖書店斡旋新書促銷主題書展……，在出版週轉如此激烈的現代出版環境來說，將很難突破重重難關，將書送到讀者手中，更別說是無名新人作家了。試想，一個專業編輯要能夠用明確文字告訴美術設計自己想要的感覺，告訴作者讀者的閱讀需求並提供文稿修改建議，告訴行銷企劃本書推薦重點，告訴印刷廠套色間的細微差異……，樣樣都是專業。下次編輯若再碰上那些不懂尊重專業，誤以為只要將其作品排版付印，就可以讓出版社翹腿等收錢的作者們，回家自己出吧！

一個好的編輯出版人，就是鬆散連結的協力網絡的經營與建構，挑戰委外代工流程管理的極限。藉由電子化／網路化的輔助，將圖書企劃、文稿撰寫／翻譯、版權簽訂、文稿審定／校定／排版、封面設計、印刷入庫、行銷倉管都統攝於一，無入而不自得。

由於出版產業從事的是創意生產，對於從事創意產業的從業人員來說，要求絕對服從的管理模式根本行不通，完全放任的自由模式也可能造成效率低落。創意從業人員本身的性格具備一定的特殊性（酒神性格，非理性面），如何在繆思與酒神性格中，納入阿波羅般的科層／理性管理，便成為未來出版社成敗的另一項關鍵。

我認為，為因應出版創意產業從業人員的特殊性，未來台灣圖書出版組織將會朝集團化與個人化兩極發展。未來有意進入圖書出版產業的朋友，必須認清自我性格是酒神性格多還是阿波羅性格多。適合待在大象般的集團組織還是跳蚤般的中小企業？

由於性格不同，同為從事創意產業，有些人或許適合進入具備完備制度與後勤支援的出版集團，在集團中利用既有資源創作一本本好書。另外有些人可能較為隨性自由，不適合待在分層管理、事務切割的大型組織，反而適合組織權變彈性較大，因為規模過小而事事親恭的中小企業；甚至自行創業，成為一人出版社。上述兩種模式都對，並沒有正確答案。覺得自己待在大出版社有志難伸者，或許是性格上和組織的不協調，而非你錯組織對（亦或者相反）。覺得中小型出版社凡事都必須自己動手做而認為無法好好做書者，或許需要去找個制度完備的大出版社，確實扮演起小螺絲釘才合適。

其次，集團出版則將主力放在大眾市場，並挪出部分資源佈局小眾市場。至於個人化出版則將眼光放在分眾市場，從小眾冷門出發。前者資源充沛，具有組織戰的優勢，為大眾服務；後者靈活權變，深耕小眾，凝聚認同共識，緩步建立市場口碑，再逐步向大眾市場邁進，提出具備特殊利基的閱讀觀點。

其三，集團出版將主力放在市場規格的制定以及產業化經營，積極經營暢銷書與大眾市場將是未來重點趨勢。至於新入行的出版社或個人出版，最好以精緻手工化思維，作為開創市場利基的根據。畢竟在缺乏人力物力資源的情況下，要走大規模統一量產模式，和大型出版集團硬碰硬競爭，所必須冒的市場風險極大。舉例來說，商管出版品的領導品牌中的每月主打商品起印量可能破萬，但新興出版社哪有多少子彈可以每個月推出一本起印量破萬的圖書來搶攻市場？萬一連輸兩本，很可能就賠的血本無歸。其次，就算新興出版社真的作出暢銷書，然而如何預估市場飽和量，不至於讓最後的退書吞噬利潤，都是需要細膩的圖書操作眼光和經驗，才有辦法準確預測。圖書暢銷未必賺錢，若市場需求量只有十萬卻印了十五萬，最後五萬本庫存可能會讓出版社血本無歸。

因此，新興出版社若不是已經發展到足以存活立足的程度，或者對於市場操作已經非常熟練，切莫貿然投入批發量產市場，選擇小眾市場練兵，打好基礎比較重要。否則，同樣操作暢銷書，在各項資源都不如人的情況下，失敗的風險遠比老牌大型出版社來的高（畢竟這些出版社擁有知名作家、良好的供應商書店關係、也有較多資金週轉）。要像雅言、自轉星球這樣做出超級暢銷書，除了選題企劃之外，印刷行銷庫存週轉等面向，也都必須有審慎的規劃考量。還不如群學這類以學術為基礎的小眾出版社，緩步推進，奠定根基來的安全。

從小型化到兩極化

——淺論台灣出版社規模的變化

如果以中國大陸國營出版社的規模和營業額來說，台灣的出版社，應該都是小型出版社。舉例來說，在台灣能夠熱賣破萬本的書，已經可以躋身暢銷書的行列。在中國大陸，只是基本的起印量。至於超級暢銷書，台灣以丹布朗的《達文西密碼》熱銷百萬冊為最，在中國，卻是隨便一本百家講談的作品就能超越百萬，更別說教科書出版一出手就是數千萬上億的銷售量。市場規模的差異，導致兩岸的出版社規模有天淵之別。

不過，雖說如此，僅就台灣本地來看，出版社還是可以區分出大小，而總的來說，台灣出版社的從過去的家庭手工業為主，轉變成今天的大集團與小個體戶兩極化的現象。

一九七〇年代之前，黨國大出版社VS.民間文人出版社

台灣解嚴之前，出版自由頗受箝制，除了商務、正中、黎明、幼獅等擁有黨國資本主義色彩的出版社規模較大外，民間出版社多半是小型家庭手工業，由一群文人作家聚集出資興辦的。由於出版自由受箝制，因而出版類型受限，多半以文學為主，且多是一九四九年後來台的「外省掛文人」主持。出版社多半小而美，且以文學為主。除了三民、皇冠順利轉型，渡過台灣社會多次的出版變革，成為大型出版社之外，其他絕大多數的出版社，不是隨著黨國資本主義的結束而沒落（例如正中書局，當年承辦台灣基礎教育教科書印製，幾乎是壟斷的利益來源，造就正中的榮景，隨著教科書的開放製作，正中失去利潤來源又無力變革，已經成為無足輕重的邊緣出版社），就是被市場淘汰／邊緣化。

一九七〇年代石油危機之後

台灣當前的大型出版社／集團與社長，幾乎都是一九七〇年代石油危機以後崛起的，最有名的當屬遠流。當年，這些年輕的出版人看準台灣經濟起飛後，家庭對於文化與閱讀的（實際與象徵）需求，加上當年台灣還未加入國際版權公約，翻譯／翻譯外國書仍不需支付版稅，

製作成本低而銷售利潤好，大量推出百科套書，以業務大隊逐戶拜訪推銷，創造了一波出版榮景。當前台灣主要出版社的社長，不少就是當年勤跑基層業務推銷百科套書致富後自行創業的，例如世茂。

一九八〇年代新興連鎖通路的崛起

時序進入一九八〇年代，台灣經濟高度起飛（又有台灣錢淹腳目的說法），國民所得水準大幅提升，對於閱讀的需求也同樣大增。加上解嚴開放，民間社會力被釋放，過去不能出版的書籍，全都允許出版了。

一九八二年，金石堂連鎖書店誕生，標誌著現代化光鮮明亮大坪數的連鎖書店，急需大量的出版品填滿店內的書架，於是，看見商機的出版人，紛紛將出版社規模搞大（例如皇冠、時報、聯經、遠流、三民，大量新開書系），快速擴充出版數量（從統計來看，一九七〇至一九八五年，台灣的年出版量約在八至九千之間徘徊，一九八六年破萬之後，不再回頭，快速成長，一九九四年破兩萬，一九九八年破三萬）。

出版社規模不大的，則進行策略結盟或合併，最知名的當屬商周、麥田與貓頭鷹合併成立城邦集團，成為台灣首家大型出版集團。出版社從手工業走向產業化、組織化、集團化、資本化，大型出版集團興起。

城邦的出線，有其時代脈絡，除了通路型態的轉變（大型連鎖書店興起，小出版社單槍匹馬上門談判不具優勢），台灣的出版人想仿效歐美，將台灣出版推向資本化與組織化的遠景，也是出版集團應運而生的原因。

此後，台灣有實力的出版社紛紛向集團化靠攏，但因為台灣市場過小無力發展歐美式的出版集團（由母公司統領多家子公司，且不斷併購具市場潛力的子公司，子公司橫跨世界各國，子公司數量甚至破百，員工人數達四十五萬人，年營業額上看千億美金），於是出現各種變形，像是將出版社內的書系獨立，視為出版社來經營，外面看起來是很多出版社隸屬於一個出版集團，其實是一家出版社擁有很多書系，像圓神、遠足（共和國）、漢湘、城邦集團裡的商周（城邦集團中有三分之一左右的出版品牌隸屬於商周）；為了開拓新市場，成立新的副品牌以作區隔，例如皇冠成立平裝本；糾聚不同圖書專長之出版社，成立聯邦，例如城邦、共和國、大雁；讓書系獨立成子公司，但共享編輯製作平台，像華文網。

一九八〇年代末期到一九九〇年代末期的十年，台灣具實力的出版社紛紛搞起資本化（例如時報文化上櫃，城邦引進港資Tom.com）、大型化與集團化，試圖壯大聲勢以爭取書店佔櫃和大型連鎖書店的談判籌碼。

一九九〇年代以降的新出版社：小而美、術有專攻

除了大型出版集團興起，原本手工業個體戶也被迫轉型，成為專精特殊出版類型的小型專業出版社。一九九〇年代以後誕生的新出版社，更有九成以專門出版類型為訴求，將自己定位為某出版類型的代表品牌。例如專攻建築設計的田園城市，社科人文的立緒、群學、韋伯，言情小說的誠果屋、鮮鮮，宗教的主流等等，公司總人數不到五人的新出版社比比皆是。可以說除了大塊文化、三采，幾乎沒有新出版社想朝大型綜合出版社（如時報、遠流、聯經）之路邁進。

小而美的專業出版社的出線，其實是呼應「分眾市場」的需求，一方面為了深耕利基市場的讀者，以不斷出版同類型出版品的方式，搶下某出版類型的霸主地位外，由於通路被大型連鎖通路佔據，老出版社又不斷大型化與集團化，新出版社想出頭，只能從「分眾市場」開始。

台灣未來的出版社群像：大象與跳蚤，大型集團與微型出版社

二〇〇二年以後，台灣景氣明顯停滯，內需市場逐漸萎縮，出版版圖也被大型出版集團與連鎖通路佔據大半（台灣零售圖書市場百分之八十的營業額來自前二十大出版社），小出版

社只能固守專精的利基市場，想大步跨入主流市場，遠比一九七〇至八〇年代市場正快速成長時代困難。

未來，台灣的出版社應該是少數大型出版集團與眾多利基型小出版社林立的狀況，老字號的中型出版社雖然還在，但因市場不景氣導致的營業額衰退，若無法積極變革（或第二代不願接班），也會朝小型化修正，逐漸消失。

小出版社如何殺出書市紅海？

對於書市的不景氣，原因當然很多。在此暫不細表。然而，當真沒有人賺錢嘛？似乎也不盡然！大前研一的《Off學》就賣的火紅；前幾年終於開花結果，徹底走紅於書市的九把刀，更是逆勢突破，新書一本接著一本出。

書市不景氣，衝擊較大的，多半是年資淺，規模小的出版社。大出版社或許長銷書的量夠大，即便市場暫時不景氣，緊縮一下，也就過了。然而小出版社不同。特別是剛創業或創業不久，可販賣流通商品數量還不甚豐，長銷書量還無法維持出版社日常營運的小出版社，很可能會在不景氣中自然耗損，退出市場。

因此，本文想要談的就是，小出版社如何在這年出版量達四萬冊，登記有案出版社破萬的小小台灣，殺出書市紅海，創造藍海市場。

非常專業或特殊的市場定位

小出版社由於人手有限、經費有限、出版量有限，甚至人脈有限，樣樣都無法和大出版集團抗衡，更難以從經銷商或連鎖書店手中談到比較好的出貨折扣（近來連鎖書店和網路書店活動折扣頻頻，要求的進貨價格越來越低）。在重重阻礙之下，許多小出版社迷失於出版汪洋，載浮載沉，最後便……。

小出版社想要在出版市場上活下來，最重要的不是金錢，也不是人才，而是認清自己後所作出的非常專業或特殊的自我定位。例如自轉星球和雅言這兩家出版社，據傳一開始都是一人出版社。這兩家出版社並不常出書，但每次推出新書，都令市場眼光為之一亮，書店頻頻補書，媒體頻頻介紹，讀者愛不釋手，為自己贏得一席之地。前者的《彎彎》和後者的《世界是平的》，就是狂銷熱賣之作。

商品規劃

很少有小出版社能夠像雅言和自轉星球一樣，在出版前詳細縝密的規劃評估所推出的書籍。小出版社之所以失敗，並不是資源不足，而是市場定位不清，出版願景不明，再加上必須應付經銷持續給書，因而困於日常事務之中，漸漸的淪落於以書養書，迷失在書海，無法靜下心來，客觀看待自己所企劃出版的圖書。

如果可能，與其一年拼死拼活出版四五十本只能賣一兩千本的書，還不如好好研究市場，抓準議題，推出一本能夠賣上好幾萬本的暢銷書。

或許有人推說，暢銷書可遇不可求。然而，果真如此嗎？就算在台灣很難找，到國際市場上找暢銷書總可以吧？那麼為何大出版社頻頻推出暢銷書，而許多小出版社則在B級書中，為了滿足出版需求痛苦掙扎？雅言為什麼簽得到《世界是平的》、《二十／二一》、《中國即將崩潰》、《優秀是教出來的》、《正義》；自轉星球為何能包裝出彎彎。這些暢銷書背後的企劃發想，是值得在生死邊緣掙扎的小出版社，好好思考的！

公版書系是小出版社的好幫手

就算一時找不到暢銷書，而又必須滿足不斷推出新書的日常出版需求，再加上剛成立出版社時名聲有限稿源不足，也不至於就淪落到亂槍打鳥，抓到稿子就出版。

一般小出版社在創業之初，可以好好規劃一套公版經典叢書（約一百本），與其找現代人出書，還不如往人類過往先賢請益。台灣的公版書看似不少出版社投入，其實做來做去幾乎都是那幾本世界文學名著和中國文學名著，日本偶爾還有人碰，但是韓國、印度、中亞的公版經典就少了。世界名著何其多，除了文學，還有旅遊、人文、宗教、勵志等許多面向可以選擇。即便不合適全本照刊，也可以做選本或改編。找出一些成本低廉而市場不斷有需求的作品，在選題、版型、封面設計上多花巧思，按月推出，定可以推出符合現代人需求的公版書。

好好的選題策劃，推出高貴典雅的公版書版本，像是企鵝叢書，絕對能夠成為擔負起小出版社營運成本的重要助手。例如志文出版社近年來已甚少出版新書，但其書系中許多長銷公版書，我相信就是支撐營運的重要幫手。

至於學術或專業小眾出版社，則最好找些入門通識或經典教科書出版。大專教科書都有「經典」版本，找一批經典版本，也能夠成為出版社的重要支柱。

勇於冒險

另外，便是要勇於冒險。小出版社除了力求穩健的持平出版退書率低佔架率高的公版書外，碰到好的企劃，便要勇於放手一搏。真的好的出版企劃，絕對值得投資砸錢。前面說過了，與其每個月出一些普通的B級書轉現金；還不如好好的投資一本A級書。

暢銷書其實也不是真的那麼難做（除了文學的以外），多觀察社會現象，揣測社會趨勢，找出能夠解決集體焦慮，引發共鳴的作品，再加上合適的包裝行銷，就算不暢銷，也不至於賠本。例如旅遊書、生活指南書（健康、減肥、家庭醫學、稅務、租屋、投資理財、心理勵志等等）、宗教信仰等等。

海外版權

除了上述兩點，海外版權的洽談，也是很重要的一環。特別是對大陸簡體字版的授權這塊的經營上。大陸一年出版品高達二十餘萬種，一般書起印量更高達一萬冊，雖說平均書單價較低，但起印量是台灣的五到十倍。如果有固定合作發行簡體字版的出版社，將能夠幫助降低製作成本，減少風險。這個工作或許可由台灣的出版公會協進會擔任，或許可以由經銷商兼任，亦或許版權代理商也會有興趣開拓這塊市場。

整合行銷，合聘行銷企劃——光出好書是不夠的

小出版社除了在出版選題和資源方面較弱外，整合行銷能力也普遍不強。許多小出版社光花人力物力在出版品的製作上便已不堪其擾，請不起專職的行銷企劃打書，根本無法兼顧出版後的行銷，通常是書一入庫就回頭繼續去趕下月進度。至於經銷商，一次提報要推薦那麼多家出版社的新書，難免心有餘而力不足，挂一漏萬。

然而，大出版社不只有龐大的行銷團隊，甚至按照媒體屬性派專人負責。碰到與社內某本書籍相關議題的新聞事件時，便積極發送新聞稿。平日更是勤跑書店，提報新書，和採購與門市培養感情，不時提出書展企劃或活動文案，務求緊密結合市場動脈。

試想，小出版社已經夠小品牌名聲不足，又不勤於推廣新書；大出版社雖名聲赫赫但依然謙卑有禮，晨昏定省，配合書店作息與需求。人說見面三分情，長久下來，圖書曝光機會自然是大出版社強於小出版社。

除了像雅言或自轉星球那種已經建立起口碑的小出版社，絕大多數的小出版社或許應該採取合聘制，找五六家左右不同書籍屬性的小出版社，合聘一位專職行銷企劃，替社內圖書進行整合行銷規劃，替書籍爭取曝光率。到門市查補圖書，免去斷貨之苦。據我所知，做過的出版社認為合聘行銷企劃的效果還不錯。

現代出版市場新書如過江之鯽，若沒有好的行銷企劃替社內打點新書，建立出版社和媒體書店間的合作關係，新書下架週期將會越來越快。另外，好的行銷企劃還能夠根據社內圖書銷售狀況，抓出一份降低退書率的鋪貨清單給經銷商參考，這些都是降低出版成本的良方。

小出版社無論資歷深淺，都不能夠再指望零售書店，必須自己設法爭取曝光率，推薦自己家的新書，告訴書店為什麼要賣我家的書。否則有些小出版社的確出了好書，但因為欠缺相關環節的配合（不知為何某些小出版社老闆也對這塊的經營較為疏忽），結果銷售差強人意，那就可惜了。

成本計算與控管

最後，則是小出版社的日常營運成本控管。基本上，小出版社最好盡量擴大協力網絡，把工作外包。一到三人會是最合適的員工數，美編是絕無自行聘請的必要。人事成本能省則省。被罵小氣也比好過不當的大方（最後賠的可是老闆自己，員工只是換老闆而已）。辦公室盡量挑選租金便宜，靠近倉庫或印刷廠的地點。負責人應該準備週轉金，至少能夠讓出版社撐上一年無虞。當省則省，當花則花。碰到值得一搏的好書，要有砸錢的勇氣。或許有機會從這片出版紅海中創造出屬於自己的藍海策略！

總編輯與行銷業務

——淺論台灣出版組織龍頭老大類型

領導人是組織發展的關鍵

領導人的性格，對於組織發展走向有著相當關鍵的影響，特別是企業創辦人。例如王永慶的一絲不苟，帶領台塑走向點點滴滴求合理化；郭台銘的霸氣威武，讓鴻海集團像支軍隊；施振榮的群龍無首、大權旁落，讓宏碁集團走上主從架構；高清愿要求誠實無私，建構出統一誠懇務實的經營典範。

另外像傑克威爾許領導奇異、松下幸之助創辦國際牌、比爾蓋茲的微軟、賈伯斯的蘋果電腦、賽吉·布林的Google、楊致遠的Yahoo!等等。因為企業領袖對於建構組織願景、策略、目標與組織文化有著關鍵性的影響。

我們甚至可以大膽的說，一個組織因為領導人不同，組織也將發展成完全不同的樣貌。而且，不僅大企業如此，人治勝於制治的中小企業更是如此。畢竟，老闆說了就算！

台灣的民間出版組織

一九四五年一二月，東方出版社成立，成為台灣進入國民政府統治後所成立的第一家出版社。其後，中華書局、世界書局、正中書局、開明書局陸續在台灣設立分館，現代組織形式的出版社在台灣已有六十年的歷史。

一九五〇年代的台灣，約有五百家左右出版社，三民書局的劉振強指出，出版社可分四大類型：「大陸來台的出版社，由大陸撤退到台灣的公務員所開設的書局，或少數作家自己辦的出版社」以及「三民書局，就像一個『散兵收容所』，多半是新的作者」，此時的出版社經營者以大陸來台公務員和作家為主。

當年盛極一時的出版社到如今除了三民、商務、皇冠仍佔有一定市場地位外，不少都已淡出出版市場，甚至結束營業。

當前台灣民間出版市場上的主力，大概都是成立三十年上下（也就是一九七〇年代成立的出版社，如遠流、時報、聯經）。另外還有一些是成立十餘年左右的中型出版社（如大塊、立緒），然而，若仔細考察這些出版社主事者，不難發現，絕大多數都是從五十年老店底下的出版社獨立出來創業的。

根據我多年來的觀察，大致可將一九七〇年代以降所成立的出版社主事者，分為兩大類型：總編輯型與行銷業務型。這兩類型主事者對於出版組織的統籌分配、編輯製作與發行的觀念和想法，各有專長（與不足），我擬在本文做一簡單介紹，供出版同業參考。

總編輯型出版社

所謂總編輯型出版社，指的是該出版社之主事者，乃編輯出身（這裡包含作家），重視出版選題、編輯製作，但對市場行銷、促銷乃至市場調查等較為薄弱（凡通則必有例外，本文僅就通則而言）。

簡單說，總編輯型的出版社，旗下編輯實力雄厚，所編製之書，若翻譯則譯筆流暢，且絕無錯字，封面、版型、字體、選紙、套色樣樣精湛。然而，一碰到圖書行銷，若不是刻意忽略，就是無力顧及（這和所出版之圖書類型無關，舉例來說，即便是學術出版，也有總編輯型和行銷業務型之區隔，前者如群學，後者如五南）。

老一輩的總編輯型出版社，甚至抱有好書我自編之，眼尖的讀者，自然就會買，「好書永遠不會寂寞」是總編輯型出版社的觀念。

新一代的總編輯型出版社雖然關切市場行銷，甚至編列行銷企劃專員負責執行，然而，一本書的選題與製作與否的考量，常常是以書籍內容的好壞為優先，而且是總編輯說了算，行銷企劃沒有發言權（只能配合出版後的行銷）。

台灣不少出版社，都是總編輯型出版社，也就是說由總編輯決定一切出版計劃、編輯進度，公司若配有行銷企劃／版權經理，僅只是遂行總編輯出版意志之工具，無出版決定權。

行銷業務型出版社

另外一種出版社主事者，則是出身行銷業務，不少人都做過百科全書套裝推銷，是直接貼近市場，挨家挨戶的磨出來的。再不然，就是待過經銷商或大盤。總之，行銷業務型主事者不擅長編輯製作（甚至根本沒編過半本書），但對於如何賣書、推銷，頗有自己的一套。因而在出版選題時，考慮的是要賣給誰，賣不賣得掉，而不是書好不好，然後再回頭思考要出什麼書。

老一輩的行銷業務型出版社對於編輯專業不甚關切，書籍製作通常也不若總編輯型精美，且擅長製作大型套書，甚至走直銷、學校／企業／書展團購，盡量避開零售市場，避免每月固定出版的模式。

各有所長，亦有所短

如果仔細觀察，不難發現民間出版社主事者，均不脫此兩種類型。在總編輯型出版組織的核心能力在書籍編製，行銷業務型出版組織之核心能力則在行銷推廣。

行銷業務型出版社對於市場需求極為敏銳，再加上積極推廣，因此雖然書籍多偏套且厚重，價格不低，卻總是能一賣書千套，實力驚人。

相反的，總編輯型出版社雖然書籍製作品質不差，但由於市場掌握度較低，再加上缺乏行銷資源，不知道如何與經銷商和書店配合活動，即便聘有行銷企劃，卻只能被動的想辦法促銷編輯所編製之圖書（無論其書有無市場，賣不賣的掉）。書不斷的出，貨卻也不斷的退，到最後書出的越多也退的越多。

次類型：金主、個人出版、預算制公營／非營利出版

除了上述兩種主要類型，其實還有另外三種次類型：金主、個人出版、預算制公營／非營利出版。

金主型指的是一家出版社背後，擁有資金雄厚的支持者，出資者可能是企業主，可能是印刷廠，出版社是金主之副業或興趣，只要能損益兩平（甚至小虧），都可以繼續經營。不過這類型出版社甚少，而且，金主型出版社依然要聘請負責日常社務運作之主事者，其主事者依然是上述總編輯型／行銷業務型兩者擇一，因此稱為次類型。

個人出版在過去較多，許多社會賢達或大學教授，或因為工作業務需要（例如教授升等論文需出版），或出版個人自傳，但又不願與出版社合作（或者出版社不願合作），因而自行成立出版社，僅出版一到兩冊書籍後遂成半歇業狀態。這類出版社實佔去台灣號稱擁有一萬多家出版社之絕大多數名額。不過隨著ＰＯＤ與專營個人出版之出版社的興起，未來個人出版社應該會逐漸減少。但勉強來算，個人出版均可劃歸為總編輯型。

預算制公營／非營利出版之主要目的在於業務推廣，例如文建會、中央研究院或各縣市文化局之出版品，其出版目的在於宣傳業務，每年擁有固定預算，出版目的並非獲利（非營利組織亦同），不需考慮市場銷售成績。因此，主事者也偏向總編輯型。

什麼型很重要嗎？

走筆至此，或許有人心裡納悶，認為搞清楚出版主事者是什麼型很重要嗎？重要的原因在於，了解主事者類型，才知道自己是不是適合該出版社營運型態。

假設您是一位擅長編輯製作的執行編輯，希望好好的編書，然而若是你選的出版社，主事者是不問書籍品質，只求賣得掉，必要時大打折扣戰，完全將書籍視為商品販售時，您是否受得了，有辦法在其旗下工作？

相反的，如果你是個行銷企劃奇才，總是知道怎麼將一本書給推向市場。然而，偏偏你的頂頭上司是個頑固的總編輯型主事者，認為好書我自編／出之，不需要搞什麼行銷，那麼你豈不是英雄無用武之地？

了解出版社主事者類型，才能夠了解自己對於組織的不適應，到底是自己能力不足，還是根本就跟錯了人?!

截長補短，創造雙贏

此外，主事者也該認清自己是什麼類型，若是總編輯型，則最好聘請行銷企劃，並且將圖書編製完成後端之市場行銷全權委託、充分授權，切莫干預（特別是以文化價值干預圖書銷售）；若是行銷業務型，則最好聘請能力夠強的總編輯，將圖書編製工作全權委託，不要以老闆之姿，過問編輯製作事務（特別是封面設計、版型編排等等）。也就是說，找尋補己之短的副手，並且充分授權，彼此分工，才能面對競爭日益激烈的圖書市場。

企劃編輯第三條路

除了上述兩大類型之外，我以為，未來有意投身出版社的朋友，不妨朝「企劃編輯」之路邁進，既懂行銷業務，又能下海選書、編書（例如雅言、自轉星球），才比較有能力在這萬千新書之中，做出兼顧文化與商業，叫好又叫座的書籍。

出版社的顧客關係管理

——從讀者回函卡的檢視與管理做起

令人失望的讀者回函卡

從青春期開始，我和其他年輕人一樣，迷上流行歌曲，陸陸續續買了不少音樂卡帶，而且，非常認真的填寫音樂卡帶中那張小若便利貼的回函卡，總覺得，回函卡是自己和歌手唯一的連結。

慢慢長大後，發現回函卡總是石沉大海，總是自己一廂情願，也就不寫了，特別是當CD取代音樂卡帶，CD殼明顯變大後，回函卡卻依然那麼小一張，就覺得出唱片的人根本不用心，也不是真的關心我們這些賣唱片的人，就更不願意填寫了。

買唱片寫回函卡的經驗，後來，同樣的經驗又發生在我買得更多的書籍上。從大三開始，染上買書習慣，正巧當時又是台灣出版量大幅攀升的時代，每年花了超過六位數的錢在買書上，算起來，應該是遠超過台灣購書人口的平均購買力才對。

當年還是個學生，和出版界沒有什麼關係的我，買了書之後，也是很認真的填寫書後面的讀者回函卡，想告訴出版社，自己（不）喜歡這本書的哪些方面，希望出版社可以出些什麼書（回函卡不是都會有建議欄位嗎？），傻傻的認為，自己的某些願望可以透過讀者回函卡被實現（例如出版某些作家的作品）。結果，填遍了台灣大小出版社的回函卡，換來的只是一本本要你買書的廣告目錄。若是在別的產業，早是高級ＶＩＰ，但在出版業，卻和一年買一本書的過路客無異，全都被當作陌生人。

問卷設計不良

從社會科學研究的角度來看，大多數出版社的讀者回函卡上的問卷，都很糟糕。就說讀者個人資料的蒐集方面，問卷形式非常簡陋，特別是職業欄，只是照抄社會職業量表上的職業分類，不少讀者回函卡的職業身份別只有製造業、服務業、商業、自由業、學生、家管、無業、軍公教、其他，這個職業欄的設計真能判讀出讀者的身份別？

不同類型的書籍，應該使用不同的讀者回函問卷，特別是在詢問讀者的職業職務與購書原因部份。舉例來說，小說與設計類書籍，基本的讀者訴求客群各有重點，讀者回函卡應該去放大重點／目標族群的身分資料的收集，像設計類書籍的讀者回函卡，應該將建築師、設計師、相關科系學生／老師等身份，分得更精細些。

另外，只有極少數的出版社，會提供誘因鼓勵讀者撰寫讀者回函卡（像是每月抽獎，贈送當月新書），絕大多數的出版社的讀者回函卡似乎都只是聊備一格，甚至不少出版社還要讀者自己把回函卡從書上撕下來，填寫，貼郵票，拿去郵寄，簡直就是變相警告讀者，回寄回函卡這麼麻煩，還是不要寄了吧？

忽略客戶心聲的出版人

所以，當出版社抱怨不知道讀者想讀什麼書，不知道該做什麼書賣給讀者時，我認為，根本沒有好好正視讀者回函卡的出版人，沒有資格抱怨市場。因為，這些人根本沒有打算用心傾聽讀者的心聲與需求，更別說透過科學方法蒐集整理統計出具有代表性的市場聲音。

我常想，出版社面對自己的讀者（客戶、衣食父母），究竟知不知道這些人長得什麼模樣？關心什麼議題？想讀什麼書？過著什麼樣的生活？賺多少錢？有多少錢能夠買書？有多少時間能夠看書？

當出版量越來越大，退書率也越來越高，出版人也把責任推給下游通路和讀者不讀／買書的同時，有誰認真想過，去了解讀者的想法，關心他們的需求，推出他們想看的書？

以讀者回函卡經營客戶關係

其實，從一張小小的讀者回函卡的設計、蒐集、資料整理分析，就可以看出出版人是否真的重視市場，了解客戶的需求，是把滿足客戶的需要當成自己的使命，還是把客戶當作活該掏錢買書的冤大頭？

舉例來說，讀者回函卡都會詢問讀者，一年賺多少錢（所得），一年花多少錢買書，但卻不會再進一步詢問，一年花多少錢買自己家出版社的書，或者和該書同類型之書籍的書。

前兩個問題，是老舊的社經地位分析，以收入判別讀者的社會地位。然而，有錢人買的書不一定多，沒錢人買的書也不一定少，這是混種消費的時代，沒人乖乖的遵守自己的身分購物。如果能加入收入／可支配所得與購書比（特別是購買自家書籍的比例），就可以判斷，該讀者是否是自己家的重度讀者？

重度讀者，很可能買很多單一類型的出版品，很可能因為你的出版社的出版類型與其吻合，故而購買了大量單一出版社的出版品。像這樣重量級的客戶，出版社若收到讀者回函卡，應該可以透過Email、甚至寄贈品等方法，拉攏讀者的向心力。然而，就我填寫這麼多出版社的讀者回函卡，只有一家出版社將之納入Email，並且定期寄發該公司的主題式文宣電子報外，我沒看過多少出版社認真使用讀者回函卡上面的Email資料，和讀者建立社群，維繫客戶關係。

身處網路社會，雖然各出版社已經有自己的部落格，向網友推薦新書，甚至廣邀加入試讀等活動。然而，出版社普遍使用網路經營客戶關係的意識還是薄弱。像是前述的讀者回函卡收集到的Email名單，很少出版社會根據讀者回函卡上的個人資料所顯示的身分、興趣分別建立群組，以電子報經營這些讀者，也很少人詢問讀者是否擁有個人部落格（更別說造訪）。

我相信，好的電子報加上部落格，還有不定期提供的贈品、優惠活動（出版社可以主動告知讀者當前在哪些書店有舉辦優惠購書活動，作者簽書會等等）等誘因，讀者應該不會拒絕收到電子報（怕的是那種純廣告的電子報）。

客戶關係管理：如何揪出重度讀者並建立社群

重度讀者除了購書量比一般讀者高之外，多半也是某些領域的意見領袖或從業人員，例如建築／設計師可能採購大量的建築／設計類作品，企業中高階主管可能採購大量的商管書籍，這些人本身就是潛在的書籍代言人，若不能透過讀者回函卡還掌握住這些人的客戶資料，並且深入經營客戶關係的話，實在很可惜。

出版社常見的問題就是，把一般過路客和熟客混為一談，用同樣的方法對待。偶然買了一本書與經常購買自家出版社書籍的消費者，對大多數出版人來說，似乎沒有不同。或許有人說，因為書是透過書店販售的，出版社無法直接接觸消費者的個人資料，姑且撇開每一本書都有讀者回函卡可以蒐集讀者資料（回收率過低是因為回函卡設計不良，又缺乏回函誘因，出版人應該設法提升回函率），就算是書店，當連鎖書店開始改銷結、收取上架費的同時，難道出版人不能回頭要求書店提供消費者的資料分析，特別是網路書店，所有的客戶資料分析都是透過電腦跑程式報表而得，只有不願意，沒有做不到，出版人若不能更積極的想去抓出市場需求，了解自己的讀者群構成樣貌，出書將永遠都是賭注。

提高回卡率，進行資料庫管理

出版社若願意修改行之有年而可能已不符合當前社會需求的讀者回函卡，重新設計，多給讀者一些說話的空間（開放式問卷），多收集一些可以網路社群經營使用的資料（例如Email、部落格），並且提供多一點贈品與優惠吸引讀者回函（像是定期抽獎送書、贈送特殊贈品、購書禮券、特殊活動入場券、電影票等等），提升回函率。

其實讀者回函表的回收，也不一定要用郵寄，傳真或推出網路版（請讀者上網填寫資料），盡可能的減少讀者回填的麻煩卻能增加填寫的動機，相信能夠提高填寫意願。

擁有讀者資料後，可以透過資料庫管理，按照購書類型、所得、購書支出等身分變項，判斷該名讀者的重要性（獲利貢獻度，實際購書能力與推廣書籍影響力），制訂不同的社群行銷策略，和讀者建立更緊密的聯繫。舉例來說，如果出版社出版了某本曾經在讀者回函卡上被推薦／希望出版社出版的書籍時，透過資料庫，可以找出該讀者的資料，回函告訴對方，此書即將出版，甚至致贈一書以作感謝等等，雖然看似微不足道，但卻是大幅提升讀者忠誠度的作法。

只要多花心思在讀者回函卡上，一定可以幫助出版人蒐集到最完整的讀者資料，做好顧客關係管理，成為書籍銷售的有力資源。

編輯

企劃編輯

——有用的創新想像比專業知識重要

出國逛書店，增長見識多

每次出國，一定不忘在行程裡排入逛書店，或甚至邊走邊看，碰到書店就進去逛，有時一逛就是一下午。

出了國逛書店，除了能夠掌握該國的文化水準外，就身為一個出版產業從業人員的我來說，真是長了許多見識。即便看不懂內文，但光是看封面設計、內文版型、圖片、字體、字級、行距、天地、章節安排、紙張、蝴蝶頁，甚至從版權頁和出版社名稱等等，都能夠學到許多寶貴的知識。

另外，看書店如何裝潢，書櫃如何安排，動線如何規劃，書區如何劃分，新書、暢銷書、長銷書、冷門書如何配置、行銷等等，也都能獲得許多有用的知識。

也就是說，在國外逛書店，看得比較多的是人家的選題、企劃、行銷，書的文字內容反倒看的少了（一來是相對時間少，二來是未必精通該國文字）。

然而我以為，跳脫以文字為核心的書籍觀，對於未來的企劃編輯是一種必備的技能。

專業編輯人，放下文以載道

漢文裡的「書」這個字，還是有著太多文以載道，必須開卷有益，彷彿有助於經世濟國的學問思想才足以刊登出版成書，許多文化精英常常不自覺的感嘆起眼下市場上盡是一些不入流的出版品，更認為暢銷書有不少等而下之的東西。這些想法或強或弱，但背後似乎蘊藏著幾千年傳統中國士大夫思想。

我以為，身為讀者，自然可以有其對書的浪漫想像，但身為專業出版從業人員，特別是企劃編輯／叢書主編，對於書則應該抱持著免於價值涉入的態度，放下「文以載道」，才可能開發出更多富創意而又值得一讀的好書。

周浩正在其《編輯道》一書中提到，當初遠流在規劃實用歷史系列時，曾經找過不少學院內的歷史學教授，希望這些學有專精的教授貢獻所長，但卻被以近似「歷史不是這樣子搞」的理由給回絕了。後來遠流這套叢書只好繞過學院教授，從其他地方尋找寫手。至於成果如何，自然不用我多說，這套叢書堪稱台灣出版史上最成功的書系之一。

當初拒絕遠流的這些學院教授，內心裡就是抱持著士大夫的「文以載道」觀。認為歷史是嚴肅的，不可以被那樣子被用、被寫、被傳遞。類似的例子還有大紅於中國的《品三國》及作者，也被大陸當地某些學者批判認為歷史不該以那種方式來書寫或說應用。

在歐美，不少學術界大師都會投入自己專業領域的入門讀物之撰寫。例如天才物理學家費曼，例如二〇〇六年最火紅的《蘋果橘子經濟學》等等。歐美日等先進國家的科普書與社科普書的編寫手法，日益精彩。傳遞專業知識，但卻不流於說教。在日本甚至有學術Mook，甚至每門學術專業或研究主題都有「圖解入門」（近兩年來翻譯引進台灣的也不少）。

就說圖解好了，台灣某些出版社也自行開發，但其結果卻不太像圖解，只是將學術教科書中的圖給放大，刪掉較多文字而已（圖解系列的精髓在於用大量簡單扼要的圖片，幫助再現／掌握某件事物／觀念的核心想法）。

我以為出版先進國之所以能夠提出這些令人讚嘆的圖書企劃，重點在於出版領域的專業自主性夠高到足以和其他社會領域專家相等，與文以載道脫鉤。例如，出版社的企劃編輯能夠設計出一套說服學院教授投入參與的叢書，而且在叢書進行中，編輯能夠主導文稿的撰寫編排形式，不受教授學術權威的壓力做出有違出版專業的妥協。

出版企劃不用受制於文字衛道人士的（有形無形）壓力，進而框架住自己，認為書必定得放置大量（且最好是有教化意義）文字才行。唯有突破這樣的框架限制，企劃編輯才能真正的將書當作思想載體來使用。

我以為，放下文以載道，是成為專業企劃編輯不可少的一環。放下文以載道並不是從此出版品都只有不入流的聲色犬馬，而是讓圖書作為一種思想載體能夠有更廣博的無限可能。

放下文以載道，正如愛因斯坦所說的「想像比知識重要」。文以載道正是制約台灣出版人的「知識」，解開這個「知識」框架，才能夠讓無限的創意想像蓬勃發展，才能夠深耕出版，設計出兼具美學創意與專業知識的優質出版企劃案。學術出版社能夠提出有別於硬梆梆像磚頭都是字的教科書；文學出版社能夠提出夠貼近當代讀者所關切之議題的創作書寫成品；生活風格類出版社則更能駕馭其主題。

企劃編輯：溝通作者與讀者的橋樑

我以為，出版人（特別是企劃編輯／叢書主編）是「幫助作者凝聚思想精華，找出讀者有興趣／能接受的閱讀形式，將作者的思想有效且大量的傳遞給目標讀者的一種專業人士」。簡單說就是讀者和作者間的橋樑。有志於出版事業的朋友，都應該加強「企劃編輯」的能力。

在歐美一些出版先進國，優秀的企劃編輯能憑著其對某個主題的精彩企劃書，邀約知名暢銷作家投入撰寫，甚至在撰寫過程中不斷與作者互動討論，傳遞讀者所希望／樂見的閱讀形式。等收齊稿件後，再透過排版封面設計等載體規劃，讓一本書成為更吸引讀者目光的「文化商品」。即便是文學創作也不例外，更別說琳瑯滿目的優質非文學類圖書。

由企劃編輯向專業作者提案的好處是，編輯能夠邀到認同自己企劃案的作者。當作者認同編輯所企劃的出版構想進而投入寫作時，在寫作的過程中自然會時時考量企劃編輯的規劃，在寫作過程中就其所遭遇的困難／思考和企劃編輯溝通，無形中增加了企劃編輯和作者間的合作默契，也在一次次的溝通中增加了企劃編輯在作者心目中的專業感。好的圖書企劃案應該是由企劃編輯所構思，然後以企劃編輯為核心來開展。

在台灣，（某些知名／暢銷／學院）作者對於「書籍出版」，似乎仍擁有某種無上主權，大聲告訴編輯「不准動／改我的稿件」、「原稿校完稿直接出就可以」的作家仍有人在。

然而，編輯是一種專業，應該建立起足以和作者對等溝通的自信／專業，告訴作者／文稿提供者，或許在內容上，作者的專業度或許高過編輯，但在文字／圖片編排形式上，也就是如何讓讀者有興趣閱讀的設計規劃上，編輯的專業度卻是遠超過作者（當然面對敏感的作者，措辭要婉轉）。

若非要說企劃編輯的專業是什麼，那就是站在讀者的角度，替讀者把關，思考讀者希望以什麼樣的形式，來閱讀／吸收某種類型知識。這一點專業的建立，是企劃編輯所應該努力的。在台灣，編輯之所以無法被某些作者給尊重，或許是因為台灣仍然是大量仰賴翻譯出版的出版後進國，對於自製圖書企劃，尋找、開發潛在寫手的專業企劃編輯還不成氣候，無法與專業領域／暢銷作家分庭抗禮！

身為企劃編輯，應該每天不斷的思考：「如何編出一本讀者有興趣讀的書？」並且回頭進入自家社會環境中，尋找可能出版的題材。古人有云：「落花水面皆文章」，同理可證，可以設計成書的題材也是遍地皆是。如何從一個已經被做爛的出版次領域，推出令人眼睛為之一亮的企劃，才是編輯企劃的功力，也是台灣出版人未來應該多加著墨的地方。

企劃編輯應盡可能的放開自己的想像力，找到足夠經濟規模的利基市場，思考有用的創新形式，找出「別人沒想到過的」（許多暢銷書／作家都是開啟一個新文類的首創之作）、「別人做不到的」、「別人不想做的」（例如群學深耕社會學出版，提出令人眼睛為之一亮的學術書設計質感）、「別人已經做，但你能做的更好的」（例如遠流Read It系列中，波特萊爾的《巴黎的憂鬱》，把公版書的製作提升到一個新的高度）。

平日多逛書店圖書館汲取靈感，多和同業交流，多參考學習同業之中的優秀作品，出國多逛書店，多吸收國外出版人的編輯企劃觀念，注意社會熱門議題，不斷研發創新，善用新瓶裝舊酒，創造／再造經典（這經典不必然非得是硬梆梆主題，食譜、旅遊、時尚、言情小說等各種出版次領域皆可），是台灣出版人想要打開華文市場，切入亞洲市場，甚至進軍世界市場非得磨練不可的技藝。

出版社行銷企劃的分工類型，以及利弊得失

出版產業中的行銷企劃

長年觀察台灣的出版業界，也因為工作和不少出版社的行銷企劃有所接觸、來往，覺得行銷企劃是出版產業中非常特別的一群人。

某種程度上，很多時候這群人光從外表甚至看不出來是「出版產業從業人員」（不若編輯，幾乎一望可知），而實際上行銷企劃也是出版產業中最能夠進行異業間橫向移動的一種工作（也就是說，其他產業的行銷企劃可以跨入出版產業擔任行銷企劃，反之亦然。但是，很少有出版業的編輯可以跨出去其他非出版類型之產業擔任編輯）。

說到底，大概是因為「行銷企劃」的工作，不外是擔任媒體公關／聯絡，主辦活動，對媒體和通路進行活動提案與日常溝通協商等等，只是出版業的行銷企劃販售的產品是「書

籍」，其他產業的行銷企劃販售的則是其他產品，行銷企劃所必須具備的工作技能則有相當程度的重疊。

或許也正因為行銷企劃這個工作，無論工作內容還是工作人員的氣質，和出版產業的核心人員（編輯）較有出入，因而某些「總編輯型」的出版社（我個人把台灣的出版社分為兩大類型，一是總編輯主導公司事務的總編輯型，一是業務總監／行銷企劃總監主導公司事務的「業務／行銷企劃」型）對於行銷企劃不太看重，甚至以人手不足為由，公司根本不設行銷企劃的職缺（權且由編輯兼任，甚至丟給經銷商的業務經理兼任）。

雖然說，的確有一些出版社沒有行銷企劃，業績也是非常好，但是，放眼台灣，前二十大的民營出版社沒有一家沒有行銷企劃，甚至有的行銷企劃和編輯的比例還高達一比一（一個行銷企劃對一個編輯）。也就是說，業績好、品牌大的出版社，都有行銷企劃。

一人統包全部行銷企劃工作

有行銷企劃的出版社，又能夠分為三種，一種是一人統包所有工作，通常這類出版社不大，編輯最多兩三個，每月出書不過兩三本，且每月最多一本主打書需要聯絡媒體，發送公關書，安排上電台採訪，接受報章雜誌專訪，給部落格／社群網站發新聞，對書店通路提新書優惠折扣／活動（或主題書展）……。

一人統包所有行銷企劃工作的好處是，窗口單一，誰來都找此人就對了。缺點是如果碰到旺季或某一本書特別暢銷，工作量可能大到這個行銷企劃會垮掉。

垮掉的結果，可能就是跑掉。跑掉之後，公司因為沒有別的行銷企劃知道此人之前在做甚麼工作（細節），工作很難順利交接之外（就算有安排正常的交接流程），更重要的是，行銷企劃和媒體或通路方面所累積的人脈／關係很難順利的傳承給繼任者，很難留給公司。許多只有一個行銷企劃的出版社，經常因為行銷企劃走人而得重新打媒體／通路關係（我自己就碰過許多次，當一家出版社換了行銷企劃之後，繼任者推翻前任者的做法，自己重新來過，且將前任者所佈建的許多人脈／關係全都瞬間摧毀／揚棄）。

補強的做法，是要求行銷企劃平日就要寫工作紀錄，特別重要的是和哪些媒體／通路／合作單位的窗口接洽，要仔細記錄清楚。此外，重要的合作單位，公司中應該有其他人能夠和合作單位的窗口或高層有關係（例如，主編／總編應該也熟悉公司經常往來之媒體／通路的負責對象），千萬不要讓行銷企劃一走就帶走所有的人脈／關係。

多人，每人按書籍書系、媒體屬性分工

第二和第三種是一家公司同時有兩位以上的行銷企劃。

別以為這樣的公司出書就一定大，我知道台灣不少一線出版社每個月的出書量並不大（也就三四本到七八本，看淡旺季，但是起印量約莫在五千本到兩萬之間，且本本都是強打書，每一本書都有許多促銷活動），公司編制就十多人，但每一本書都一定會有專門負責的行銷企劃，而且大老闆非常重視行銷企劃。

每一本書都有行銷企劃的出版社，行銷企劃分工卻又能細分為兩種。一種是按書系分工，一種是按媒體屬性分工。

按書系分工的行銷企劃，是以「書籍」為單位，只負責自己正在行銷的「當月新品」的行銷企劃案，行銷企劃得帶著書籍辦試讀，搞預購，拜訪書店通路，上電台，敲專訪，送書給報章雜誌媒體寫書評，談策略結盟，辦演講／座談／簽書會等等。

以書籍為單位的好處是，一本書從頭到尾都專人負責，規劃書籍行銷企劃的完整性較高。缺點是，行銷企劃各自獨立作業，各自為政。為了業績競爭，容易藏私（為了證明我比其他人強，不願和其他行銷企劃分享自己所擁有的媒體／合作單位的名單）。

此外，每個人能承諾給合作對象的好處不同，而媒體／通路經常會搞混該出版社的行銷企劃聯絡窗口，對合作窗口來說，一下子是A來接洽甲書，一下子又是B來接洽乙書，而當媒體窗口想找出版社合作某本書的案子時，卻又經常因為找錯人而一轉再轉，造成互動往來上的困擾、無所適從。

補強方法是，一方面出版社應該主動幫忙代轉，二方面出版社應該主動告知對方自己是負責哪些書系，而且最好把公司內部所有行銷企劃與書系之間的關係做成表格提供給媒體／通路（公司內部的行銷企劃部門也應該要有完整彙整表，將所有資源整合在一起），而不是本位主義的只負責自己的部分。

按媒體屬性分工

按媒體屬性分工的行銷企劃，需要處理每一本書的行銷企劃活動，但僅限於自己所負責的媒體類型。例如專門對平面媒體（報紙、雜誌）、網路（社群網站、部落格）、書店通路，各自有專門的行銷企劃負責。

如此做的好處是媒體／合作單位聯絡窗口統一，行銷企劃對媒體／合作單位的屬性的掌握度較高，而合作單位要和某出版社洽談合作只要找同一個窗口即可。

缺點是行銷企劃的負擔量較大，每一本書都要針對自己的合作對象想活動（最後容易流於形式化或者出現創意疲勞），而且，因為無法了解其他行銷企劃的工作內容，較難佈建全面性的行銷網絡。

補強方法，應該由總編輯或行銷企劃主管定期召開會議，讓行銷企劃彼此知道對方的工作進度，最重要的是一本新書從進入製作期，行銷企劃便該透過會議商討出全面性的行銷企劃案，再分配給各媒體／合作單位負責人去執行。

此外，無論是按書籍還是按媒體屬性分工，行銷企劃應該要強化橫向連結，多一些彈性的協調合作，互相幫助、Cover，不要太過死板的劃分工作範圍。

老實說，沒有哪一種行銷企劃的分工方式是最好，每一種方式都有其各自的利弊得失，要看出版社本身的規模、人手，還有對於書籍之行銷企劃的想像力與偏重點，優點可以強化，缺點也可以補強，只要行銷企劃間願意橫向串連，形成努力一起為公司產品打拚的生命共同體意識，則無論怎麼分類都沒差，就怕每個人只管各司其職，各自為政，別人的事情都假裝沒看到不願意出手幫忙，又不願意將人脈／關係的累積坦誠地移交給繼任者（或不願與公司其他人分享），藏私，搞得像一盤散沙，還經常造成合作單位的困擾，才是搞砸行銷企劃工作的根本原因。

從單書到書系

——架構出版方向

相信大家都有逛過百貨公司的經驗，逛百貨公司的時候，不難發現，百貨業者常會將相同客層或者類型之櫃位陳列在同一樓層，目的在於讓樓層風格統一，而且營造出規模經濟的群聚效益。

把百貨業者經營樓層之手法，挪用到出版社出版品的規劃來看，有異曲同工之妙。過去有些出版人認為，台灣的出版社搞書系是很奇怪的事情。至於認為書系奇怪的理由，則是歐美先進國家之出版品沒有書系。

然而，近年來歐美不少出版社卻紛紛推出書系。例如英國社會科學學術出版大廠Sage的TCS系列（Theory, Culture and Society），Routledge出版社更因重新推出一套社會科學經典原著書系而獲得該年度出版獎項，更別說企鵝出版社行之多年的經典叢書了。

以國外出版現象所無而台灣有，非議台灣出版現況之作法是否公允暫且不論，台灣讀者閱讀水平不若歐美列強，乃至出版社設計書系，讓同類相聚，化為書系，頗有引導讀者選書參考之幫助，我看不出為何不妥，又何必以國外現象為真理來非議台灣閱讀特性？

再者，若以百貨公司比擬出版社，那麼樓層就好比書系，樓層裡的專櫃就好比單書，單書與書系之間，必須有從屬而又有其風格，既能和其他單書相互搭配，以拉抬聲勢，又可以在書系之間，凸出自己的特色，是雙贏，是非常值得推廣的一種出版概念。

再以百貨公司來比擬，各家專櫃有較賺錢與較不賺錢（就像書有暢銷不暢銷），但無論賺不賺錢，開店做生意，至少得損益兩平，或者偶賺偶賠，才能經營下去，否則只好撤櫃離開。

就像一本書即便不能大賣，但至少得能夠自我攤提，不至於成為出版社的負擔，否則就只好掛絕版下市。

至於站在百貨業者的角度，自然希望各專櫃皆能大賺錢，才能以抽成而非最低月租獲得更多利潤。但至少，各專櫃也得繳得起最低月租，才能繼續設櫃。

因此，各專櫃無不利用有限的空間（好像一本書就是那麼厚），做出最能強調其風格之設計與陳列，讓目標客戶一眼就能從諸多專櫃中辨認出來（好像封面排版文案設計要精準，能從書群中跳出來），突出商品特性，或祭出價格優惠（好像圖書折扣）。

至於陳列在一樓的國際精品，無論品牌空間設計乃至商品陳列到商品本身品質，全都無懈可擊，甚至平日業者還大灑鈔票，買下雜誌或店頭廣告，務必打響品牌知名度，讓全世界的消費者都知道買了她們家的商品有何好處等等。導致人潮絡繹不絕，賺個滿缽。

※

若以商圈比擬出版社，單獨店面就像單書，商店街就像書系，而整個商圈就像出版社內的所有書系之總和。商店街中之各商家，彼此競爭卻又合作，就像書系中之各書，彼此類型相同但內容各有所強，若搭配得宜，便能互補。好比商店街中有幾家紅牌暢銷店家，有忠實客戶支持的優質店面，也有些不太賺錢但因為商店街的幫襯之下，勉強還能活下來的小店。

商店街主們則會共同出力，將商店街的道路電燈等公共設施鋪設完善，並且維持乾淨明亮整潔，好吸引客人上門。就好像出版人將書系理念清楚架構出來，以書系發刊辭或其他方式，讓讀者了解該書系之特點。

好的書系內必有超強熱賣暢銷書，也有優質長銷書，更有冷門小眾忠實讀者群所熱愛的專業書，彼此互補，讓書系既能呈現質感，又能擁有銷售保證。

時報的Next系列，大塊的From、To、Catch等等，遠流的實用系列（商管、心理、歷史）等等，皆是如上所述之優質書系。

書系不能光靠質而賣不動，最後會因不刊虧損而停止，例如時報的近代思想圖書館系列，書雖甚好但卻難以創造利潤，最後只好停止（當然，以該出版社其他書系獲利之豐不盡然絕非不能補助虧損書系，只是各書系皆有負責人經營，負責人之間是否願意情意相挺，拿我所賺去填補你的虧損，就不得而知）。

出版選題：誰來選？從哪裡選？怎麼選？

出版選題，出版成敗之關鍵

出版選題，堪稱決定一家出版社成敗的頭等大事。

不過，就我多年來的觀察，頗有一些出版社不太在乎出版選題這項工作。最直接的證據就是，擁有專門洽談版權之版權經理（部門），或專事出版選題籌劃的「企劃編輯」並不是太多。

大多數出版社中負責出版選題的，都是出版社的總編或主編，甚至某些由幕後金主投資的出版社中的總編，連選書權都沒有，最後拍板定案的人，是背後的金主。至於金主眼光是否精準，那是另外一回事了。

並不是說由總編或主編負責出版選題不好，畢竟有一定的資歷才能爬上這個位置。問題是，主編或總編輯的人物，得要負責出版社中大大小小的工作，選書當然很重要，但編輯、行銷企劃、預算編列等工作，也都等著總編／主編來處理。

比較妥切的作法，是主編／總編擁有出版選題的提案否決權，和負責選題策劃的同仁一起評估，不要自己一個人關起門來選書。否則的話，掛一漏萬還算好的，若出現了系統性偏誤，總編／主編的喜好已經和市場脫節卻不自知，選出來的書籍恐怕就是出版社的業績災難了。

近年來在台灣發展得比較順利的出版社，多多少少對出版選題下了一番工夫，建立起一套選書與審稿的機制，透過一套客觀的評選機制，雖然難免還是會遺漏一些好書，但是，大多數簽到手的書或由出版社推出的選題企劃，都能獲得市場好評。

社內編制或委外外包

從出版社的組織編制來說，負責出版選題的人可以是社內自行設置相關職位，也可以將選題工作委外外包。

由於大多數台灣出版社的規模都不大，因此，出版選題工作都由主編或總編自己決定，同時也因為出版社規模不大，加上平日工作繁忙，很少有機會能靜下心來好好的思考出版選題，或自己撰寫出版企劃並尋找合適的寫手，以至於過分仰賴外購版權，仰賴版權代理商或資深合作夥伴（例如信得過的譯者、外包編輯）的推薦，且在出版選題上以外文書中文化為主，較少考慮本土作家的作品，自製品的比例也低。

基本上，完全由社內人員自行承擔或完全委外外包出版選題工作都不是非常妥切的作法，太仰賴自己人容易出現前文提到的系統性偏誤，完全仰賴外面的人很可能出版社的出書方向最後在不知不覺間被牽著鼻子走，發展不出出版社應有的特色屬性，變成一鍋大雜燴（特別是委外合作的對象過多時）。

比較好的作法是，出版社內自行設有專門負責出版選題的專門人員，像是版權部經理或者是版權企劃編輯。此人平日要投入撰寫可執行的出版選題企劃案（和主編／總編與行銷企劃部門一起開會討論），要留意外文版權中值得開發中文翻譯版之作品，同時也要有一支能幫忙審稿的「審書顧問」、「選書顧問」，幫忙撰寫出版建議書，對於社內初步決定洽談的外文圖書進行更深入的評核。

台灣的大眾書出版社近年來出現一個怪現象，過分仰賴版權代理商提供的圖書資料，以代理商的資料作為評判是否簽買某一本外文圖書中文版權的依據，忘了「老王賣瓜，自賣自誇」的可能性。加上版權代理商善於操作「版權競拍」，對出版社施以各種精神壓力，使其忘乎所以的投入版權競拍，反倒忽略了仔細審核該書是否適合／值得出版之工作。

如果出版社有自己的審書外包團隊，拿到一本外文書的資料能夠很快的有專人幫忙撰寫評估出版與否的企劃書，就能避開不必要的風險。

暢銷書：定義、理論與實踐

打造暢銷書，也沒那麼難！

做出版的人常說，不知道哪本書會暢銷？做唱片捧藝人的，好像也沒把握，誰會紅誰不會紅？看起來好像暢銷商品的熱賣，完全出於意外，毫無規則可循？

的確，出版人不是神，常常會看走眼，錯過能夠成為暢銷書的作品。一如《退稿信》（寶瓶）一書中所舉的諸多例子。然而，這並不能說，暢銷書完全沒有法則可以依循。

特別是處於文化後進國的台灣，不少暢銷作品來自歐美日等文化強國。在文化日趨全球化的今天，再加上身為極能夠吸收各家文化之長的台灣人「雜種」（或說混血）性格，出版人要操作暢銷書，所冒的風險，其實沒有歐美日等國大。

重新定義暢銷書——大小眾分流，長銷書的計算

此外，對於何謂「暢銷書」？我覺得也有必要個更細緻的定義。

一般來說，「暢銷書」指的是能攻佔（不只一家）連鎖書店暢銷排行榜（不只一週），銷售總量在新書週期（三個月半年之內）內就能破萬，就能夠被稱為暢銷書。

在過去，出版人認為五萬才是成為暢銷書的門檻；今天則能破萬，已經可以被列名為暢銷書。有人認為，這是閱讀文化的衰退，才讓暢銷書門檻不斷下降，是種警訊。

然而，我倒有不同看法。過去的台灣，閱讀類型稀少（戒嚴導致的思想封閉與出版管控，還有台灣民間經濟實力未達一定水準，諸多出版品沒有發展空間，例如生活風格與美學類叢書），以文學為主流大宗。然而，今天的台灣，閱讀至少有八大類，上百個小類，百家爭鳴，每種類型都有自己的暢銷書。我認為是台灣近年來閱讀類型的分眾與精緻化，分散了讀者的購買力，以至於雖然也有破十萬的大型暢銷書（我稱之為大眾暢銷書），但更多的卻是一到兩萬之間的暢銷書（我稱之為小眾／次類型暢銷書）。

另外，由於下游通路計算書籍銷售的方式改變（僅統計新書週期內的銷售量），無法掌握能夠長期販售之長銷書的正確銷售數字（或者說，連鎖賣場由於追求週轉率，開始向大型暢銷書靠攏，至少得是小眾暢銷書才願意給空間推薦），對於過往的利基型長銷書，由於從新書銷售週期中看不出獲利可能性，因而逐漸被擠出主流連鎖通路。過往的長銷書短期來看看似消失，其實是隱入網路書店（長尾效應）與特殊通路（例如人文出版之於校園團購），銷售狀況可能持平，但卻被下游通路判讀為滯銷。

嚴謹來說，市場上消失的長銷書是由於閱讀類型的分眾／精緻化，圖書銷售手法的改變，部分過去由暢銷轉長銷的現象不再（部分原因在於，今天的書籍銷售市場大力推廣新書，追求高利潤成長，盡其可能的在新書週期內便要將全市場的銷售潛力逼出，再加上暢銷書類型多元化，許多話題性暢銷書過了新書週期，便不再暢銷）。

唯有詳細拆解暢銷書的類型，才能夠知道，我手上即將出版的這本新書，是否具備潛力成為暢銷書？如果是，又是哪一種類型的暢銷書？是大眾暢銷書？還是小眾暢銷書？或者是利基型長銷書（我認為，出版社若擁有一批利基型長銷書，則其總營業產值並不下於不斷推出大眾暢銷書。舉例來說，一年可賣五萬本可稱為大眾暢銷書，但銷售週期僅一年；利基型長銷書每年雖然只能賣五百本，但卻可賣上十年、二十年，若我有一百本利基型長銷書，則營業總額亦等於大眾暢銷書）？

只是台灣出版市場的銷售數字過於不透明，僅只能從少數連鎖通路取得部分數字（忽略特殊通路，因而失去精準性），或由出版者公佈，再加上沒有正確的週轉率分析，以至於一個「暢銷」，各自表述。有的出版人認為他所經營的出版類型，能夠賣上八千一萬，已經是了不起的暢銷；有的出版類型則起印就得八千一萬，更別說暢銷（而暢銷並不等於回本，更不等於賺錢，不過這又是另外一個故事了）。

暢銷，理論怎麼說？

雖然出版人說，沒人知道下一本暢銷書在哪裡？也的確有不被看好的書，一出版卻自行冒出頭，成為暢銷書。然而，若事後諸葛的分析，不難發現，這些自己冒出頭的暢銷作品，全都反應了當時社會／讀者內心，引起共鳴，近而大獲好評。

也就是說，暢銷法則之一，就是找出「找出失落的環節」

好的商品開發者（以出版業來說就是企劃編輯，企劃編輯可以說是出版業的研發部門），必須懂得找出隱藏在消費者意識底層的潛在需求，將之轉化為可銷售的商品／服務，以消費者能夠接受／負擔的價格銷售出去。當消費者一看到商品／服務時，馬上能夠勾引起他最底層的潛在需求，進而轉化成購買動機，掏錢完成購買行為。

以圖書來說，若仔細觀察暢銷商品，扣除文學書不談，非文學類暢銷書，幾乎都是填滿人們心靈需求（解決心靈乃至各種現實／非現實挫折），解決生活焦慮的話題書。

越能掌握時代脈動，甚至從眼下時代脈動推估未來一年的社會流行走向（在歐美，推估流行是門專業，有專門從業人員，流行服飾產業每年都會像這些人採購社會流行分析報告，以研究該在下個年度推出什麼樣的商品）。基本上，流行會衍生流行，趨勢會推動下一波趨勢的誕生。如何從解讀社會現象，挖掘出當前社會需求，找出適合商品，填補讀者需求，就能創造暢銷。

舉例來說，近來台灣人民一方面苦於經濟成長停滯，對未來與經濟感到焦慮，一方面又因為所得已經達到一定水準，渴望追求更好更有品質的生活。因而，市面上一方面出現的教人超越不景氣的勵志書與理財書，一方面卻出現追求美學與生活品質提升的生活指南書。兩類型的書籍都暢銷，反應了台灣當前社會不同階級／社會身分者對於未來的看法。

像勵志書，早已不是什麼新鮮的圖書類型，內容也大同小異。然而，仔細觀察不同年代的暢銷勵志書，會發現一個有趣的現象，那就是，能夠暢銷的，都能切實反映當時大環境與人民的焦慮狀態，以最能引起當時讀者的手法寫出。

也就是說，推出極具潛力的暢銷書不只是書好就夠了，還必須讓書能夠與整個時代脈動連結，切入人們內心最深層的焦慮，直接指出其不安困惑不說，還得以當時讀者能夠接受的方式，提出大膽而有效的提出解決方法。這樣的書，才具備成為議題性暢銷書的要件。也就是說，重點不是講了什麼真理，而是用什麼方式講得讓人能夠信服且願意接受（甚至還替你宣傳）。

因此，在推新書之前，應該仔細評估過該出版類型的閱讀母體，掌握了該類型書籍的暢銷門檻，訂出預期銷售數字，才不致於不切實際的想望一個最大銷售量只有兩萬的閱讀類型，能夠賣出二十萬的佳績（當然，也不是不可能，只是需要努力，特別是一些新興的利基閱讀類型，要將之推向大眾，需要時間和好作品來發酵）。

暢銷，實際操作面又如何？

談過了暢銷書理論，接著回頭看看實際操作。

簡單來說，暢銷書作家的下一本書還會是暢銷書（難的是找出作家的第一本暢銷書）。因此，若想省掉打造暢銷作家的困難，往國外尋找，會是比較保險的作法，特別是已經紅遍全球的暢銷作家。

從國外找暢銷作家的作品回台出版，不代表就不用包裝這個作家，只是有了外國銷售數據／讀者口碑的保障（以及外國行銷經驗），降低了銷售風險（只要記得避開文化折扣，例如美國基督教暢銷作家平移到台灣，則不一定能暢銷，因為美國是基督教國家，基督徒甚多，而台灣不是）。

此外，想要打造一本暢銷書，起印量也是很關鍵的。台灣市場夠小到可能讓一本起印量兩千的書竄起成為暢銷書，不過，這樣的機會越來越少（且侷限在利基型暢銷）。今天想要打造大眾暢銷書，起印量沒有兩萬，且說服各方通路接受（至少是連鎖通路、量販店、便利超商、網路書店首頁曝光／預購、地區大型書店等），將書全都鋪出去，還願意配合新書出版的宣傳，將較無可能。除了通路，大眾媒體與網路部落格也都能引起話題，不斷談論，刺激閱讀氛圍的形成，才有可能。

暢銷書不是垃圾

很多人認為暢銷書都是垃圾，其實以我長期觀察暢銷排行榜，暢銷書不是垃圾，暢銷書是以大眾的理解能力為基礎所書寫的產品，目的在於以最容易感動人心、引起共鳴的方式，把一些很重要的觀念放到人的心裡，提醒他們。例如《世界是平的》、《M型社會》、《藍海策略》，一些在學院裡讀過一點書的碩博士大概認為這些書是垃圾，講的都是人家講過的東西，但其實這些面向大眾的書，本來就不是要講什麼創新見解，而是把學術界研究出來的成果，以故事和精彩的敘事手法鋪陳給一般沒有那麼多文字／符號解碼能力的大眾了解。

有時候，我覺得知識份子犯了知溝障礙的問題，自己讀了很多書，把很多其實不那麼容易的事情當作理所當然以後，便要求社會大眾全都要懂這些。他們沒想過，自己之所以能夠讀書以思考賺錢維生，就是因為很多人不能或者犧牲了這個機會，成就他們，讓這些人成為社會大腦，當腦的當然要負責思考，思考完之後當然要解釋翻譯成一般語言給大眾。我以為暢銷書的價值在此，無論心理勵志商管或者通俗文學都是。

所以，暢銷書在書寫時三五行就要有一個小亮點，書寫過程內必須包含許多有趣、感動人的故事，有勵志作用的格言，還有點權威口吻的告誡／說教／勸說而不是學術書那種邏輯推理論證，這是不同的書的不同書寫模式。因為暢銷書是寫給一般人看的，學術書（或者專業書）是寫給作家或者讀書人看的，基本上精英文化與大眾文化之別，我也採這個立場。

所以，重點是你想寫給誰看，而不是因為一本書寫的簡單好懂又很賣就說是爛。最厲害的作家是能以一般人能懂的語言寫出連專家學者讀書人都叫好的作品，但這種是大師中的大師，是極少數，一人有志於寫作者，只能取一而為之，不要一開始就好高鶩遠，以為自己是大師，想寫出曠世傑作。這個書寫問題不只在文學創作，在學術領域也是一樣（很多碩士就想寫出什麼驚人之作），其實都是自我認識不清，好高鶩遠的變相證明。

暢銷書不是垃圾，它不過是反映時代焦慮／共鳴的載體。

暢銷書續集

——論暢銷書續集命名的跟風與模仿

暢銷書人人愛

暢銷書人見人愛。作者渴望自己的書暢銷，如此一來，人在家中坐，版稅自然來，不亦快哉。名利雙收，既是高雅文化人，更有實質利益進口袋。出版社更是渴望出得暢銷書。一旦書籍暢銷，出版社才有錢賺。讀者們也讀暢銷書。因為大家都在讀，不讀就落伍了！暢銷書可以凝聚社會連帶，加強社會關係。因此雖然有些衛道人士或者推崇高雅文化的人士看不起暢銷書，然而暢銷書卻是歷久不衰，而且推陳出新。

只是一本暢銷書可遇不可求。狂掃全世界的《哈利波特》，曾經名噪一時的《亂世佳人》，都是多次被出版社錯過退稿數次的書。沒人能抓得準讀者的口味。沒人知道哪本書會暢銷。雖然坊間也有類似《這本書要賣一百萬本》教人如何打造暢銷書的書籍，然而真正爆大量而變成超級暢銷作品的書籍，還是可遇不可求。能夠買十中一，已經是非常了不起的成就了。

然而，暢銷書雖不可求，但是搭暢銷書順風車，出些相關叢書，從暢銷書讀者身上撈點好處，換點銷售的想法，也就順勢而生。最好的辦法，當然是邀請暢銷書作者坐下來，好好的寫出媲美前書的續集。或者乾脆就把自己的書籍開成書系。前者如高曼的《EQ》，《侏儸紀公園》後者如《哈利波特》（共出七本。想想羅琳如果突然宣布要寫八本雖然會有很多討伐之聲，然而一定更多人樂見其成，因為創造經濟效益）、魯益士的《納尼亞王國》系列等等。

其次，就是出版社把暢銷書擴大成一個書系。不一定由作者親自執筆撰寫，但作者一定會參與某部分的書籍製作。像是合寫、推薦或導讀。例如以兩個爸爸成功的《富爸爸、窮爸爸》作者羅伯清崎，出版社就把《富爸爸窮爸爸》搞成一個商學院系列，大玩兩個爸爸叢書。一堆書名都看得到「爸爸」。

至於暢銷書玩成書系操作最成功的，大概算是心靈雞湯系列了。雞湯一向是補身強體的好料理。心靈雞湯顧名思義，就是喝了對我們的靈魂有幫助的東西。因此當年《心靈雞湯》在美國一出版，便一躍成為暢銷書。歷久不衰。讀者紛紛對書中的真情小故事和背後的道理所感動懾服。而作者也開始一系列的心靈雞湯創作，後來更廣向社會大眾邀稿，邀請大家一起燉煮這鍋大雞湯。而這鍋雞湯也就越來越大鍋。開始時只是用二、三、四作為續集標題。後來開始分門別類。開始有了像是《心靈雞湯關於青少年》、《心靈雞湯生命之歌》、《心靈雞湯關於勇氣》、《心靈雞湯關於女人》、《心靈雞湯關於信仰》等主題式的雞湯叢書。後來，幾乎什麼樣的主題都可以端出相關的心靈雞湯。甚至連高爾夫作者都可以弄出一本雞湯書來（《心靈雞湯關於高爾夫》），真是太猛了。心靈雞湯喝太多會不會麻痺而效用減低，那也得讀過的讀者大人來告訴我們。不過看其陸續出版的熱賣現象，看來這道雞湯的需求量頗大，暫時不會退燒。

然而，若是我們也搶不到暢銷作家幫我們寫書（通常版稅驚人），也沒辦法邀作家幫我們弄書系，該怎麼辦？沒關係，我們可以找人來破解「密碼」。紅遍全世界的暢銷小說《達文西密碼》出版後，許多人都（可能是存心）忘了這只是本小說，而大出破解密碼的書籍。例如在不然就有人從達文西下手，推出探討達文西的圖書。銷售量都頗可觀。例如《達文西和他的天才密碼》，《密碼在說謊》等，都是想搶搭順風車的書。

最後，沒有密碼可以破解，怎麼辦？最後一招，就是在書名上下工夫、搞花樣。弄些讓人眼花撩亂的書名。在自己所要推出的同質性書籍上，冠上部分暢銷書書名名字，以換取讀者注目，進而換取銷售量。本文接下來，主要就是要來談談暢銷書跟風模仿書名的現象。並舉幾個過往實例，看看這些暢銷書另類續集有什麼奧妙之處。

ＥＱ滿天飛

《ＥＱ》，是丹尼爾高曼所寫的一本著作。高曼認為，光只有ＩＱ智商，並不足以解釋一個人是否成功或失敗。還必須加入ＥＱ情緒商數才行。唯有ＥＱ高的人，懂得管理自我情緒，認識自我，激勵自己，以及建立良好人際關係，才是成功的關鍵。

此書一出，風靡全球。在台灣也是熱到發燒，是標準的暢銷書。後來高曼又出了正宗的續集《ＥＱⅡ》（在這之間還出版了《怎樣教養高ＥＱ小孩》）。然而坊間書名中摻雜ＥＱ而出版的有百多本。例如戴晨志的《你是ＥＱ高手嗎？》，曹又方的《愛情ＥＱ》（此書也出了續集《愛情ＥＱⅡ》），彭懷真的《上班族ＥＱ與ＩＱ》，最量產的則是張怡筠，有《ＥＱ其實很簡單》、《情色ＥＱ》、《張博士的ＥＱ早操》、《超級ＥＱ超級銷售》（簡直自許為台灣ＥＱ代言人）。

ＥＱ開啟了人類一個新的解釋成功的大門，因而相關研究紛紛出籠，故出版品大盛，創造出一整個出版門類，是以續集和相關延伸著作滿天飛。

厚黑學出不完

《厚黑學》是中國古老的人際智慧，強調厚臉皮又黑心腸的人才得以成大事。《厚黑學》原為清末民初人士李宗吾所寫。經後人改寫研究，陸續推出相關的厚黑學叢書。甚至有出版社以「厚黑學」，開了一整個書系。如宏文館就出版了《老實人厚黑學》、《新鮮人厚黑學》、《厚黑學講義》、《顛覆厚黑學》、《上班族厚黑學》、《領導人厚黑學》、《小人厚黑學》、《說謊厚黑學》、《受氣厚黑學等》等。可以說是厚黑說不完。至於書名和內容是否真的都和厚黑如此緊密相關，那也只有讀過的讀者才能夠說的清楚了。

相信未來冠上厚黑學之名的書籍還會陸續出版。真可見古代中國人的獨特處世智慧的影響深遠。

乳酪

乳酪，是另外一樣神奇食物。從史賓塞強森寫出了《誰搬走了我的乳酪？》這本成人寓言，狂銷全世界之後，作者本人雖然沒有推出以乳酪為名的續集，但想要搶吃這份乳酪大餅的，卻多的不得了。像台灣出版該書的奧林出版社就出版各種版本的《誰搬走了我的乳酪？》

（兒童版、青少年版、圖文版、精裝版）。

再來，無緣搬走正牌乳酪的跟風書，大量冒出頭。像是書名百分之九十相似度的《是誰切了乳酪？》、《我能搬走誰的乳酪？》、《誰都搬不走我的乳酪》、《誰敢動我的乳酪》、《誰敢搬走我的乳酪》、《自己的乳酪自己搬》。等到相似度高的書名都被取光了之後，開始有一些沒那麼像，但還是想分乳酪群一杯羹的書推出。像是《你可以擁有乳酪又吃的到》、《天上掉下來的乳酪》、《董事長教你的乳酪哲學》等等。到處都在談乳酪，到處都在教你怎麼搬，搬誰的乳酪。果真是人人愛吃的乳酪。

幾歲要幹什麼？

前幾年市場上出了一本《死前要做的九十九件事》，一夕爆紅，成為暢銷書。該書是本低成本買進稿件（有時候就是這麼好狗運，出版社不看好因而買斷的作品，卻變成暢銷書，出版社大賺特賺還不用支付後續版稅，真是愉快）。過了幾年之後，開始有人想，既然「死前要做九十九件事」。那麼，限定一個年紀來做個幾件事，也逐漸成為一種替書命名的方式。而且似乎賣的很不錯（關鍵是要選對年紀和做適當數量的事情）。例如《三十五歲前要做的三十三件事》，就是後起新秀。另外還有《三十歲前一定要改的三十個習慣》。這個書名公式要是能加以善用，應該可以創造出不少暢銷書。

至於「幾歲前成為什麼大師或者達成什麼目標」，則是出版界已經玩爛掉的書名。像是《如何在三十歲前購屋》、《如何在三十歲前投資致富》、《如何在三十歲前成為理財高手》等等，林林總總數十本。不過，這種書目標太明確，人們多半沒那麼優秀。讀者讀起來未免壓力太大，還不如一次推薦多一點事情可以做，有幾件沒完成，也不會覺得太難過，你說對吧？

暢銷書跟風命名法則還有很多，像是跟著大師跑。書名中冠上杜拉克、巴菲特，也都能有不錯的成績，畢竟大師說了算。雖然模仿不能成為一等一超級暢銷書，但吃吃掉在地上的麵包屑，也不無小補。暢銷書書名，注定是會衍伸出無數家族的光榮之父。

台灣出版的書籍設計熱，正在流行

對岸出版刊物的編輯曾寫信給我，請我幫忙推薦一些能寫「編輯手記」文章的編輯給他，約莫是要做類似的專題。

之前，獨立書店小小書房舉辦了「向讀者報品」的新書宣傳活動，邀請責任編輯直接向讀者介紹自己編製的新書。

博客來、誠品書店、金石堂等通路，也各自在自家的網路上推出了由圖書責任編輯、設計封面的美編，所撰寫的「工作手記」。

似乎越來越多出版人了解，讓最懂書的責任編輯、美編、譯者直接面對讀者，向讀者介紹書籍（在內容之外）的有趣之處，很能引起讀者的好奇心。除了能讓更多一般讀者了解編輯的工作內容，也能將一本書當成「工藝品」來欣賞，還能做到圖書行銷，可謂一舉多得。

說來也很有趣，正是在電子書排山倒海而來的湧入出版市場，企圖挑戰印刷實體書五百餘年來霸主地位的這個時刻，反而有越來越多讀者，不只對書籍內容感興趣，還想要了解書籍

「載體」這個物件的構成元素，及其美好之所在。

此一事件反應的讀者意識是什麼？

我是這麼看的。近來台灣的讀者之所以渴望了解書籍設計與製作的know-how，與當前台灣社會積極補「工／商業設計」這門課的大環境不無關係。

早年搞代工起家的台灣人，講求實用性與便利性，不太在乎產品的美學價值。然而，隨著近年來代工產業毛利日低，國人生活水準普遍提高後對事物的美學價值的追求（多少人去過日本旅遊後念念不忘其社會文化的無處不美？），因為渴望美而希望在生活中落實，讓社會上越來越多人體認到「美」的重要性。

我們不再事事只以便利或功能為上，寧可為了美而犧牲便利，多付出一些代價，這樣的社會文化觀念的改變進入到出版這一行，最直接的反應就是越來越多書的封面變得漂亮了，越來越多專業的設計／建築圖書出版且迎合市場好評，越來愈多優秀的美編以自己的作品贏得市場尊敬甚至成為品牌Icon。

市場法則也告訴我們，姣好的書籍設計是能夠刺激銷售的，而且最近一年來，可以說最頑強抵抗的純文學出版也終於領略了圖書設計之美的重要性，越來越多台灣文人作家的新書設計令人驚艷。

對比於台灣電子書一直做不起來，德國人不買單，日本與美國曾經熱了一陣卻後繼無力，電子書在圖書封面、字體、排版、版型呈現上的規格化，加上目前的電子書仍以單色呈現為主，最多的優勢就是「輕盈」，也許可以搶下向來以厚重見長的大眾小說市場，卻似乎仍然難以撼動需要高度圖文整合，以及在封面與排版上，有細膩講究的其他圖書類型（如生活風格書籍）。

若我們承認，字體與印刷書版型也是一種文化工藝，具有美學價值，那麼，擁有數百年不斷地透過實務操作所累積下來的深厚「出版美學工藝」，不可能如此簡單的被割捨拋棄，除非電子書能找到嫁接「出版美學工藝」的有效方法，否則的話，單單只有功能便利性的電子書，無法撼動擁有強大美學價值的紙本印刷出版品。

如果再考慮到台灣出版市場獨特的發展脈絡，正在補圖書設計這門課的台灣出版產業，因緣際會地得到了一項與電子書抗衡的重要工具。當我們的市場忍受了幾十年不怎麼美的印刷書籍，而終於開始有了美好的印刷書籍，要讀者們放棄美好的印刷書籍再回去將就那些只重視功能與便利而忽略美學價值的出版品，顯然不是消費者的選擇。至於其他出版美學早已成熟的社會，似乎也有類似的現象。

雖然也有人提出「世代論」，認為堅持實體書籍的美學價值只是老一代的人類的守舊心態。然而，新科技的誕生一定能改變社會環境，其實是太過樂天的「科技決定論」，科技始終得與人性的內在需求相符，才會被社會採納。我相信就算是年輕一輩的讀者，也不會沒有了自己對於圖書載體的美學價值的標準，特別是當一切都陸續數位化的時代，人們究竟會想更全面地數位化（終極目標是讓自己變成電影《駭客任務》中的電磁人），還是虛實交錯，擁有部分實體物以及部分虛擬物，還有待時間來檢驗。

不過，無論如何台灣出版界正方興未艾的圖書設計熱潮，卻是非常值得出版人深思，無論您決定將來投入實體，還是數位出版！

壓低還是拉高圖書成本：美術編輯潛在的高附加價值

近年來台灣圖書出版的封面和版型設計已經有大幅度的成長，不過少數出版社負責人仍然對於美編排版費用極度苛刻，認為能省就省。然而面對高退書率與高競爭的出版時代，節省美編費用是最為不智的成本策略。讓我們從圖書的成本結構來說明：

出版社每出一本書的總營收＝圖書定價×印刷數量×出貨折數（一般約在五折至六五折之間）×（1－0.4）【以平均退書四成計算】

也就是說，假設一本書定價兩百元，初刷兩千本，給經銷商在五折（含稅）出貨並且退書四成的話，一本書出版社該書的總營收＝200×2000×0.5×（1－0.4）＝120000元。

另外一方面，書籍的製作成本＝版稅（若為翻譯書則另改為預付版稅，但另加翻譯費）＋編輯製作費（校稿【文編審定】＋封面設計＋版型）＋印刷成本＋出版社人事倉儲等行政成本攤提。

也就是說，從生產者角度推估的書籍單冊成本＝定價（版稅＋編輯製作費＋印刷成本＋行政成本攤提）／印刷數量。

由於上述單書營收公式，我們可以合理推估，一本書要在起印兩千冊退書四成的狀況下，出版社的單冊製作成本必須壓低到定價的百分之二十五。用上數單價兩百元起印兩千本的書為例，出版社必須將製作成本壓在十萬塊以內，才有可能在現行的出版結構中獲利（區區兩萬元）。

然而，現在要用十萬塊出一本書是難上加難。特別是翻譯書，根本就不可能。那麼，如果平均單冊成本超過定價的百分之二十五時，出版者該怎麼做才能降低風險？

最優先的方法當然是在消費者價格忍受度之內調高書籍售價或者壓低成本。壓低成本是出版社慣用做法，特別是中小型出版社，通常會回頭反壓低美編排版與校稿審定費用，其次則是選擇較劣等紙張（降低印刷成本），其三則是壓低版稅（或者改變與作者的合約：例如改預付初版版稅為銷結，或延長付款票期）。然而，壓低成本的結果就是圖書品質變差，這樣的書上市後，除了少數例外其他大概很難進入再刷（更別說暢銷）。

第二種方法就是調高售價。最簡單的方法就是直接參考坊間同性質書籍的標準定價，百分之十的空間是一般消費者能夠忍受的區間（例如兩百元變成二二〇元，二五〇元變成二八〇元）。

不過，除了直接調高售價，還有間接調高售價的做法。其一是選用較好的紙張，讓書的質感增加（厚度增加），讓圖書份量感提升。其二則是放寬行距字距與版型，增加書籍厚度。

上述大致上是出版社用來作成本管控的方法。這在過去對於圖書美學要求不高的台灣是一種不得不然，然而隨著台灣閱讀市場的成熟，生活風格圖書的崛起，讀者逐漸希望並且願意選購各方面品質更為精美的圖書。

也就是說，將圖書視為一種工藝商品，好的書除了是內容好，排版美編封面紙張等設計也都經過詳細考量過。也就是說，透過增加書籍編輯費用中的封面版型美編設計費的支出，大幅提升圖書質感，讓讀者在選購書籍定價偏高的圖書時，感到物有所值而樂於掏荷包。

試想，出版者回頭壓作者百分之十的版稅（一般作者版稅起跳為定價百分之十），就上述例子來說頂多也只能省下四萬元，攤提到兩千本裡，單冊圖書也只能省下兩元。然而，如果將封面設計費由六千（一般市場行情價）提升到一萬（頂級行情到一萬五左右），雖然多支出四千，每本平均單價也多出兩元，但在定價上卻可能再墊高一到兩成），再由此來壓低作者百分之十版稅（省下四千塊支付給美編），或者乾脆還讓作者得更多版稅。

若再把排版成本也墊高一成（例如從千字五十元提高到五十五元），透過美術設計專業合理的增加行距、墊厚頁數（而不讓人有灌水之感，例如蔣勳的《美的覺醒》、詹偉雄的《球手的美學》、舒國治的《流浪集》等書堪稱代表作），可以再墊高一成定價（二四〇元），而圖書因著質感的提升，退書率也可能降低（即便銷售率還是一樣，但佔架率和在店留置時間可能因此拉長，也能降低行政成本攤提，減少出貨往返的運輸成本）。

透過成本分析，我們發現，要有效攤提成本的最好做法是墊高美編費支出，進而拉高單價而非壓低文編與稿費/版稅支出（更何況翻譯書的預付版稅與翻譯費壓價空間有限），才是最好良方。面對競爭日益激烈退書率日高的台灣出版市場，圖書負責人的成本計算模式應該有所改變，才不至於賠了夫人又折兵。提高圖書產製中關於美學成本的支出，所獲得的效益遠比壓低文編成本來的高。而這一切的改善我以為也是對於提升文化創意產業有著非凡的貢獻。

「行銷」

做不做行銷，真的有差

我喜歡的一位日本小說家的作品，曾在同一個月之內，分別由兩個出版社出版了三本（有一個出版社出了兩本）。這兩家出版社過去都陸續出版過不少該小說家的作品，勉強做區分的話，那就是一家以該小說家的長篇小說為主，另外一家則是短篇（不過也有長篇，只是相當少）。

因緣際會，大略了解同一位小說家在不同出版社出版書籍的銷售命運實際上是有差別的，有行銷的出版社，小說家的作品賣得比較好，知名度也比較高（也就是說，大家直覺印象某作者之書是由有做行銷的出版社出版），沒有做行銷的出版社雖然銷售數字也不錯，但似乎不如另外一家（就算銷售數字相同甚至超越好了，僅就市場知名度來說，有行銷的出版社也比較高）。

我問了不做行銷的出版社為什麼不打算替該小說家的中文譯本好好做行銷？對方說，因為公司的主力出版類型不在這邊，公司高層認為不需要特別砸經費下去做行銷，加上該出版社不喜歡打價格折扣戰，總是無法配合通路要求的低折扣促銷活動，久而久之，就成了慣例。

後來我發現，該出版社其實擁有不少日本知名作家的作品，這些作家的書也同時在其他出版社有不少中文譯本出版，而另外的這些出版社也都有替旗下翻譯作品打行銷戰的習慣，銷售成績也都不錯。我再轉念一想，每當我想起那些小說家的中文譯本時，腦海中的確先浮現有做行銷的那些出版社，反倒是這家同時擁有許多台灣相當走紅的日本作家的作品的出版社，令人印象較不深刻。

行銷的好處與目的人盡皆知，就是透過重複曝光，讓消費者記住該商品／品牌，好讓未來當消費行為再度發生時，能夠優先挑選該公司的商品。如何做行銷這件事情，也是根據商品與產業的差別而有非常多元化的操作手法，許多專書都有提過，本文不打算處理。

我自己也在不同出版社出過幾本書，我發現認真做行銷或推薦的出版社，銷售成績總是比較好（甚至可達八刷），某些把書做完後就默默的鋪出去賣，最後銷售狀況不佳一刷都賣不完的也有，甚至在同一家出版社出版同類型的作品，只因為換了新的主事者不做行銷後，書系銷路就此下滑的慘況也發生過。（一個作者面對出版社完全不打算行銷你的書的時候，最好有自知之明，下次不要再選該出版社合作了，否則只是白白葬送自己辛苦寫成的稿件，還會被出版社酸回來說作品好壞才是決定銷售成績好壞的主要因素。）

然而，我對於出版社不主動打行銷戰，或不願配合通路折扣，好的新書就無法獲得青睞，連帶的就賣不動的現象，感到遺憾。

假設今天選擇不做行銷的那家出版社，不是因為沒錢，不是因為該書不是該社業務重點或折扣無法配合，而是因為規模太小人手不足、經費不夠、人脈不夠、出版社太新而無力承擔行銷企劃的人力與費用時，以賣書賺錢的書店，看到能賣的書，為何不能主動抓出來代其推薦促銷？

就算沒折扣優惠可配合，光憑著某些作家在其他出版社的優異銷售成績，難道還不能保證其基本銷售量？雖然說的確存在一種奇怪的魔咒，那就是暢銷作家跳槽新東家卻從此銷售量下滑。雖然說一本書能不能賣除了看作者還得看封面、主題、內容好壞等等，但是，完全不給機會（或者根本沒發現此事）的書店會不會也太多了。

難道，台灣當前的暢銷書都僅能靠折扣優惠價格才推得動？還是書店的合作已經到了非得給優惠折扣才願意給新書重點陳列區？

如果不是，當一個好作家或在其他出版社是暢銷書的作家的作品，其他出版社也有作品推出時，書店方面不是應該秉持其專業與獲利考量自己試著推推看嗎？遺憾的是，根據開頭所提的案例加上近年來我走訪諸通路所觀察到的結果是，能夠注意到不做優惠促銷的好書並且主動提供好位子陳列銷售的書店不多。

當同一新書週期不同出版社推出同一個作家的不同作品時，只因為一家出版社有打行銷戰，該書就能佔據書店的重點推薦區，獲得大量下單，以密集曝光的方式推薦給讀者；至於沒能配合折扣優惠或不願意做行銷的那家出版社，僅僅獲得最基本的配量，書店方面不追補書，出版社的經銷商／發行單位（該書好像是出版社自己發行）也完全沒想過趁其他出版社也推出相同作者之作品的機會，請書店方面多下一點／共同陳列。

也就是說，書店不願主動對那家沒有做行銷促銷活動的出版社的新書下大量或做重點促銷，出版社的發行單位也未戰先降的放棄了利用搭順風車的優勢，別說銷售量因此下滑的利益損失（書店和出版社都是），就是對讀者來說也是非常不公平的，讀者很可能因為書店沒有準備足夠的書籍量而沒能買到書，錯過了閱讀自己喜歡作家的書的機會。完全不作為的背後，究竟透露什麼訊息？

行銷做過頭當然不好（例如近年歐美翻譯小說就因為過度炒作的行銷戰讓讀者不再相信出版社的宣傳文宣，導致銷售量緩步下滑），問題是都不做行銷也是有待商榷的，小出版社縱然缺乏人手和經費，也能有沒錢沒人的行銷作法，完全放棄未免太過消極，如今的出新書出版數量和書店經營生態已經到了無法讓不參與行銷戰的書籍曝光的地步，無論是否喜歡，這就是現實，要做出版要出書就應該要正視圖書行銷這件事，如果還抱持著把書做好之後就配送到書店去默默的賣的想法，那麼就算是能夠暢銷的好書，也可能因緣際會的被埋沒掉。

埋沒掉一本好書的方式太多了，例如書店新書只進基本量兩本，但隨即被買走，卻因為兩本的銷售數量實在太少，無法反應到銷售排行榜上，若門市負責採購的人一忙起來疏忽了該新書是在第一週上市後隨即賣掉而忘了追補，或者書店門市根本沒有人力或判斷力，使得書賣完就斷貨，經銷商或出版社又不積極主動去門市詢問書籍銷售狀況，一本原本能賣的好書也可能就這麼從市場蒸發。甚至如今很多新書都淪為建檔不下單的命運。

近年來不少出版同業都跟我抱怨，他們的新書銷售狀況非常神奇，新書上市後每週都能穩定賣出一定的量，然後，突然在某一個時間點過後，銷售量就遽降為零。這個現象完全就是書店坪效分配上的偏差（過度重視需要大量曝光的重點新書，完全忽略沒有投入行銷戰的一般新書），使得一般新書賣完之後，書店也不知是否該補書，結果選擇不補的情況增加所造成的。

小出版社或許沒有大出版社的人力、人脈和金援當後盾，但小出版社也有搞行銷的作法，推薦序、部落格試讀／串聯、心得感想徵文、公益行銷（版稅捐款）、事件行銷（配合時事寫新聞稿給記者使用）、Email行銷等等，做法很多。拿到一本書的出版權開始，出版人就應該好好思考規劃書籍的製作、發行與行銷，找出能將這本書推薦給讀者的方法，不要不作為的把書編製完畢後就送到書店，這樣做未來只會換來直接退書（當月退書）的機率是越來越高。

辛苦做出一本書卻不能讓需要的讀者看到它，那還做它幹嘛？所謂出版，可不是指把書籍編輯製作完成後印出來就算了事，還必須將其廣為發送到不特定大眾眼前，並吸引目標讀者的目光，最後令其甘心掏錢買書才是，而這些全都屬於圖書行銷的工作。

出版人出書前應該審慎的規劃，如果說，出版社是因為出了自己不擅長領域的書因而不知道該如何行銷，那麼，我建議在未來出版日趨分眾的時代，出版人最好先顧好自己的利基市場，不要貿然跨足太多新領域，以免照顧不來。如果不打算行銷，還不如不要出比較好，免得糟蹋人家辛苦完成的作品。

*附帶一提，給想出書的人一個建議，找一家願意認真替你行銷／推銷書的出版社出書，也就是能識你的貨的出版社，至於出版社規模大小，反而是其次，能幫你行銷推薦的中小型出版社，遠比只默默幫你出書卻不願砸錢行銷的大型出版社，不信的話，看彎彎、史丹利就知道了。

圖書行銷

——從一本書的推薦序談起

圖書供給需求的轉變

一九八二年，金石堂成立，當年台灣出版品總量不過八八七六種（從一九七〇年到一九八二年，台灣年平均出版量在八到九千之間，持續到一九八五年）。若扣掉不適合進入零售通路的產品（例如學術專業出版、政府出版品等）與絕版等等，台灣圖書市場上沒有多少現書，可供以百坪以上，藏書量動輒超過十萬本的連鎖大賣場陳列。

另外，解嚴之前，言論思想管制嚴密，出版品多需經過審查，出版主題不夠豐富多元，選擇性少。然而，台灣經濟起飛，人民生活水準大幅攀升，對於圖書閱讀需求日增，再加上當年台灣出版社少，此時的出版市場需求大於供給，是買方市場，只要有好書，不怕不能賣，甚至連大部頭百科全書都能賣出好成績。

眼尖的出版人發現新興連鎖書店賣場裡，充斥等著被填滿的櫃位，積極出版搶占，再加上台灣解嚴開放，民間社會力湧現。一九八六年，出版總量破萬（一〇二五五），此後逐年飆高，一九九四年突破兩萬（二四四八一），一九九八年突破三萬（三〇八六八），二〇〇一年破四萬。出版品與出版社越來越多，然而購書人口與國民平均所得卻都沒有如出版品總量般倍增，再加上閱讀口味的變遷。於是，供給過於需求，產品種類過多，圖書變成賣方市場，退書率日高。

賣方市場時代來臨

其實，過度供給不只發生在圖書出版業，一九八〇年代以後，市場到處充斥過度供給，《企業巫醫》便認為，正是供給過於需求，讓企業從一九七〇年石油危機後的高經濟成長跌落，嚐到成長瓶頸，購買選擇權回到消費者手中，生產者必須想盡辦法，才能吸引消費者眼光。抱持「默默生產好商品，自然有人會青睞」想法的生產者，將被資本主義講究坪效和週轉率的經濟模式淘汰。

站在客戶角度思考

以圖書出版品來說，現今出版者光生產好書還不夠，還要從消費者（而非生產者）的角度，將訊息正確的傳遞給消費者，說服她們這是一本好書才行。這是個出書容易賣書難的時代，並非劣幣驅逐良幣，而是市場良幣充斥，良幣必須想辦法脫穎而出。

然而，偏偏某些老牌出版社，無法認清消費市場轉變的內在結構性因素，反過來責怪那些新興出版品低俗沒有品味，再不然就抱怨消費者不讀書不賣書，或者消費者閱讀品味低俗，大有一代不如一代之嘆。

是否一代不如一代我不知道，但兩代之間有差異卻是肯定的。生長在富裕、自由又開放社會的讀者，閱讀興趣和品味，絕對和封閉於台灣孤島上的老一輩讀者不同。

圖書是一種販賣「文化」的商品

生產者老抱怨市場，或老提當年勇都不切實際，消費者並不會因為生產者的抱怨就報以同情，勉強買下沒有興趣的產品。

我並非鼓吹生產者一味附和消費者的品味，而是我以為，真正優質的出版者，是閱讀品味與流行的創造者，能夠調和文化與商品，推出叫好又叫座的產品，吸引消費者注目，進而掏錢買書。

出版人若不能意識到當今乃是競爭激烈的買方市場時代，以「紫牛」產品吸引消費者視覺暫留的話，很難殺出圖書紅海。紫牛的紫是外觀，因此圖書要吸引人，內容雖然重要，但第一步靠的卻是外觀。

於是，了解市場變化的生產者開始積極投入圖書的包裝（包含封面、版型、文案設計），一改過去出版品包裝的素樸，有逐年向上提升的趨勢，更出現了像王志弘、聶永貞、張士勇等知名封面設計師，甚至連一般讀者都開始發現這些設計師的存在。

在過度供給的時代，好書的內容無法直接被目標讀者看見就等於沒出版，透過包裝，吸引目標讀者的眼光，是好的開始。特別是當出版人要向廣大市場推薦一本內容極佳，但卻默默無名（或國外暢銷但台灣讀者不認識）的作者所寫的書時。至於被封面吸引，拿起書後，吸引讀者目光的第二步，就是推薦序了。

推薦序，很重要

特別像台灣，雖然出版蓬勃，但市場極度仰賴翻譯作品，這些翻譯作品的引進，若沒有適當的代言人，很可能會淹沒在書海之中。好比文學書好了，如今熱賣數十萬冊的《達文西密碼》、《哈利波特》的中文版權，當初也是兜售無門，最後才被出版社以基本預付版稅買下。

如果連專業圖書生產者都無法判斷一本書是否會熱賣暢銷，更何況一般讀者？

在台灣的出版界，常常發生某些出版社以天價拿到國外暢銷書版權，然而出版中文譯本後銷售平平，無法引起市場迴響；或者A書比B書在國外熱賣，但引進台灣後，A書卻賣輸B書的狀況。也常有一些國外暢銷書在台灣幾乎快賣不出中文版權，最後被以基本版權費賣掉，卻因為包裝得體，推薦人選得對，最後大賣特賣。例如二〇〇六年風靡全台的《佐賀超級阿嬤》，就是因為選對在地推薦人（吳念真），寫了篇好推薦序，成功接合兩地閱讀口味，消弭文化折扣。

出版人若能站在消費者的角度來思考，便會發現推薦序（我在此所談之推薦序，採廣義，包含導讀、書介、書評，乃至試讀本、書摘等等一切能夠幫助讀者快速掌握書籍內容主題方向之文字），對於消費者選購圖書時的重要性。

試想，一個普通讀者進入一家書店，若不是為了課業或工作的目的性閱讀，單純只是想找一本書來讀，在茫茫書海，要如何讓他選中自家所生產的產品？

好的推薦序作者扮演起溝通／銜接／接合本土與外國市場的橋樑，以推薦人在社會（或其特定專業場域）上的公信力，為某本特定圖書背書，取得消費者信任，吸引消費者選購。

翻譯書的引進都有文化折扣問題，好的推薦序能夠化解文化折扣與隔閡，也就是說，出版者即便引進國外暢銷好書，若沒有選對在地推薦人來背書，在地市場的一般讀者，很可能無法發現該書的好，進而選購。

推薦序該怎麼邀

如果真是一本好書，推薦序作者也會認認真真的寫，對自己的品牌形象也有加分效果，是名人替好書代言，名人也能從中獲益。

一篇好的推薦序，人選的選擇是很重要的。並不是高官或名人就合適做推薦，如果這些高官名人推薦的書太多，或者推薦序一看就知道是捉刀或代筆、筆力不足，那還不如不要（除非只是封面掛名推薦而不寫文字）。

讀者不是笨蛋，一篇推薦序好不好、真不真誠、用不用心，是可以看的出來的。與其找應酬式的推薦序，倒不如找和該書主題最相關的專家或意見領袖，總之，推薦序人選的原則是精準、真誠。

推薦序人選必須是能夠為該書內容（專業或品質）背書，而推薦人的文字也必須是誠懇而值得信賴的。至於文章也不宜過長，三千字以內為佳（太長讓讀者疲於閱讀，甚至失去對正文的興趣），篇數不宜太多，三篇為佳（太多讓讀者眼花撩亂）。

編輯在邀約推薦序時不要怕被拒絕，被拒絕也不要將此人列為拒絕往來戶，圖書出版後還是可以奉上樣書作為參考，買賣不成仁義在，這次沒機會或許下次有機會，不在書裡推薦，對方亦或者會在其他場合替該書背書推薦也說不定（例如媒體書評、專欄、口語傳播、網路部落格）。

推薦序是中小型出版社最好的行銷工具

一篇好的推薦序並不貴，對於沒有辦法像大出版社砸錢買櫃位做廣告行銷的中小型出版社，推薦序是最好的行銷工具。選對推薦人，可以精準的吸引目標讀者的眼光，而推薦人一篇真誠的推薦序，對於消費者是有加分作用的。消費者信任推薦人的推薦，進而購買的情況不少。

至少，一篇好的推薦序能夠吸引出版文化圈的注意，增加曝光機會。圖書行銷是B2B2C，出版人必須先說服那些中介圖書給一般市場的守門人（如媒體書評編輯小組、書店採購、圖書館採購、書店門市），讓他們願意推薦、陳列、評價該書。推薦序有助這些圖書守門人篩選。

再加上部落格、臉書等社群網站崛起，進入長尾時代，開放推薦序轉載（再配合網路書店商品頁的超連結），讓好的推薦序在外流傳，有助於好書傳播，累積銷售，出版人們應該好好使用推薦序這項行銷工具，不要讓好書沉默於書海之中。

新書行銷
——關於試讀／推薦的一些問題

書市業績下滑的警訊

最近逛書店，發現實體書店似乎有調低庫存值，減少營運壓力的趨勢。網路書店則是超級優惠折扣活動不曾間斷。書店之所以舉辦大型特惠活動，調低庫存值，通常都是業績下滑時才會出現的舉措（調低庫存值是節流，辦特惠活動是開源）。另外，坊間的小道消息流傳，近來不少這一兩年來總能取得好業績的出版品，銷售量大幅衰退，似乎更證明了出版社與書店聯手衝刺業績、壓低成本的可信度。

或許，絕大多數的出版人都相信，業績不好是大環境景氣差所造成的，畢竟國際金融大海嘯來襲，那麼多人投資受傷，消費力自然下滑。

從二〇〇二年開始，台灣出版界就不斷高喊景氣寒冬，甚至拿出退書率日高、通路商／書店倒閉來舉證。然而，正是在這波所謂的不景氣論述下，台灣的圖書市場卻屢屢開出六位數的超級暢銷書，甚至培養出了頗為興盛的小說閱讀熱潮，光從暢銷書面來看，實在看不出來不景氣，反而讓人覺得，出版人似乎抓到了一條行銷必勝公式，只要套用此公式，書都能賣得不錯。

公式就是，只要出版社能出高預付版稅向版權代理商買版權，新書出版前，先找試讀部隊與名人背書，發試讀本，出版後以滿山遍野的鋪書法瀰漫書店，加上和平面電子媒體結合，只要能夠遵此流程運作的主打書，幾乎本本大賣，幾乎成了暢銷必勝公式。

部落客試讀風

然而，近來口碑行銷卻有日見疲軟的趨勢，且似乎成為瓦解必勝行銷公式的第一面骨牌。這兩年，不少出版社都發現網路口碑傳播的行銷效益，紛紛在新書出版前，從ＰＴＴ等地公開徵選試讀讀友。提供假書給這些網友，請他們閱讀完畢後，寫點心得推薦放在自己的部落格上，並得允許出版社挑選其中一些較為優異者放在公司的行銷文宣中。

部落格推薦的好處是，每個部落格多少都會有支持網友，因而能激起推銷作用。另外，網路超連結可以讓網友直接連到網路書店的商品頁中，下單購買，也省去跑書店選購的麻煩，看起來好處無窮。

缺乏統計代表性的試讀

可惜的是，出版社在舉辦試讀活動時，犯了一個很大的錯誤，在統計上來說，叫做抽樣「缺乏代表性」。

這話該怎麼說？

目前，出版社舉辦的新書試讀活動，通常是在自家部落格或到PTT等網站公開徵選，採報名制，只要前來報名，有名額的話，就給予報名。然而，對於前來徵選者的條件篩選，並不嚴格。對於報名者的動機、社會類屬、閱讀習慣／類型／頻率、平時購書費用、部落格屬性等等，都沒有深入了解，幾乎是來報名就給書。

給完書之後，就等交稿截止日到來。交了稿，出版社就從中挑選合適的放在自己的文宣品上。

素人推薦的效力？

然而，這些部落客是否真的讀完書，是否客觀的寫出了公允的推薦，沒有人能了解；此外，所謂拿人手短，拿了樣書／贈品後的部落客是否能客觀的撰寫評語，也是未定之天。如果，這些部落客都是素人，並不懂得如何評價推薦一本書，只是單純的說好看，那其推薦效用又有多少？

最重要的一點是，如果不分析部落客本身的社會類屬，就這麼把其實不適合他閱讀／推薦的書發了出去，就算對方讀了大家讚賞，但推薦效力又有多少？

產品之所以喜歡找意見領袖推薦，是意見領袖對其所屬的群體有一定的影響力，試讀部隊雖眾，且看似分佈在各行各業，但是否能負擔起評價一部書的優劣好壞之處的能力，頗令人擔憂。更值得憂慮的是，其推薦會否有負面影響？

大力用行銷推薦的不良影響

我曾經看過一些翻譯得不怎麼樣，製作過程充滿混亂，甚至書本身非常無趣，卻因為透過試讀，書賣得很好，聽得到的口碑好像也都很棒。然而，更多沒有說出口的口碑，卻是值得擔心的。該出版社後續再推同質性作品時，票房是否能更勝以往或是遠不如過去，便成了驗證這些網路口碑是否具備真實性、真誠性、可信任性以及往後的效益的最好機會。如果出版社發現，試讀與網路口碑行銷過去對於推書一直都很有用，最近卻不行了，甚至大幅退步，不要懷疑，並不是不景氣的影響那麼簡單，而是這套行銷方法已經露出疲態。過度的操作網路口碑已經讓許多網友不信任網路推薦的書籍，因而退卻。

誠如許多部落客喜歡書寫美食，推薦自己喜歡的餐廳，但看了部落客推薦後上門去吃的網友，卻未必會喜歡一樣，書也是如此，一個網友看了喜歡的書，另外一位網友卻未必會喜歡。除非，推薦人是該領域的達人，或者素來對於書籍評論有一定的客觀性，否則，放任一般素人讀者大量膨脹其推薦的效益，結果就是讓讀了不喜歡的讀者對推薦出現質疑、不信任的聲音，最後不再相信網路口碑。

建立背景多元、嗜好閱讀的固定試讀部隊

其實，最好的作法，是建立一支自己專屬的試讀部隊，不要在網路上隨機的讓網友報名試讀活動，出版社應該主動出擊，深入各行各業，尋找不同性別、職業、年齡、嗜好閱讀、閱讀興趣／領域（與該書相近）的網友。花點時間研究這些網友的部落格，確定其所擁有的網路口碑是正面的，其所推薦的產品是不受行銷介入的（例如拿人手短，就替人背書說好話的一定不要），建立一支固定的試讀部隊，這支試讀部隊必須在抽樣上擁有代表性。

每次有重點新書出來，先提供給這些網友閱讀，並且請其一定要客觀公允的說他們的閱讀感受，私下先針對這些評價作統計，這些讀者背後代表都代表一定的閱讀族群，對於推估書籍銷售與市場口碑，可能較為客觀。

花時間培育試讀部隊還有一個好處，那就是當這群人建立起自己的公信力時，能替所推薦的書籍加分，亂槍打鳥的找試讀對象，毫無累積性不說，其推薦是否過於誇大不實，根本無從判斷（畢竟出版人一定覺得一本書好才會想出版，多少帶有主觀，若再碰到討好奉承的推薦人，主觀加上討好，很難讓口碑發酵起來）。

讓試讀部隊成為市場水溫的前測部隊

當然，固定的試讀部隊或許更讓人覺得，這支部隊是在替出版社背書。我的建議是，試讀部隊可以稍微大一點，不要每一本書都發給全部的人，此外，多幾家出版社共同合選／用試讀部隊，讓這支具代表性的試讀部隊能夠成為書籍進入市場的「前測」單位，只要願意嚴守客觀（並且逐漸剔除不能勝任者／不再發稿給對方，遴選新對象），時間一久，試讀部隊各自將會建立起自己的口碑公信力，透過這支試讀部隊，應該能夠準確的預估市場口碑與銷售狀況。

被玩爛的口碑行銷

如今的圖書行銷所犯的最大問題，在於推薦人（意見領袖）光推薦不讀書，試讀者不專業（推薦不客觀），使得推薦效力日漸薄弱，市場也越來越不相信名人／部落客推薦，甚至認定這些人不過是和出版社掛鉤合作，使得原本的推薦美意蕩然無存。

一般讀者驗證推薦的方法很簡單，他們會將自己讀後所獲得的感受與書籍上或網路上的推薦比較，如果閱讀感受天差地別，通常讀者會相信自己，不會相信素人推薦（甚至會直接認為這些推薦人是拿了出版社好處，就像網路上總是盛傳某些美食部落格是拿了餐廳的好處才說好話），如果是名人推薦的感受和自己不同，則多半會再給名人幾次機會，但若總是和名人推薦得到不同的感受，最後讀者也會拋棄名人推薦，並且將名人貼上不可信任的標籤。

該是重振口碑行銷公信力的時候了

出版人難道沒發現，書腰和書封上的推薦人越來越多，但絕大多數都是無法證明其推薦效力的掛名推薦，而且，推薦越來越多，卻越來越無法激起讀者的購買熱情？如果出版人不能好好檢討推薦的使用，過於浮濫隨便又無法建立公信力，甚至讓讀者讀完之後有被背叛的感覺的話，網路口碑與名人推薦將會是被玩死的行銷招數（就像網友不會再相信單一美食部落客所推薦的餐廳，會多找一些評價，而且寧願相信負面評價也不願意相信正面評價）。

報品：新書銷售最前線

「報品」是什麼？

報品，又稱「新書提報」，是由出版社（行銷企劃、責任編輯，偶爾大老闆或作者會親自出馬）／經銷商（業務經理）向書店採購人員，簡介新書的一種出版作業流程，通常在新書出版前後進行，是Ｂ２Ｂ的出版商業行為，不為一般讀者大眾所知。

需要報品的，通常是新書，而且是出版社當月（季／年）的重點新書，為了讓書店通路的採購了解新書的賣點、特色……，故而舉辦的新品介紹活動。類似每年蘋果電腦的新品發表會，只不過此一新品發表不對外開放，報品的目的，則是希望贏得採購青睞，爭取較多的首批量下單。

在實體書店有限的店面坪數，以及每位採購固定的每月採購成本等限制下，實體書店不可能無限量地讓每一本新書都能獲得大量下單，必須進行篩選。報品，成了採購篩選、判斷新品下量的重要依據之一！

基本上，在有經銷商的前提下（自己經銷產品的出版社例外），報品工作原本應當屬於經銷商對零售書店通路的例行性工作，只不過有部分出版社鑒於經銷商負責之每月新書量過多，以及部分負責報品的經銷商工作人員無法恰如其分地承擔起此一工作（介紹圖書內容以爭取好的新書下量條件），於是有出版社自行向零售通路進行新書提報。

不是每家出版社都會向通路報品

目前在台灣，常態性地於出版市場推出新書的民營出版社約一千家左右。不過，並非所有出版社都會向書店通路進行新書提報。

主要的原因：

一、出版品的屬性，諸如教科書、高普考叢書、漫畫書、言情小說、B級書（社會書）等類型圖書的出版社，不需要報品。此類新書通常採購會直接按照過往的銷售數字判斷首批下量，不需要另外提報。

二、書店方面婉轉拒絕，除了採購太忙，每個月負責的新書數量太龐大，無法接受每一家出版社都來報品。

三、出版社認為不需要向零售通路報品（例如，出版品的主要銷售通路不在零售書店通路），全權委託經銷商處理。

對經銷商來說，並不樂見出版社與書店通路過從甚密，主要原因，在於擔心出版社會跳過經銷商，選擇與書店通路「直往」（反過來對出版社來說，經銷商報品不利直接影響圖書上架，則是出版社對經銷商不滿的重要原因之一），報品工作的分工與執行，往往成為出版社與經銷商種下心結，甚至最後決定拆夥的因素，也是出版社和經銷商必須面對的內在矛盾。

「報品」的基本作業流程

報品的作業流程大致上可以分為兩類。第一類是新出版社第一次出版新書，第二類是每月的例行性報品。

一、新出版社的第一次報品

通常新成立的出版社如果知道重點新書出版可以向書店通路的採購報品（別懷疑，有許多出版社／編輯並不知情，或認為不重要），通常會委請自己家的圖書經銷商代為向書店採購傳達前往報品的意願，經溝通，獲得採購首肯後，當下一次經銷商業務經理前往提報新書時，便會帶著新出版社的人前往拜訪，進行報品。

若與採購相談甚歡，或者新書上市後果然開出紅盤，未來可能發展為例行性的報品。

二、例行性報品

每月重點新書出版前後，固定向採購報品。報品時除了介紹新書，同時還會洽談新書專案合作活動的相關細節（如是否要下折扣，各自的折讓，文宣海報的製作，活動週期，書展，簽書會等等）。一般來說，報品的頻率約莫每個月一次。無論是經銷商統一收集所代理之出版社的當月新書向採購報品，或者是出版社逕自向採購報品。

不過，也有少數例外狀況。台灣最大的圖書經銷商由於手上有數百家出版社，每月出版數量龐大，故而報品次數高達每週兩次，也就是每個月八次。

另外，大型出版集團則會聯合旗下各出版社，一起向採購進行提報，通常每個月一次，由各家出版社派代表出席，向採購介紹當月重點新書。大集團則會邀小通路的採購到公司，參加報品。

報品會議上，通常由出版社方面準備新書資料（無論是簡單的書面資料，還是ＰＰ檔，甚至是出版社自行拍攝的新書推薦影片等等），向採購介紹新書內容特色，回答採購的提問。

不過，採購通常會問的問題，著重在此一新書在其他通路的專案活動內容，以此資訊判斷自家通路是否吃虧，是否需要爭取其他的權益（例如爭取更低的進貨折扣、新書促銷贈品、獨家封面等等）。

報品的時間點：出版前後

大部分的新書報品，都是在出版社新書印製完成，入了經銷商的倉庫之後（經銷商每月有固定讓出版社入庫當月新書的時間），由經銷商的業務經理統一彙整旗下代理之出版社新書，向書店採購統一報品。

出版社若有附上新書提報單，業務經理會如實轉交，若什麼資訊都沒有，報品時就也什麼資訊都沒有（除了交給採購的實體新書一本）。

另外一些新書報品，通常是出版社即將出版的當／來月重點新書，會在出版前兩週到一個月之間，完成三校稿、文案與封面製作的進度的這段時間內，向書店採購進行報品，此一類型的報品，除了向採購說明新書內容的重點外，也會洽詢採購關於書籍封面、文案、書名等編製方面的意見，通常只要採購能夠說出具體的理由要求出版社修改，出版社通常會接受。另外，也會洽談出版後的專案合作計劃的異象與執行細節內容。

出版社與經銷商報品的重點不同

經銷商的業務經理，和出版社的行銷企劃／編輯向書店採購報品的方式有所不同，前者較少著墨於新書內容的介紹，而是會從自家代理之出版社當月新書中挑出一些具有商業前例之出版品向採購推薦，或者特別推薦新書系、新出版社的新書，重點放在新書首批下量的提高。

向非書店零售通路報品

近年來，新崛起的書店通路除了網路之外，還有便利超商與量販店，後兩者也積極進軍圖書市場，特別是便利超商，在大台北以外的門市，已經取代過往的文具店附設書區的功能，成為台灣的新型的社區書店。

一、專案合作

不過，便利超商畢竟是講究高坪效的零售通路，加上店鋪面積不大，能撥出來作為圖書／雜誌販售的空間不大，當然不可能容納所有當期出版的新書（即便只有暢銷新書也是一樣）。

量販店的賣場空間雖大，但是也追求高坪效，加上低價銷售的特性，因此書區面積雖然不算小，卻也不走一般書店（多品項、少庫存）的陳列方式，而以重點挑選（少品項、多庫存）的方式陳列。

二、被動徵召

便利超商與量販店的提報作業，和一般書店通路不同。書店通路一般是由出版社／經銷商主動向書店採購提報當月新書，但量販店和便利超商則是反過來操作，平日並不需要出版社／經銷商前來提報每月新書，而是在市場上看到某些書適合自己的賣場銷售時，再找經銷商／出版社來提報，屬專案合作性質。

便利超商與量販店不像書店，需要擁有所有往來廠商的所有圖書商品的基本資料。因為此一特性，故而主要和量販店、便利超商接洽、提報的多為經銷商，較少需要找上出版社。

三、開發便利超商獨賣商品

不過，近年來便利超商積極拓展書籍銷售，於是有便利超商的採購，希望出版社能夠為便利超商量身打造自家通路獨家販售的圖書商品，台灣有一部分出版社已經開始固定和便利超商合作開發不進入書店販售的獨家商品。

此一類型的合作，出版社向便利超商採購的報品工作便複雜許多。從平日的議題發想，到圖書編製過程的詢問採購意見，到最後成品問世後的新品下量、專案洽談，往往一本書得跑好幾次報品作業。

報品的功能

一、新書太多，時間太少

出版社／經銷商之所以需要向採購提報新書，主要理由是每年出版新書太多，採購的時間有限（不可能把自己手上負責的當月新書全都看完再決定下量），必須由最了解新書的人來向採購「說書」（說明與書籍有關的一切資訊），幫助採購在最短的時間內決定新書的首批下量（當然是越高越好，下量越多，越有機會爭取到書店平台的大堆陳列，再配合活動促銷，提高曝光機會，爭取銷售量）。

二、培養感情

除此之外，俗話說得好，「見面三分情」，出版社／經銷商每個月固定花一點時間和採購見面，除了聊新書，久了熟悉之後也會聊點其他的事情，如果談得來，也能培養出一些非正式的情感互動，對出版社／經銷商來說，是爭取讓書店採購「認得」自家品牌與產品的機會。

以目前台灣的圖書零售通路來說，除了便利超商以產品類型分採購工作之外，其他無論實體書店、連鎖書店、量販店等零售通路都以「廠商」作為區分工作內容的依據。出版社／經銷商對書店的窗口，統一由單一採購負責，無論是洽談合作專案、例行性新書報品，全都找負責自己家產品的採購就對了。

也就是說，能否贏得採購的青睞，對於產品銷售有非常關鍵的影響，報品毋寧就是贏得採購信賴與青睞的重要商業活動之一。

三、爭取曝光、暢銷的機會

雖然說，有報品的書未必有機會爭取到大批下量，也未必上得了新書平台，更未必能成為暢銷書，但是，比起連提報都不做的廠商來說，還是機會大一些。況且從實務上來看，放眼台灣主要的前二十大出版社／集團，在新書報品工作上的著墨很深。

四、書店營運型態改變

再加上近年來大型零售通路的圖書獲利來源，主要以六個月內的重點新書為主，舊書、長銷書的銷售占比日漸下滑，網路書店、便利超商與量販店的圖書銷售占比日漸提升，圖書零售業績集中在少數特定零售通路身上，更顯新書報品工作的重要性！

報品屬於新書發行、銷售與行銷的三合一工作，雖然是B2B，卻是最關鍵的最前線，做得好不好，老實說對出版社在書店心目中的分量是有相當程度的影響，不容小覷！

報品的問題

不過，近年來因為網路書店崛起，搶走不少實體書店的業績，使得實體書店更加著墨於暢銷新書的銷售，有限的新書平台成了各家出版社必爭之地，有報品就能贏得較高的首批量下單的機會越來越少，越來越多大型連鎖通路選擇新書建檔不下單的處理方法，使得越來越多新書無法在書店門市曝光，單純進行新書報品的功效日漸下滑（如果不搭配贈品、獨家活動、折扣，很難引起採購的興趣），最後不是放棄報品，就是越玩越大，淪為兩極分化。

搶進新書平台的秘訣
——選書夠好做到位、行銷做足別缺書、關注市場動向

新書平台人人搶

每年暑假，眾出版社磨刀霍霍，年度大書盡在此時推出，務必在撐過五窮六絕之後，趁著學生大放暑假，搶下好業績。

雖然有這麼多好書急著問世，書店新書平台並不會因此而放大，如何讓自家新書搶進各書店新書平台，甚至能夠在進門處大堆陳列，便成了眾家出版社行銷企劃煩惱的問題。

如果是大型／綜合／老牌出版社，問題還沒那麼大。憑藉過去社內出版品的品質和銷售業績保證，出版者和書店長年累積的默契和關係等等，暑假重點強大新書，至少都能換得新書平台，也比其他出版社有更多機會，拿下在書店內大堆陳列或舉辦書展促銷的機會。

君不見書店內大堆陳列之出版品，有八成來自台灣前二十大出版社／集團嗎？大公司老品牌過往的業績和實力，成為向書店洽談熱門檔期合作的最有利資本。

然而，如果你是一家名不見經傳的小出版社，甚至新成立的出版社，該怎麼在如此熱門檔期中，替自家重點新書卡一個好位置，則是一件令人頭大的事情。

本文，將擬以雅宴文創和主流出版社兩家二〇〇七年七月才正式推出作品的新出版社為例（之所以選這兩家出版社，最主要是其銷售成績不俗，均有賣上排行榜），再佐以進兩年來市場上各種精彩的圖書行銷策略，做簡單介紹，談談出版社該如何在殺紅了眼的出版紅海中，突出自家出版品，贏得好業績。

當然，前提是作品本身夠好，才能夠在行銷策略加持之下，突破新書重圍，將書推薦給目標讀者，進而被讀者青睞買下。

搶佔新書平台公式＝關係＋品質＋行銷

不容諱言的是，如果出版人在業界擁有好關係，或者過去在業界擁有不錯的口碑，書店通路乃至相關媒體，比較願意給予機會，促銷其所選的商品。

有關係的業主，再加上好作品，即便不用砸下大筆行銷預算（例如搞試讀本、印海報、辦簽書會，甚至給新書折扣），都可以順利搶進新書平台區。

然而，如果沒關係的業主，該怎麼樣循序漸進，利用行銷活動案，讓自己的作品被通路採購青睞，願意使用自家寶貴的新書平台區來推廣一部新出版社的新作品，就是一門學問了。

圓神集團簡志忠先生曾說，賣一本書，最重要就是把書做到位／味。無論書籍包裝，乃至通路行銷都是。

先說書籍包裝，有少許編輯困惑於當前台灣出版市場上越來越美的圖書封面與版型，誤以為無論什麼書，只要包裝上夠好的封面與版型，便能夠從眾多新書中跳出來，被讀者青睞選購。其實，一本好的書，不是做到最美，而是做到最能符合目標讀者需求的樣子。如果你的目標讀者是熟年老人，那恐怕小資產階級情調美學的封面和版型，就不適合！唯有精準的調製出目標讀者之美學風格／閱讀需求的出版品，才是好出版品。

新品上市前－通路說書、行銷活動提案、特殊優惠、媒體公關／新聞稿。

有了好出版品後，出版者在圖書上市前，應該先以簡單扼要的新書提報單和摘要，向經銷商與通路提報新品（甚至洽談合作活動，例如優惠預購、放置試讀本，提供獨家封面、優惠折扣、獨家首賣、獨家贈品等等），告知手上重點新書之特色與賣點，讓經銷商和通路了解，你手上的書是要賣給誰的？好在哪裡？為什麼讀者會買？買了讀了之後會有什麼效益？此外，你針對手上新書所做的行銷規劃檔期與流程為何，希望書店如何配合等等，也應該儘可能的告訴經銷商與通路（避免新書上市後因熱銷而脫銷）。

總之，越能夠讓中下游了解你手上新品的好與熱賣點，建立其信心，才有辦法爭取進入新書平台。

新書上市前的通路合作案洽談，最重要的一點是，按照各通路讀者特性，設計最能吸引讀者之企劃案。如重視美學風格之通路，可以提供特殊版本（獨家封面或精裝本）；重視折扣划算度之通路，則可提供新書上市優惠或者贈品，按照不同通路設計不同行銷案，是比較可行的方法。

出版者一方面對市場通路說書，另一方面，應該收集和手上新書有關之相關新聞，擬定出讀者導向之新聞稿，向眾家媒體說明，你手上這本新書，為何就是你們的目標讀者所要讀的新書。甚至積極爭取版面介紹該書。如果你能順利以新聞稿（在隨稿附上公關書）說服媒體守門人相信，推薦你的書（或書中的內容）對其媒體收視有幫助，則報刊媒體多半願意推薦。例如雅宴文創，憑藉其新書的搞笑賣點與鎖定上班族市場，便積極向商業／生活類雜誌遊說，進而獲得推薦該書／作者之版面。

然而，有些出版人要不是抱怨沒有媒體關係，只例行公事般的撰寫書籍基本資料類新聞稿，再制式化的傳真／email給媒體守門人，從不針對書籍內容思考媒體切入點，自然很難脫穎而出，獲得版面介紹。

由於網路／部落格的發達，不少網站／部落格均有閱讀相關版面，作家名人們也紛紛架起自己的部落格和讀者交流，若能在新出版品上市前，尋找和手上新書內容有關之人氣部落格或網站，進行串聯或者交換會員名單、寄發ＥＤＭ，將能有效告知目標讀者新品上市的訊息，提醒其預購或者上市後到店購買。

例如雅宴文創，在新書上市之前，找人拍了一支廣告ＭＶ，放在網上供網友瀏覽轉寄，結果還引來平面與電子新聞媒體報導，從而增加曝光率。據說，拍攝費用比製作試讀本差不了多少，在新書試讀本效益日漸薄弱（因製作者增加）的同時，另闢蹊徑的行銷手法，除了讓通路耳目一新，還能吸引媒體青睞，都是替自己新書加分的好方法。因為事先行銷佈局得宜，雅宴文創新書上市不到半個月，隨即再刷。

再例如主流出版社，其創社作品之作者過往銷售成績不差，但僅限於特殊通路（教會書店），一般書店通路銷售成績普通；再加上該出版社規模小、資本少，在一般市場並無關係與交情可攀。於是，主流只好將勝負壓少數通路與在作者身上，提供限量簽名版本，談了一個網路預購，希望將作者之人氣拉到一般通路來，結果預購策略成功，新品上市不到半個月，已經順利三刷。

上述兩家新出版社在競爭最激烈的暑假檔期，能夠脫穎而出，除了作品本身夠強外，行銷與動員力夠，媒體和通路談判協商能立足，都是讓其順利搶進新書平台，且脫穎而出（甚至要登暢銷排行榜），不至於埋沒於茫茫書海之中。

要知道，書店是商場，若創社新書銷售成績不佳，給中下游印象分數差的話，未來要扭轉情勢，或者爭取行銷合作案便困難許多。君不見《不存在的女兒》與《偷書賊》可以如此大聲勢的全通路配合行銷，便是《追風箏的孩子》賣出好成績，讓通路業者們敢於相挺的最關鍵理由！

上市之後——勤巡店查補，不脫銷，追蹤市場口碑動態

新品順利搶下新書平台後，接著便是巡店與查補。

特別是那些雖然順利進駐新書平台，也賣的不錯，但卻沒賣上排行榜的新書，得加緊留意。因為當前市場新品品項過多，若書店僅從週轉率來看某書銷售而判斷是否補書，很可能一不小心，書賣完了，門市一忙，忘了補貨，其他出版社新品一來，便把新書平台位子給卡走了，竟從此脫銷，那就枉費新品上市前的大規模佈局了。

如今新書品項越來越多，新品上市後的巡店查補，成了鞏固銷售成績，甚至再往上墊高不可獲缺的一環。最好有固定巡店查補的習慣，看到缺書，馬上通知經銷商；甚至，可以主動認識門市第一線同仁，詢問其對自家新品之觀感，增加門市同仁對該書之印象。千萬不要因為害羞或不好意思，讓自己辛辛苦苦做出來的好書，還沒賣夠就斷貨下市。

最後也是最重要的一點，新品上市之後，最好以Google定期追蹤手上新品在網路上的輿論（發表者與迴響），這些輿論使用得當，能幫助你判讀出閱讀效應的擴散走向，掌握銷售趨勢，更是左右新品能否成為長銷書的關鍵，絕對不能忽略。

書要能暢銷，除了內容夠好、編的也棒外，更要行銷企劃的環環配合。畢竟，好書自有識貨人買的時代已經過去了。

圖書銷售，千萬別忽略第一線書店門市人員的重要性

這兩年來，台灣的圖書市場上掀起一波又一波的行銷戰，不少同業先進在行銷戰中，贏得好成績。然而，似乎有更多同業先進沒能擠進行銷戰，或壓根沒想過要如此大搞行銷戰。弄到後來，好像書一定得大搞行銷戰才能賣，至於排不上書店行銷檔期或主要陳列位置的，想大賣也困難。

圖書銷售的M型化

隨著行銷戰的崛起，有一個附帶的出版現象也跟著發酵，那就是「圖書銷售的M型化」，市場上彷彿只剩下暢銷書與滯銷書，過往的長銷書日漸凋零。有不少同業先進看見這樣的困境（但巧的是，看見困境的同業先進似乎是M型的右端，有資源大搞行銷戰的贏家）。

然而，我認為，圖書銷售的M型化成因甚多，只是怪罪出版人大玩行銷戰造成M型化，是太過簡略的分析。另外，像是下游書業者的經營專業度不夠（例如在商品結構的配置上），中游經銷商的不專業（例如在新書鋪貨點的選擇考量上），也是造成M型化銷售的原因。

此外，還有一點很重要，其實不少暢銷書並不光是靠書店賣出來的，各種企業、學校、機關團體與政府單位的團購，乃至直效行銷、郵購與圖書俱樂部等等的推廣，還有海外華文市場與租書店等特殊通路的採買，全部加總起來，才共同催生了暢銷書的誕生。

書展的重要性，以及該怎麼辦書展？

許多中小型出版社忙著出書，對於出書後的行銷不甚注重。或許是出版類型不被通路商青睞，也無法登上媒體，一般所謂的B級書大抵都算。

然而，難道只因為中小型出版社沒有人力和關係打通通路，或者不做需要大幅度行銷預算的重點強打新書，就讓自己在書店的曝光率日漸下沉嗎？特別是眼下連鎖通路新書下單日趨保守，通路合作又走上大者恆大。中小型出版社似乎人微言輕，擠不進大型通路去了。

其實，有一個法寶可以幫助出版社爭取書店曝光，不過卻很少中小型出版社使用（大型出版社倒是常用），那就是通路主題書展。

說中小型出版社沒有用也不對，正確來說是中小型出版社由於人手資源的缺乏，把所有行銷經銷工作全都委託經銷商，乃至書店書展的提案規劃也都是透過經銷商來辦。於是，書店便出現幾種書展，一種是連鎖通路自己邀的主題書展，一種是大型綜合出版社的社內主題書展，一種就是經銷商舉辦的書展。

最後一種，是一般中小型出版社較常見的通路書展。然而，每一家經銷商經銷的出版社少則數十家，多則上百家，要在這麼多出版社的出版品中，脫穎而出，實在困難。

其實，辦書展並沒有想像中的困難。只要事先做好幾個主題案型，把展期、折扣、參展書、折讓條件都列清楚，做成一份企劃書，就可以每個月向不同的通路提展。

出版社有個迷思，便是認為要辦書展，就要跟最大的連鎖通路辦才有效，結果所有的出版社經銷商通通找上誠品、博客來、金石堂。然而，台灣並不是只有這些大型通路，還有很多中型連鎖通路（例如何嘉仁、三民、紀伊國、五南、建宏、墊腳石、摩爾、古今集成、聯經、敦煌、政大書城等等，都是連鎖書店），或者地區大型獨立書店（以地區城市之車站周邊為主），特色書店（例如大專院校附近／內部之書店，或公館地區之特色專門書店，還有像唐山、有河Book、天母書蘆等書店），乃至量販店（大潤發、家樂福），都很適合辦書展。

特別是中小型出版社，更適合從鄉村包圍都市，去開發那些中連鎖和小型特色書店。因為龍頭書店的經營，經銷商肯定卯足全力，然而大型連鎖書店如今已經成為利維坦，沒有一定關係和實力的出版社，想要辦展已經越來越困難。與其低頭求人，不如從其他比較好談的通路著手。

要知道，這些中型連鎖書店或地區大型書店銷售實力並不差，其客層也有別於龍頭書店，辦書展，一來就是通路符合自家出版品的客層，二來就是銷售成績不盡理想（代表該通路的客層尚不熟悉你家的出版品），辦書展，可以透過平台集中陳列和折扣優惠，吸引這些通路的消費者注意。

書展的提案其實不難，不要太貪心，從十至十二本的小型主題書展做起。從社內挑選主題一致性較高的十至十二本書，規劃一個主題案型，寫一些制式文宣，再設計一份可套版更換活動名稱合作通路的海報，列出折扣（七五折至八折之間）、折讓、展期（四到六週）、可提供之庫存書數量（至少單一品項兩百本），進退貨時間等等（通常經銷商那裡就會有相關表格可以參考），就可以向通路提案了。

提案需要有耐心，可以一家家的打電話或者拜訪，十書左右的小書展並不會佔去太多櫃位，謹慎的挑選合作通路，只要成績不俗，未來通路都會繼續邀展，或者可以此成績去嘗試不同書店通路。

辦書展的好處除了集中陳列向特定消費者促銷外，也可以測試每一個通路自家出版品銷售極限。同樣的辦書展，在不同通路辦下來，其銷售成績的差異，再加上一些加權（通路本身的銷售能力，活動展期的淡旺季），大致可以推估出自家商品在不同通路間的銷售實力，可以有效控管未來新書鋪貨。再者，可以藉由書展讓書店通路認識該出版社，聚集品牌效應，未來有強力重點新書推出時，才好提高基本下單量，或者要求行銷配合。

除了測試市場，辦書展另外還有個好處，那就是滯銷書消化庫存，拉抬長銷書銷售數字。所以辦書展不能盡挑好賣的書，也不能盡挑滯銷書，而必須在一個統一的主題下，彼此互補，希望一些滯銷好書能夠被讀者青睞。

當然，書展不是自己家辦就算了，如果經銷商邀的主題書展選書主題有符合自家出版品屬性的，也可以積極參與。另外，多方了解各大通路自行邀展的年度書展主題，研擬書單，請經銷商提給書店採購或企劃作為書展參考，也都是主動出擊的好方法。的確，做了不一定有效，但沒做肯定就沒有。多一點主動出擊，找出對的書給對的通路在對的主題下去辦書展，肯定能替你的出版品找到合適的歸宿！

試試看通路書展吧，或許你會發現，某些通路被你遺忘掉的讀者群，正是自家出版社品的目標讀者！

朝主題策展之路邁進的台北國際書展

第二十二屆台北國際書展於二〇一四年二月五日到十日，假台北世貿一館與三館展開。

這次的動漫展區因為二館整修拆除作業的關係，併回一館，三館仍然維持童書與文具展。較往年國際書展不同的是，過往承包二館動漫展的主辦單位這次另外在南港推出的動漫展，台北國際書展的動漫展縮小成動漫區，主要以展出台灣本土漫畫、言情小說與輕小說為主，日本動漫大廠商多參加南港的動漫展。

在國家主題館方面也有重大革新，不再單推單一主題國，而是同步推出日、韓、新加坡與泰國作為主題國，在會場中有大型複合主題國圖書展區，展出日韓新加坡與泰國的圖書出版品。

這屆台北國際書展的特色主題展區不少，除了書展主辦單位推的主題國館、書展大賞主題館（介紹年度最後矚目華人創作、金鼎獎、金漫獎、開卷好書得獎作品）外，還有台灣出版主題館推出的「時間的封印」展出台灣重要文物與絕版書、「寄給時間的漂流記」明信片展、

「傳家」生活展，展出美好生活的各種想像與實踐方式、「美好生活書房」，由國內外出版社以美好書房為主題，推薦相關出版品，現場還搭建了美好書房的場景。

國際區可看之處也不少，歐洲部分以歐盟館聯手推出了法國、德國、西班牙、芬蘭、奧地利、義大利、葡萄牙、捷克、匈牙利、波蘭、瑞士等國的出版品介紹，另外還有西班牙語文化館，集結了來自阿根廷、智利、西班牙、墨西哥、秘魯等主要使用西班牙語的國家的出版品。另外，還有美國館、澳洲館、中南美洲館、不丹館、香港館、澳門館、日本館等等，可以說全世界主要出版國全都到齊，十分熱鬧。

童書館也以美好生活為主題推出了繪本主題館，館內除了有「台灣插畫家聯展」外還有「伊比利美洲精選插畫展」，精美文具展。

綜合館區的部分，如果要以一個概念形容本屆書展的特色，毋寧是「聯展」。基督教、天主教的書房出版社各自推出聯展展區，共和國、城邦也各自集結底下的出版社推出聯合書展，獨立出版社逗點文創、南方家園、一人、群傳媒等再度攜手合作推出讀字系列第三彈「讀字部落」，就連台灣獨立書店文化協會也在書展推出了「我們的書」聯展，在會場布置一個具有濃厚閱讀空間氛圍的書店，提供讀者一個認識獨立書店的空間（現場並不賣書），其他還有大學出版社聯展、政府出版品聯展等等。

就連經銷商參展的數量也較往年較多些，聯合、禎德、商流等台灣老字號經銷商也全都前來設展，且在展區內推出出版社小型書展。

另外，由於二館的動漫區併回一館，這次在會場上也見到較多的言情小說與輕小說出版社的身影，桌遊廠商前來參展的數量也比過往多，直銷推廣雜誌或語言學習教材的攤位也比往年來得多。

總的來說，二〇一四年台北國際書展的參展廠商數量減少許多，且有朝大型化、結盟化、策展化的趨勢發展。

傳統的以及老字號的大型出版社仍然持續參展，年輕的獨立或個人小出版社也樂意參展，中小型的綜合版社則從書展攤位消失不少（轉由經銷商代為銷售旗下出版品是一種模式）。

結盟的好處是成本分攤，降低參展成本，且利潤共享，在實體通路萎縮且新書曝光不易的時代，小出版社各自尋求結盟而共同行銷的趨勢逐漸形成，此一趨勢未來也會在書展會場中發酵。

也因此，這屆值得一看的是，許多小型出版社的結盟合作，以「主題策展」的方式進入國際書展。參展也未必是為了販售圖書，或許是推廣自己認同／主張的閱讀理念，或許是推廣自己手上的作家，或許是宣傳自己的品牌，賣場式的低價促銷在這樣的主題策展攤位很難看到，更多看到的是出版人、作家與讀者的互動，更多希望透過活動接觸讀者，更多的將閱讀理念與想法傳遞出去。

或許這將會是未來書展轉型發展的新方向，過往的低價促銷折扣戰在網路書店的夾殺之下，已經毫無參展利基可言的模式，走出書展的新模式。縱然書展展場空間很大可以容納較一般實體書店較多的書籍，卻也有承租攤位成本過高且彼此殺價競爭，消費者對低價促銷早已麻痺的問題。再反觀過去十年來每年都有人願意從除夕開始就漏夜排隊等候進場的動漫區（以及二〇一四年脫離台北國際書展獨自辦展的南港動漫展），我認為未來台北國際書展應該告別圖書賣場式的書展，走上「主題策展」之路。

舉個例子，台灣的出版界或許跟國際出版市場接軌很深，卻跟台灣社會乃至可能成為作者的潛在族群很陌生，每年有許多人渴望或有能力出書卻不得其門而入，或許書展的專業日也應該提供一個機會，給想要出書的族群認識、接觸出版社，也服務一下潛在合作對象。

總之，「書展」不應該只是賣書的地方，而是向世人展出一切與書有關的產品服務人物思想的博覽會（也因此，本屆的印刷展，以及重慶南路老街展我認為很值得一看），推出更多有趣且能與讀者互動的活動，成為向世人推廣閱讀介紹好書、好出版社、好出版人，乃至好書店的展覽會場。

別忽略了小型主題書展的行銷力

圖書零售市場的M型化

近幾年來，台灣零售圖書市場上似乎也呈現M型化，一端是動輒銷售十萬以上的超級暢銷書，一端則是賣不掉起印量（兩千本）的滯銷書，而過去出版就能夠穩穩賣出五千到兩萬左右的書籍（多半是長銷書）數量日漸減少。

造成零售市場M型化的原因有很多。不過，如果仔細觀察，不難發現能夠榮登書店排行榜超級暢銷書們，幾乎全都在新書問世之前，就已經開始鋪陳行銷戰略，且按部就班的把每一個行銷步驟給完成；反觀絕大多數連基本量都賣不出去的書籍，常常是出版社推出之後，就放任自流，既不向通路推薦，也不向讀者行銷，頗有好書我自出之，慧眼讀者便會來買的自信。

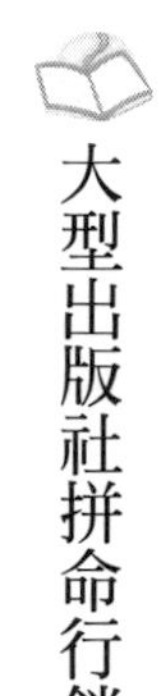

大型出版社拼命行銷

但其實，在出版總量日增、實體書店總坪數日少（且多半和大型出版集團聯合主打重點書）等因素影響下，大部份中小型出版社推出的新書，很難受到書店青睞，成為通路賣場主要推薦。即便被書店看中，願意推薦，也會因為缺乏出版社提供該書相關可行銷資訊，難有好銷售成績。

近年來大型出版社日漸了解，審慎出書，致力於行銷，用心把每一本書盡可能推薦給讀者在銷售上的重要性，因此莫不在行銷上絞盡腦汁，也的確都能取得好成績（君不見暢銷排行榜上有七八成書籍全都是國內前二十大出版社／集團出版），從而加深了和連鎖通路賣場的合作關係，也導致大型出版社寡占（還不至於壟斷）了通路賣場的重點新書平台，成為圖書銷售的實質進入障礙，阻擋了其它中小型出版社新書的曝光機會（我認為通路商場將有限行銷資源集中於少數新書，雖然造成超級暢銷書，卻也是造成中型長銷書日漸衰落的主因）。

不過，我認為會造成如此現象，並不能完全責怪通路賣場。畢竟書店雖然賣的是文化，但也是營利事業，將本求利，追求最大坪效和週轉率是理所當然之事。出版人不該對通路賣場抱持「我出書，你銷售」這種理所當然的態度，而應該儘可能的和下游通路賣場合作，提供每一本新書的資訊和賣點，幫助下游通路賣書。因為當前的新書出版量已非過去可比擬，要求下游通路熟悉每一本新書（還有過去的舊書），花時間找出讀者，可能太過嚴苛。

中小型出版社：行銷仍不到位

更何況，不少中小型出版社每個月只忙著不斷推出大量新書，出完貨後就埋頭再趕下一批新書，只求總量不斷擴大，卻沒能好好花心思在新書的推廣和販賣（想一想，行銷之於今天的圖書銷售是如此重要，但設有專職行銷企劃的出版社卻依然不多，可見決策者的根本心態，還無法跟上這個超競爭的出版市場），對於出書後的行銷不甚注重。對比於大型出版社／集團原本就業績好，業界人脈、資源豐富，又肯砸大錢做行銷，搶走了零售市場中絕大部分的目光焦點，中小型出版社自然日漸被邊緣化，新書銷售量自然日漸低迷，就算像過去一樣默默推出好書，卻因各種現實因素而不能再像過去那樣，書就能自行默默賣起來。

然而，難道只因為中小型出版社沒有人力和關係打通通路，或者不做需要大幅度行銷預算的重點強打新書，就讓自己在書店的曝光率日漸下沉嗎？特別是眼下連鎖通路新書下單日趨保守，通路合作又走上大者恆大。中小型出版社似乎人微言輕，擠不進大型通路去了。

小型主題書展，是省錢又雙贏的圖書行銷法

其實，有一個法寶可以幫助出版社爭取書店曝光，不過卻很少中小型出版社使用（大型出版社倒是常用），那就是跟通路合作舉辦「小型主題書展」（通常是十到十二本書為主題的小型書展）。

的確，中小型出版社由於人手不足，日常編輯業務繁忙，加上資金較緊，聘請專門行銷企劃財務壓力較大，因而把行銷業務全都委託經銷商，乃至書店書展的提案規劃也都是透過經銷商來辦。於是，書店除了大型出版社提案的主題書展與通路自己主辦的邀約主題書展外（上述兩者佔書店書展的多數），還有就是經銷商舉辦的書展，以及一般中小型出版社的小型書展。然而，每一家經銷商經銷的出版社少則數十家，多則上百家，要在這麼多出版社的出版品中，脫穎而出，實在困難。

其實，辦書展並沒有想像中的困難（特別是十到十二本書的小型書展）。只要事先做好幾個主題案型，把展期、折扣、參展書、折讓條件都列清楚，做成一份企劃書，就可以每個月向不同類型的通路提展（例如一月是A連鎖書店，二月是B網路書店，三月是C獨立書店，四月是D連鎖書店……）。

書展的提案其實不難，不要太貪心，從十至十二本的小型主題書展做起。從社內挑選主題一致性較高的十至十二本書，規劃一個主題案型，寫一些制式文宣，再設計一份可套版更換活動名稱合作通路的海報，列出折扣（七五折至八折之間）、折讓、展期（四到六週）、可提供之庫存書數量（至少單一品項兩百本），進退貨時間等等（通常經銷商那裡就會有相關表格可以參考），就可以向通路提案了。

提案需要有耐心，可以一家家的打電話或者拜訪，十書左右的小書展並不會佔去太多櫃位，謹慎的挑選合作通路，只要成績不俗，未來通路都會繼續邀展，或者可以此成績去嘗試不同書店通路。

其實，主題書展並不是找上最大的連鎖通路辦，效益才最高，而是得根據書展案型、銷售對象，尋找最合適的零售通路。也就是說，中小型出版社想辦書展不一定非得找上誠品、博客來、金石堂，還有很多中型連鎖通路（例如新學友、何嘉仁、三民、紀伊國、五南、建宏、墊腳石、摩爾、古今集成、聯經、敦煌、政大書城等等），或者地區大型獨立書店（以地區城市之車站周邊為主），特色書店（例如大專院校附近／內部之書店，或公館地區之特色專門書店，還有像唐山、有河Book、天母書廬等書店），乃至量販店（大潤發、家樂福），都很適合辦小型主題書展。

特別是較有歷史，過去擁有不少長銷書的中小型出版社，更適合以小型主題書展，作為拓展行銷的手法。

去開發那些中連鎖和小型特色書店。與其低頭懇求龍頭通路（而且還常常卡不到檔期），不如從其他比較好談的中小型通路著手，從鄉村包圍都市，一方面練習操作書展，一方面累積成績。畢竟，大型連鎖書店要求的坪效日高，沒有一定關係和實力的出版社，想要辦展，現實上有其困難。

其實，很多中型連鎖書店或地區大型書店銷售實力並不差，客層也有別於龍頭書店，只是過去十多年來，大型連鎖書店強勢崛起，出版人的目光不約而同的聚焦在少數大連鎖通路，忽略了耕耘其他通路。

小型主題書展的好處，除了集中陳列向特定消費者促銷外，也可以測試每一個通路自家出版品銷售極限。同樣的辦書展，在不同通路辦下來，其銷售成績的差異，再加上一些加權（通路本身的銷售能力，活動展期的淡旺季），大致可以推估出自家商品在不同通路間的銷售實力，可以有效控管未來新書鋪貨。再者，可以藉由書展讓書店通路認識該出版社，聚集品牌效應，未來有強力重點新書推出時，才好提高基本下單量，或者要求行銷配合。

另外，還可以消化滯銷書庫存，拉抬長銷書銷售數字，帶動新書買氣。所以辦書展不能盡挑好賣的書，也不能盡挑滯銷書，而必須在一個統一的主題下，新舊長滯銷彼此互補，發揮加乘效果。

當然，書展不是自己家辦就算了，如果經銷商邀的主題書展選書主題有符合自家出版品屬性的，也可以積極參與。另外，多方了解各大通路自行邀展的年度書展主題，研擬書單，請經銷商提給書店採購或企劃作為書展參考，也都是主動出擊的好方法。的確，做了不一定有效，但沒做肯定就沒有。多一點主動出擊，找出對的書給對的通路在對的主題下去辦書展，肯定能替你的出版品找到合適的歸宿！

試試和不同通路辦辦小型主題書展吧，或許你會發現，某些通路被你遺忘掉的讀者群，正是自家出版社品的目標讀者！

社群商務的崛起與零售圖書通路的變化，兼及出版人該做的事

從四大到三大——台灣圖書零售通路的變化

不過短短十年不到的時間，台灣的圖書零售通路從過去業界口中的四大（金石堂、誠品、新學友、何嘉仁），變成今天的三大（誠品、金石堂、博客來）。

過去的四大，無一例外全都是實體連鎖書店；今天的三大，博客來是純網路書店，而且，除了誠品仍然以實體書店見長外，金石堂則有網路漸強而實體漸弱的趨勢（從一連串的關閉與縮小門市規模之行動可見一斑）。

從零售通路的營業額與市占率來看，網路書店的崛起，在台灣是明顯可見的趨勢。

從實體書店獨大到網路書店崛起

對於網路書店的崛起，有很多說法，業界生態也因為網路書店崛起而產生了許多變化。像是出版社與網路書店直往的比率逐年增加，原本開設實體書店不容易的偏遠地區與離島市場得以被開發，地區／鄉鎮書店不敵網路書店的強勢競爭而紛紛結束營業。

甚至還有人以「知識陸沉」來形容地方城市書店的結束營業，好像網路書店崛起是什麼千古罪孽一樣不可饒恕。

然而，若我們撇開自己對於書店型態的主觀偏好，單純從圖書零售的「商業模型的典範轉移」來看待「網路書店」的崛起這件事情，或許能夠客觀地理解網路書店崛起。

網路社群讀者的購書流程

短短十五年的時間，博客來網路書店從硬撐苦撐、差點倒閉，變成全台前三大零售通路的成功原因有很多。不過，我認為有一點是絕對不能夠忘記的，甚至可以說，若是拿掉這一點，其他的成功原因都將不存在，那就是，我們今天的日常生活，從工作、娛樂、交友、購物，高度仰賴網際網路。

舉個簡單的例子，某人今天如果想和女朋友上餐廳吃頓飯，他會先打開電腦，連線上網，若有固定閱讀美食類部落格文章的人，會從這些部落格中去挑選適合的店家，若沒有，或者在Google上鍵入一串關鍵字找出一批候選名單，然後再閱讀連上美食評鑑網站查閱別人對餐廳的評價，透過反覆執行此一尋找與評價閱讀的過程，找到一家適合的餐廳（而用餐完畢，他可能也會根據自己的消費經驗撰寫一篇文章，放上評價網站或自己的部落格上）。

前述還是臉書、噗浪等社群網站還不存在時的做法，臉書（社群網站）問世後，一個想要和女朋友找家好餐廳用餐的人，可能先在社群網站上丟出問題（「我想吃××料理，價位多少，有合適的好店可以推薦嗎？」），然後，有經驗的朋友就會留言回覆他，他再根據朋友的推薦上網Google查詢這些店家的評價，找出一家最適合自己的餐廳。

今天的消費者在網路上發展出一套完整的商業購物機制，總是先在網路上蒐集資料，再決定是否購買。

有些產品／服務是必須前往實體店面（如前述的上餐廳吃飯），但是，還有一些產品／服務是不需要前往實體店面購買就能完成消費，圖書就是。

人們在網路上尋找想要閱讀／購買的作品，找到之後，通常推薦某一本書的網站／部落格／社群網站上的朋友都會貼出該本書在網路書店的網址，讀者只要輕輕的點一下，就可以透過超連結連到網路書店上的該筆圖書資料，若是該本書的折扣／價格剛好能接受，而且自己擁有該網路書店的會員帳號，省去再花時間前往實體書店查找圖書，直接下單購買的情況是越來越普遍。

會先到實體書店翻看過後再回家上網購書，或直接在實體書店購書的消費者，多半是居住地點方便移動到實體書店且經常購書或經常上實體書店的消費者，地方城市、偏遠地區或離島的消費者（只擁有小規模藏書量的小型書店，甚至根本沒有實體書店可逛），只能信任網路上找到的評價資訊，直接在網路書店下單買書。

此外，由於今天的實體書店重視週轉率／坪效與庫存值的影響，讀者到實體書店找書卻找不到的情況越來越嚴重，當一個消費者在實體書店找書卻找不到，而在網路書店卻可以下單購買（網路上能找到對該書的評價），此消彼長的情況下，都不利實體書店的運轉。

社群商務的崛起

不過，現階段的網路書店不會完全取代實體書店，就像日常生活再怎麼高度仰賴網路，人還是需要離開網路，進入實體世界生活一樣，雖然網路的崛起讓透過電子商務流程購書變得更方便，但是，網路書店還是無法完全取代逛實體書店的樂趣。

只是因為網際網路的崛起，令人類多了一種消費購物的選擇，導致市場型態的變化，零售商業版圖勢必發生變化，就像當年連鎖書店崛起取代了傳統的獨立書店一樣，深層來說，是社會變遷所造成的生活型態變遷所造成的購物環境的變化。

我認為，網路書店的快速崛起，是今天人們的日常生活高度仰賴網際網路之後的社會型態變遷下的結果，因此而造成的實體書店門市數量減少，是社會變遷轉型的現象，不是什麼「知識陸沉」。

出版人應積極發展網路社群商務

網際網路的不斷發展演變，推陳出新的服務，大大影響了實體零售通路，有的人喜歡，有的人討厭。誠如狄更斯所說的「這是最好的年代，也是最壞的年代」。

不過，根據我長期觀察，以出版社來說，但凡成功的出版社（在此意指經常推出暢銷書的出版社），多半是願意了解社會型態的變化，根據社會的需求，進行調整或改變。

因此，當網路書店問世後，這些出版社率先讓網路書店販售自家商品。並且快速地推出自己的網站，除了介紹自家產品之外，還開設與讀者互動交流的論壇，甚至建立購物車，經營起網路書店（有幾家後來還在自己的網路書店上經銷其他小型出版社的圖書）。

部落格問世後，趕緊開辦出版社的部落格，派專門人員管理，在部落格上公開出版社日常營運庶務，發表新書與作者近況等消息，透過和讀者建立社會連帶來經營網路社群。

Google普及後，深知「關鍵字」搜尋的影響力，此外，出版社開始蒐集網路上具有影響力的部落格／客名單，積極發出試讀邀約，贈送公關書，務必求得網路上的意見領袖對於自家出版作品的評價（就算不見得是好評，也勝過沒有任何評論）。

臉書、噗浪、推特、微博等社群網站興起後，則是積極地經營社群網站，希望更直接地打入讀者的朋友圈中，成為讀者的朋友，了解讀者的閱讀偏好，以自家產品回應讀者的閱讀需求。

社群行銷是標準的借力使力，本小而利大。以噗浪為例，一個噗浪帳號平均追蹤一百個人的噗浪帳號，當一個人貼出一則噗浪資訊時，約莫有六到十人會轉貼到自己的噗浪帳號上，此時又有一百個人會看見，又有六至十人會轉貼，如此不斷循環。

社群商務時代，學習成為讀者的朋友

好的出版人樂意使用新科技，和讀者建立真誠、平等互惠的朋友關係，除了送出圖書資訊給讀者，公告自家作者的行程（甚至幫作者經營一個專屬的社群網站）外，還會分享編書、買版權等關於工作方面的心情故事，解答讀者對書籍或出版方面的疑惑，也會以一些活動（例如抽獎、贈送作者簽名書）嘉惠忠實讀者，讓自己／出版社和讀者建立朋友般的社會連帶，而不是將社群網站當作又一個報紙或廣播節目。

好的社群行銷必須學習成為讀者的朋友，懂得巧妙地介入社群商務流程中，成為讀者決定是否購買某一本書，甚至是完成交易的一環。舉例來說，當出版社在社群網站／部落格上張貼一本書圖書資訊時，應該張貼擁有最多會員之網路書店的圖書商品頁網址，而不是自家的網站上的圖書商品頁網址，前者能夠成為讓對此書有興趣的讀者順利的購書的助力，後者只是一種圖書資訊的揭露（為什麼要讓讀者再花工夫把資訊複製到網路書店上？）。

遺憾的是，並非所有的出版人都了解社群行銷／商務的重要性，不是還沒架設社群網站，就是只在要出書時才發文貼訊息，甚至更糟的是換了行銷企劃之後就另外再開新的社群網站，完全沒有延續性，只把社群網站當作發表新聞稿的一個區塊。

成功的社群行銷／商務必須讓自己成為讀者日常生活中的一部分，每當讀者想到閱讀或出版時，率先就會想到你，找上你，才有戲唱。

電子書也需要總經銷嗎？──電子書成熟之後的圖書選／審、編／製與總經銷

之前，台灣有出版業者宣布，將進軍電子書的總經銷業務，擔任起電子書的經銷與推廣工作。

這則新聞引起了我的好奇，不禁想問，「電子書也需要總經銷嗎？」

紙本書由於是擁有實體物質的產品，需要物流系統才能將產品送到不同類型的消費者面前，因此，的確需要一個總經銷系統來控管產品的進銷存退與配送流通。

然而，電子書是數位（虛擬）產品，只需要通過電腦／網路，就能傳送給所有販售電子書的平台系統，無論是網路商城、網路書店，甚至是數位圖書館，只要建構一套類似Google ad，能以電腦系統自行處理產品的上傳與外掛之裝置，每一本電子書的作者都可以自行將作品傳送到網路平台上販售。

正因為此數位特點，甚至已經有研究出版的人認為，未來恐怕連出版社都不需要了，因為作者可以自行上傳產品。

不過，我認為不需要出版社不代表不需要編輯／排版等圖書製作的功能（建立在實體書上的傳統出版社有三大功能：審／選書、編／製／印書、發行與行銷），此處所說的不需要出版社，應該是指不需要出版社原本的印刷與發行功能，而編輯／製作圖書的功能可以由專門的編輯製作公司來承擔工作，不需要傳統意義的出版社。

而如果連出版社的發行功能都不需要了，還會需要總經銷嗎？

如果總經銷是和傳統的紙本書的總經銷做一樣的事情，就是將出版社印好的書籍透過物流系統配送到各級書店與圖書館，那麼，電子書未來是不需要這種類型的總經銷的。

不過，如果電子書的總經銷，是打算搶食原本傳統出版社的行銷企劃功能，也就是對出版閱讀市場上的讀者推廣／銷售書籍，那麼，電子書的確需要總經銷。

雖然電子書因為數位科技的進步，能夠跳過許多篩選機制（例如傳統出版社的審稿），還能有效節省製作成本（免印費與運費，加上圖書編製全都透過電腦系統進行，不需列印），出版門檻被壓低了。但因為出版門檻降低，出版品的數量勢必會大幅增加。

試想，電子書市場夠成熟之後，基本上過去存在於各大論壇、網站上的文章，無論是散文還是連載小說，無論品質優劣，只要透過一套編輯系統的整理，都能製作成電子書面向市場販售，出版量肯定會出現前所未有的大爆發。

消費者面對新書數量龐大的電子書市場，除非本身已經擁有的書籍文本水準的鑑別能力，或者有固定追讀的作品／作家，否則面對一龐大如汪洋大海的電子書市場，該怎麼從中撈出好看、想看的書，的確是大麻煩。

推薦好作品給讀者，過往傳統出版社的行銷企劃功能，便是電子書總經銷未來可以著力的切入點。

當然，電子書發展初期，還不夠成熟的時候，或者是電子書與紙本書仍雙軌並行時，電子書的總經銷很可能還會兼具紙本書的發行流通業務，不過，當電子書最後成為圖書市場的主流並且擁有一套完整的產業機制時，總經銷的任務應該就會以行銷推廣為主。

而或許我們可以這樣來看，紙本書退位、電子書崛起後，傳統出版社的三大功能（三合一）將被拆散，將會有新形態的出版企業來搶食傳統出版社的功能。對此我是這麼想的：

一、傳統出版社的選／審書的功能，將會保留在出版社內部。不過，出版社之所以對書籍是否出版還保有選／審書的功能，是因為出版社想挖角擁有暢銷潛力的作家，並且將作家明星化、品牌化（為此，出版社將具備／強化經紀公司的功能）。

因為，如果一個作家投稿給出版社被回絕，以電子出版市場的低進入門檻，被回絕的作家大可以找上專門的編輯／製作公司委請代為將文稿編製成電子書格式（未來當翻譯軟體成熟後，很可能還可以代為翻譯成世界各國的語言），然後上傳到可販售電子書的網路平台，不需要再透過傳統的出版社。

二、傳統出版社的編輯／製作功能，出版社本身也會保留，但市場上將會出現大批可以幫作者進行專業文稿編輯／製作成圖書的工作室。這些專門的編輯工作室並不審稿，但可幫作者修／潤稿，甚至輔導作者進行文本的改進工作，幫助作者提升文稿的完成度。

某種程度上來說，編輯工作室的功能更接近現在的自費／個人出版公司。只要作者願意自掏腰包，便有專門的公司將作者的文稿編輯排版製作成書，並且透過總經銷發行到市場上販售（雖然大多數自費出版的作品銷售狀況都不理想，但是一百本中也會有一兩本賣得不錯，因而讓不少素人作家或者被出版社回絕的作者躍躍欲試）。

三、出版社的總經銷／行銷功能，出版社也會想保留，不過，市面上將會出現蒐購自費編製圖書之作者的作品，承諾由其代為總經銷，在圖書市場上販售推廣。

也就是說，傳統出版社的三大功能雖然未來的出版社也都會保留，但各自的功能都會出現新的專門公司，與出版社搶食市場大餅。

那麼，傳統出版社想要在電子書時代繼續存活下來，有什麼別人沒有的優勢嗎？我想，應該是精通並且掌握目前出版產業的人脈與產業資源，只要出版社願意配合電子書的發展進行調整，再根據自家出版社的專長調整營運項目，捨棄弱項而強化專長，跟著產業鏈進行調整，應該還是能順利進行典範轉移。

或許這也是為什麼城邦的執行長何飛鵬先生早在好幾年前就非常積極的在公司內部推動電子書的原因了。因為出版社越大，目前在傳統紙本市場的市場佔有率越高，利潤比重越高，就會越不願意放棄眼前的甜頭去進行未來市場需要的調整，於是極有可能忽略了外在環境的變化，最後反而讓自家企業被環境所淘汰。畢竟，螞蟻走錯路要掉頭很簡單，大象或恐龍則無法那麼靈活，需要花比螞蟻多上好幾倍的時間才能轉頭。

ＡＰＰ時代與出版品的行銷、發行與販售

智慧型手機與ＡＰＰ時代的來臨

之前，台北市法規會發函Google，要求其線上數位商城按照台灣的消保法規定，讓消費者擁有七日鑑賞期。事件後續還沒落幕，支持反對的意見也都有，不過，此一新聞背後真正的意義是：ＡＰＰ時代來了，就連官方也不能忽視ＡＰＰ的商業應用價值。

所謂的ＡＰＰ，簡單來說就是「數位應用軟體」，只不過過去的電腦使用者得先購買一份內含應用程式的光碟回家灌檔案，後來可以直接上公司的網站購買數位版本（但不同產品就得上不同公司的網站下載，很麻煩），直到蘋果出現數位網路商城後，消費者可以統一在APP Store付費／免費下載應用程式軟體，且此類在APP Store上所販售的應用程式軟體的價格遠比過去低廉，甚至不到十分之一（平均在一到二美金之間）。

雖然ＡＰＰ應用程式的販售價格低廉，但因為下載方便且商業半徑夠大（全世界的電子產品使用者都可以使用），以市場規模彌補了單價過低的問題，因而越發流行起來。最重要的是，ＡＰＰ的下載可以透過手機、平版電腦等非ＰＣ，更擴大了ＡＰＰ使用的範圍和便利性，使得ＡＰＰ迅速風靡全世界。手機和平板電腦的應用程式下載量，將從二〇一一年的一百七十七億次，成長至二〇一四年的一千八百五十億次；產值將從二〇一一年的一百五十億美元，成長至二〇一四年的五百八十億美元，成為新興的電子產業商機。

ＡＰＰ的崛起，和智慧型手機與平版電腦日漸崛起，並且取代ＰＣ（更別說電子書閱讀器）成為人們主要的數位閱讀載體有關。

ＡＰＰ的竄紅，說明的另外一個事實是「智慧型手機」將成為數位通訊移動的主流載體，進來金融市場看壞ＰＣ產業，看多智慧型手機與ＡＰＰ，原因即在此。

ＡＰＰ與圖書出版的先驅

那麼，ＡＰＰ該如何應用於圖書出版這一行？

ＡＰＰ的應用軟體售價那麼便宜，且使用者願意為ＡＰＰ所支付的費用也落在一到三美金之間（台灣是偏低的一方，約一．二七美金左右），以如此價格可能販售電子書還能獲利嗎？書籍又不像憤怒鳥，只要看得懂圖片就能下載使用？市場利基真的夠大到足以支撐ＡＰＰ版的電子書嗎？

讓我們先回到十餘年前，已故的英業達集團副總裁溫世仁先生所創辦的明日工作室的故事。

當年，溫世仁先生砸重金成立明日工作室，大舉收購華文作家之作品的數位版權，並將數位內容上傳明日工作室的網站。當年溫世仁先生的想法是，透過網路，一則笑話只賣一元，只要買得人夠多，還是能從中獲利。

甚至當初溫世仁先生都預先規劃好了，要以無敵電子書作為閱讀載體，以明日工作室的網站作為數位內容的提供者。

無敵電子書可以說就是電子書／智慧型手機的雛形，對明日工作室網站的構想則毋寧是今天的蘋果APP Store，遺憾的是，溫世仁先生所看見的網路世界，領先時代太多，那是個連實體產品在網路商城販售都會受到質疑的時代，當年更有不少人發文批判溫世仁先生收購華文作品的電子版權，市場抵制意味濃厚，加上後來溫世仁先生不幸早逝，沒能繼續發展其網路線上商城的宏願。

如今的ＡＰＰ，雖說遠比當初溫世仁先生所規劃的藍圖還要複雜而且具可運作性，但基本的理念構想卻是一致的。

現階段APP在圖書出版的應用

以台灣或華文出版市場的狀況來看，現階段要直接以APP來販售電子書，恐怕還有許多「觀念上」的障礙過不去，例如販售價格過低會否衝擊獲利。

不過，別忘了今天APP最主要的使用習慣仍是免費下載，而免費下載這一塊，我認為是圖書出版業應該積極著墨的部分。

舉例來說，圖書的出版發行端可以善用APP應用程式下載的功能，推出APP版的免費圖書試讀或Power Point檔圖書簡介（很多商管書都習慣製作PP檔來供人轉寄，以推廣販售），讓智慧型手機的使用者可以免費下載試讀本閱讀。

目前國內的網路書店也已經開始推出手機版本的網路商城，若能將APP應用於試讀並與線上網路商城結合，將能打開一條新的產品販售通路。

透過APP來推動試讀，一來可以省下不必要的紙本印刷，二來可以減少無效率的試讀本發送（舉例來說，試讀本在網路書店的發送，就經常會發生一人可以取得多本的無效率情況；更別說把試讀本發給根本沒興趣閱讀的人），讓想讀的人再下載，且就算下載閱讀之後不感興趣，也都不會「增加」成本的支出，可以大幅取代紙本試讀本。

還有一點很重要，目前台灣的智慧型手機持有者已經非常習慣使用手機上網與閱讀，若是出版業不能盡早以ＡＰＰ卡位智慧型手機，恐怕將會輸給影音等其他文創產品。

除了ＡＰＰ版的試圖本之外，有聲書也是未來圖書出版可以著墨的一塊領域。隨著人口的高齡化（加上視障同胞），有聲書在未來是非常值得開發的一個領域，且隨著轉檔系統的成熟，未來文字可以直接轉檔為聲音，將可大幅降低有聲書的製作成本，若能透過ＡＰＰ來推廣有聲書，做大有聲書，對於圖書的販售與市場的推廣也是一大助力。

甚至於廣播、電視節目等數位內容產品，未來也都能製作成ＡＰＰ版的有聲書、電子書來販售或提供免費下載。

重點是透夠ＡＰＰ產品的提供，先行培養使用者的習慣，讓使用者習慣以ＡＰＰ下載圖書並閱讀使用，因此，若是推出販售版的利潤太低或市場規模太小，則不妨先從免費的公版書或試讀本的推廣開始做起，例如，我知道越來越多人使用智慧型手機閱讀免費的電子書《聖經》。

要想讓新的閱讀媒介成為主流，培養消費者的使用習慣是非常關鍵的一步，台灣的電子書市場之所以遲遲無法做大，很重要一個原因就在於電子書的新閱讀與消費習慣仍然尚未被建立，多數人還是習慣購買紙本書而非數位版本的電子書。

ＡＰＰ電子書太便宜，能夠獲利嗎？

雖然說，ＡＰＰ的平均單價只有一到三美金之間，且數位商城還有抽走百分之三十的利潤，不過我樂觀的認為，縱然一本ＡＰＰ版電子書只賣二美金甚至一美金，還是有可能獲利的。

因為，ＡＰＰ的電子書省了省了印刷、物流與庫存的費用，封面、排版等費用也會為著ＡＰＰ版電子書的成熟而出現許多可以免費（或同樣價格低廉）套用的ＡＰＰ應用軟體。也就是說，圖書製作成本將會大幅降低，若願意按照電子書的製作成本來制定售價，圖書價格大幅壓低並不困難。

之前亞馬遜網路書店出現業餘驚悚小說作家，以每本〇・九九元美金的價格販售電子書，衝出好業績，該作者的七本著作總共賣出了超過百萬冊，賺進了千萬（台幣）版稅。

大幅降低價格的ＡＰＰ，讓消費者可以非常便利的取得商品，加上低價，還有相對安全性，可以超越過往人們因為商品價格太高而選擇取用非法盜版的情況。畢竟取得盜版雖然在價格上免費，但時間成本卻不低，且要付出額外的風險（電腦中毒與個資被駭），至少對有經濟能力的人來說，購買低廉的ＡＰＰ會比取用免費盜版來得划算，這也是ＡＰＰ越來越火紅的原因之一。

產業變革，需要經營模式的典範轉移，台灣總是看著美國／亞馬遜網路書店欣喜的說電子書的銷售已經超過實體書籍，但是，至今卻仍沒有人敢跳出來將自家旗下之暢銷作家的新書，直接發行價格破壞的電子書來搶市（但是亞馬遜網路書店的電子書卻是靠對紙本精裝版的價格破壞贏得市占率的），仍不願意讓電子書與紙本書的價格脫鉤（這有點像當年數位影音崛起後，唱片工業依然堅持要以高單價販售CD、罔顧消費者明知CD本身的平均單價成本，最後將消費者逼向非法盜版的最壞模式），頂多只願意上傳已經賣過一陣子的舊書，自然無法引發消費與使用模式的變革，一直停留在只聞樓梯響的階段。

身為生產者，要對市場／消費者要有信心，資本主義市場經濟的立足根本在信任，而非制度，若我們願意相信消費者，跨出第一步，才可能推動產業變革，否則的話，就只能繼續看著別人享受電子書的美好果實，羨慕歐美電子書市場的崛起與獲利能力。

發展APP與電子書還有一個很大的好處是：迴避通路無止境的折扣戰，出版方將來可以擔任自己的行銷與發行單位，通路的經營可以靠自己而不再需要仰賴通路商。

總之APP勢必成為未來販售、發行電子書的重要數位通路，先搶者先贏，就看出版人敢不敢拿出破釜沉舟的決心搶進APP的了。

電子報與圖書行銷

擁有一份優質電子報，對於圖書行銷，可以加許多分。

特別是近年來紙張成本不斷上漲，人們仰賴網路尋找資訊的比重增加，使得傳統的紙本新書／主題書訊的效益日低。圖書資訊的傳遞從紙本改為電子報，是必然的趨勢。

然而，如果只是原封不動的把紙本新書資訊的格式和內容往電子報搬的話，恐怕收效甚微。姑且不說紙本新書資訊量較大，照搬入電子報後，所造成的膨脹效應，對於習慣閱讀短文的網路閱聽人來說，閱讀壓力較大，被拒絕的機率也高出許多。

最好的辦法，就是放棄紙本新書資訊的格式，重新設計適合網路閱聽人的新書資訊電子報，以電子報的形式傳遞新書資訊。

不過，電子報的編製辛苦，名單收集也很麻煩，更擔心被當作廣告郵件丟進垃圾信件，反而被討厭，怎麼編／發才能吸引人，是門大學問。

絕對不是廣告

以圖書行銷來說，一份好的電子報，一定不能只是「賣書廣告」，而必須是一份關於閱讀的人文報紙。圖書電子報最重要的事情，是告訴讀者，與「閱讀」有關的訊息。

當月新書

絕大多數的圖書電子報，都把重點放在當月新書的推薦上。而且，新書推薦資料就直接把要給網路書店的商品資料放了上去（這還是好的情況），太過商業化。

對電子報的訂閱者來說，他雖然需要知道新書資訊，但不是每一本書都有興趣。他如果有興趣，可以透過超連結，連到出版社或網路書店的網站去察看（某些出版社習慣把圖書的超連結設定連回自家出版社的網頁，我的建議是，除非自家的電子圖書商城交易量很大，否則，還是設定連到各網路書店的商品頁為佳，對於讀者來說，連到網路書店，他可以直接點閱、登錄、購買的機會比連回自家出版社網站的機會高）。

電子報的新書推薦，最好當作報紙的主題書評來編，會比四平八穩、照貼圖書商品資訊好得多。強調書籍的主題，處理的問題，作者的背景資歷，讀者／媒體推薦。或者，直接放一篇夠份量的推薦序。前者給人的感覺是被推薦了一本好書，後者的感覺卻是被推銷了一件商品。

電子報除了當月新書的介紹，還可以做的事情很多。

當月活動介紹

出版社每個月都會在不同通路舉辦各種書展或優惠活動。讀者由於時間成本有限，加上資訊取得不易，出版社和讀者間出現資訊不對稱性，使得某些好書／活動推了出去，因為宣傳不足無法取得好成績。

不妨利用電子報，替讀者整理出版社當月在通路所舉辦的主題書展、優惠折扣活動，告訴讀者可以到哪些書店選購新書，較為划算。舉例來說，哪些通路有新書優惠折扣（博客來的新書七九折、金石堂網路書店的紅利優惠）？哪些通路有舉辦主題書展（例如誠品一年有五次自行舉辦的跨店主題書展）？哪些通路有超特惠書展活動（書店通路每個月都有一檔大型主題書展、數檔中小型主題書展，博客來／誠品／金石堂網路書店的每日六六折）？台灣的圖書通路其實不少，像是量販店、連鎖書店、低價書店、網路書店、便利超商都有賣書，出版社不妨扮演資訊整合者的角色，幫讀者整理好康。

作家近況報告

每家出版社都有自己駐社作家，例如時報的村上春樹，皇冠的侯文詠，麥田的川崎豐子，大塊的幾米等等，電子報除了推薦新書與折扣活動，更應該兼負起簡介作家近況的責任。畢竟，作家並不是每天都會推出新書，不出新書的時候，作家在做／想什麼事情？參加了什麼活動（特別是公益活動、演講、簽書會）？最近關心哪些事情？在哪些媒體可以看到作家發表的文章？通通可以在電子報裡披露。

除此之外，出版社甚至可以推出「作家專訪」，派編輯採訪作家，請作家自行報告自己的近況，未來的工作計畫，預計何時完成新作品等等，拉近讀者與作家的距離，也增加電子報的可看性。

編輯室報告

電子報除了介紹新書、活動與作家，也可以介紹一下出版社的合作夥伴。搭配當月重點新書，寫一點編輯室報告，談談當初簽下此書的想法，期望透過此書傳達的訊息。

另外，也可以介紹一下和出版社合作的美編、譯者，讓讀者知道，手上的好書是哪些人合力完成的？

人們都喜歡聽八卦與故事，如果一本書在編製過程中有很精彩的小故事，不妨拿出來說一說。像獨步出版社總編就曾談及鍥而不捨的接洽日本推理小說版權的甘苦，對於喜歡這些書的讀者，肯定也會想知道編輯的出版想法。

出版社和讀者之間，絕對不是冷漠的生產者與消費者的關係，而是一群熱愛閱讀的人的聚集，電子報必須要能把對閱讀的熱情，對於書的喜愛與好在哪裡，充分展現出來。

時事與書籍：以書籍觀點回應時事

對於事件行銷，多數出版社習慣自己辦一個活動，然後拼命的向媒體朋友發新聞稿，向書店與讀者推銷。

其實，最好的事件行銷，是回應熱門時事話題。電子報毋寧是回應時事話題最好的作法。畢竟，電子報本來就有報紙的形式。

比如說之前的洗錢案十分轟動，出版社應該檢視自己家的出版品中，是否有談及相關話題的書籍，把書籍中談論洗錢的內容擷取出來，編寫成評介性文章。如果想要評介得更中肯且吸引人，那麼，除了自己家的書以外，也可以把其他出版社的書當作延伸閱讀來推薦。

舉例來說，經濟新潮社出版了經濟小說《洗錢》，除了推薦自己家的書，或以書中的內容回應事件外，還可以推薦像境外金融這些與洗錢相關的書籍（《境外共和國》／天下雜誌）。也就是說，出版社應該以社會知識庫自居，當社會出現重大議題時，好好的抓一群書出來，推薦給讀者。

發燒讀友推薦

介紹一些重度發燒讀友。如今人人都能透過部落格、臉書發表意見，撰寫書評。出版社的行銷企劃應該有計畫的搜尋累積這些網友的資料，洽談轉載其書評到自己的電子報的合作可能性。

對於部落客來說，能夠多一個發表園地；對於出版社來說，可以形塑公正第三人推薦的形象。不過，千萬記得和試讀活動找來的推薦人區分開來，免得失去公信力。又，能夠提供一點獎勵（例如送本書給提供文章的網友），比較能增加誘因。身為營利事業的出版社，不要只想著免費轉載部落客的文章。

發行注意事項

對於出書量夠大、名氣也夠強的出版社／集團來說，可以獨立發行電子報。至於出書量不大（一個月少於一本），且名氣不高的小出版社，獨立發電子報似乎成了巨大的工作負擔，非但發行份數有限，發行效果也不盡理想。

最好的作法，是聯合一群彼此書籍屬性互補的小出版社，共同編輯／發行電子報。台灣大多數出版社都是中小型出版社，有專門出版領域，人手單薄，很多工作其實不需要單獨投入人力或資源，特別是行銷，「聯合」會是符合規模與群聚效益的作法。無論是電子報的編輯，還是網站的架設都是。常常看到一些小型出版社的網站，限於人力物力資源與人氣，花了一堆時間編製，但成效卻相當有限，不如不做。

每一期電子報最好能夠給點特殊好康，例如電子報讀者的抽獎活動，或者推薦親友接收電子報就能賺好康等等。適時提供誘因，才能鼓勵點閱與傳播。

電子報的發行頻率，一週一次已經是極限，再多被丟入垃圾信的機率會大很多，一般人對於出版訊息的需求量並不大。

如果有大部落格或網路商城，不妨試著串連合作、交換廣告連結，以活動的形式吸引對方的客戶名單，以讀者能接受的方式吸收新會員（私下和廠商交換名單來寄發電子報，多數會被直接丟入垃圾信箱）。

電子報是出版社經營讀者社群最好的管道。只是千萬切記，電子報是用來推薦／推廣閱讀、告知好康、回應時事、聯絡感情，而不是販售商品，如果電子報淪為廣告單張，大概很難吸引讀者青睞。

善發公關書與新聞稿，就能創造好業績

低成本、高效益——公關書與新聞稿之發放

公關書，出版人從書籍首刷的既定印量之中，挪出一定比例，作為贈品，贈送給特定機構／人物，稱之為公關書。一般新書的公關書約在五十本上下，強力主打新書的公關書約在兩百到三百本左右，並無定數，端視各出版社需求而定。

新聞稿，由出版人撰寫，替某一本新書之主題、內容、作者、閱讀／行銷重點製作成可發送給媒體（或特定機構／人物）之有公開發布之新聞價值的消息。一般來說，出版社會將新聞稿發送給擁有書評、書介版面之平面、電子、網路媒體，作為新書資訊發布之用。

公關書與新聞稿，是圖書行銷中成本最低，效用最大的工具。只要新聞稿寫得好，能夠引發媒體／守門人的興趣，再搭配公關書的贈送，通常能替新書爭取曝光機會。一般來說，能曝光就有商機，只要曝光密度夠高且廣，就能吸引目標讀者的眼光，再配合其他行銷工具，就能有效推升業績。

名人代言威力強大

公關書與新聞稿的製作與發送，目的在於引起媒體／守門人注意，願意代為推薦新書，使讀者大眾在接收到新書訊息後，引起興趣，願意掏錢購買。

不過，可惜的是，目前仍有不少出版社在公關書與新聞稿的操作上，不夠用心，總是因襲過往的作業標準，可有可無的做著，既不懂積極蒐集更新公關書與新聞稿的發送名單，也不懂新聞稿的撰寫背後隱藏著許多可以延伸、發揮的空間，更忽略了媒體／守門人關係的微妙變化，只是死板的按照前輩／教科書教導，在新書上市的推廣期間，向直接看來最合適推薦圖書之媒體／守門人寄送公關書與新聞稿，只求完成標準作業流程，甚少追蹤、紀錄成效。

公關書／新聞稿名單，必須既深又廣

如果出版社編了五十本公關書，在行銷計劃中，就應該詳列出五十本公關書的寄送對象還有預期效果，例如預估被推薦的可能性，寄送對象和本社的關係（如果完全不可能被推薦但關係良好的對象，依然要列入名單之中），切莫列了一堆公關書，卻毫無寄送計畫，小心引來作者的抗議（畢竟公關書是不支付版稅，而公關書數量越高，作者的期待越大）。

哪些人應該被列入公關書／新聞稿的寄送名單，是個大學問？基本上，我認為，媒體／守門人和社會名流／意見領袖是必須寄送的。

傳統對於守門人的認知，就是記者（特別是擁有書評版面之媒體）、主播、（廣播電視）主持人，但其實，守門人還有書店採購、門市、店長，媒體製作人（平面媒體的版面編輯，電子媒體的節目製作人）、部落格／客，都是守門人。

傳統媒體守門人大家一定不會忘記，新興熱門部落客好些行銷企劃也記得了，就是書店從業人員，比較容易被忽略，特別是第一線門市（書店高層大多不會被遺忘）。

其實，第一線門市的推薦力量很大，因為他們是直接面對讀者，最能得知市場對某本書籍的銷售動態的人。也許，限於公關書數量有限，不能寄給所有的門市從業人員，但至少可以發送新聞稿給門市從業人員，或者根據自家書籍銷售狀況，挑選一些銷售能力特別強之門市贈送，好取得市場第一手訊息。

另外，媒體名人、專欄作家、社會輿論領袖、大學教授、政府官員、中小學校長、讀書會帶領人、大型企業福委會負責人／人資主管等各種等級的意見領袖，也是寄送公關書／新聞稿的好對象（最好的作法，是先寄新聞稿，對方對你家新書有興趣時，再寄公關書）。

好比說話節目主持人、來賓（所謂名嘴），這些人都有固定擅長的領域和粉絲，如果能找到一些能夠認同你的作品、願意在自己的節目/專欄中談論、介紹你家的新書，對於銷售，肯定有所幫助。

不過，寄公關書/新聞稿給名人（除非你原本就認識，有關係）是需要做功課的。是先應該多觀察名人的言談舉止和節目內容，是否時常不經意的脫口而出的說出他最近看了某某新書、電影，參加了什麼活動？通常，知識性越強，越習慣在節目中提及文藝活動的名人/意見領袖，越適合寄送公關書。

舉例來說，我發現某談話性節目在進入每日主題之前，都會先有五分鐘的寰宇大搜奇，主持人會講講笑話或奇聞，其實，該節目就是寄送公關書/新聞稿的好對象，因為每天都要挑選好玩有趣的題材對觀眾陳述，是相當耗費精神的。坊間不是有「科普新知」類型的出版品，這類出版品就很適合寄送公關書/新聞稿給喜愛在節目中分享寰宇新知的主持人，一來作為對方製作節目的參考，二來爭取曝光機會。

資料庫管理——名單隨時要篩選、分類、更新、整理

公關書/新聞稿寄送名單，是必須隨時整理、更新的，出版社最好能針對新聞稿/公關書寄送名單，進行資料庫型態管理，以社內出版品類型為基準，針對名單進行分級、分類（最好包含姓名、性別、職業、影響力評估、適合寄送書籍類型、聯絡地址/電話、備註等欄目）。

千萬不允許發生藏私情況，特別是行銷企劃一走，就帶走一整批媒體／公關名單，公司什麼都不剩，又得重新再來（中小型出版社較常發生此問題）。

至於取得名單最好的辦法，首先是和同業互通有無、交流分享；其次是多多出席各種能夠接觸社會名流／媒體守門人的藝文展演活動，收集名片／Email。不過，絕對不是找到交情好的同業，索取對方已有的名單後，就強行列為自己的寄送對象（電影界似乎常發生此類事情，拿到新名單，不分青紅皂白就加入自己的新聞稿名單），必須事先將名單過濾、篩選、分類，例如按照圖書與名單人物／機構屬性分類。而且，最好先徵得對方同意，免得留下壞印象，千萬不要把公關書／新聞稿寄給八竿子打不著的人。

一而再的把資料寄給不相干的人，對方只會覺得你只不過是在進行標準作業流程，不會對你留下深刻印象，甚至覺得討厭，列入垃圾郵件，反而害了公司（還有往後的同仁）。

相反的，如果新聞稿／公關書的寄送，總能對了胃口，對方會認為你是認真思考公關書的發送，甚至不認為你是在發送新聞稿／公關書，而是像朋友一般的送書給他，提醒他又出了什麼好書值得關切，對他的工作有什麼幫助。能做到後者這一步，那新聞稿／公關書的發送就算真正成功了。

新聞稿，該怎麼寫？包含哪些內容？

最後談談新聞稿的寫法。一般來說，新聞稿是新聞資訊的佈達。不過，新書的新聞稿如果只以某本新書上市作為新聞切入點來撰寫新聞稿，肯定難以引起興趣。在此我推薦「主題式」寫作法，也就是說，拆解手上新書，從該書籍所談論的主題、內容，寫一份能夠回應台灣當下新聞議題／社會現象／時尚潮流之新聞稿，務必讓媒體守門人／意見領袖收到新聞稿後，除了知道有一本新書上市外，還知道如何利用這本新書，如何輕鬆的將新書資訊融入其工作之中使用。

舉例來說，台灣出版了不少歐巴馬的傳記，新聞稿的發送絕對不是光告訴媒體守門人我們又出了一本歐巴馬就好了，最好替守門人整理好新書中的重點，寫成一份可以直接剪裁、使用之文章，畢竟，傳記都很厚，守門人多半沒時間看，出版人應該在新聞稿中替守門人／意見領袖摘要書籍重點，我知道某些商管大出版社會替重點新書製作ＰＰ檔，將書籍內容摘要整理成方便好讀的格式，讓守門人／意見領袖能夠一目了然。

此外，新聞稿雖然以新書出版為主，但不妨在新聞稿中，固定順便做點回顧，推薦與新書有關的同類型長老書，正在熱賣的長銷書，能回應社會正在發生之事件的相關書籍，還有出版社正在舉辦的書展／折扣活動，名人閱讀／推薦狀況。總之，新聞稿除了是新書出版消息的佈達，也該是自家出版社回應社會需求的一種媒介。

簡單說，出版人應該有一個自覺，那就是新書新聞稿應該是提供媒體製作新聞／節目的知識庫。甚至如果你能建立一種權威，要找某某種資訊就來問我，那麼，你家的新書想要不斷在媒體前曝光並非難事。

圖書出版的部落格行銷該怎麼做？

身為出版同業的你或你所屬的公司，到現在為止還沒有專屬的部落格，那真要好好想一想，是不是真的想待在出版這一行？

早在web 1.0時代，各大出版社莫不投入人力物力財力，設置官方網頁，希望透過自家出版社網站，讓全世界的讀者認識。

可惜的是，當年的網站全都是系統工程師自行架設為主，各家網站有各自的後台，使用機制也非常不友善，幾乎只是傳統媒體的線上版本，以資訊宣布為主，互動性低（除非架設留言板或聊天室，如遠流博識網），雖留有email可供使用者投書，但會寫信給出版社的讀者大概不多。

再加上Google出現以前，網路搜尋功能薄弱，網站雖號稱無遠弗屆，但多半靠積極向外交換連結，交換email會員，交換廣告，增加自家網站的瀏覽率，網站的實質功能不大。

後來一些大出版社開始修改後台，讓自己的網站也有購物功能，宛若網路書店。然而，多是聊備一格（但卻耗費人力物力財力）。簡單說，web 1.0時代出版社自家網站的效益不高，特別是中小型出版社，常常是門可羅雀。

部落格與Web 2.0的崛起

隨著搜尋引擎功能（如Google）的日漸強大，在網路上尋找資料不再像大海撈針。另外，出現了能夠串聯眾人的平台機制，那就是標榜開放共享的「部落格」。二〇〇四年左右，部落客衝破了流行引爆點，從此世界再無法忽視部落格的威力。

免費的部落格威力強大，在於平台共享、連結、訂閱（部落格）、引用的便利性，還有搜尋引擎的成熟。在茫茫網海中，串連志同道合之事愈來越容易，還可以透過訂閱，隨時了解其他部落客的最新資訊，讓社會學中所說的「弱連帶」真正發揮力量，實現了六人小世界。

此外，隨著人們對傳統主流媒體的厭惡和不信任，還有主流媒體把關機制逕行篩掉了無數的資訊，都讓網路部落客決定自力救濟，在部落格上寫下一篇又一篇的文章，向廣大世界宣揚自己的想法。

如今，知名部落格每天湧進的流量高達數萬人次，再加上Google ad的推出，讓這些部落客可以專心經營自己的部落格，賺取的廣告收入，甚至不用再出門上班。

部落格，儼然成為史上最民主也最強大的媒體。透過部落格，可以幫你聚集核心讀者，開發潛在讀者，傳散產品／品牌口碑，聚集未來暢銷作家，優質同業，只要你的部落格內容能夠贏得眾人的信任和正面度評價。

出版者對部落格的誤解

不少出版人注意到部落格的流行，於是也紛紛架設起自家出版社的部落格，甚至為某本強打新書架設部落格，可能再花點預算購買平台首頁露出，然後便以為可以靠著web 2.0的強大威力，大作部落格行銷，吸引目標讀者。

的確，靠著搜尋引擎和首頁露出的幫助，一本新書要暫時的被眾多網友看見並不困難（只要搭配夠精彩的標題），然而，如果誤以為圖書出版的部落格行銷就是替自家出版社或強打新書架個部落格，那就誤會了部落格行銷，也小看了鄉民們的判斷力了。

出版的部落格行銷，絕對不是需要時再去架個部落格，或者把新書或活動資訊擺上去就算了事。如果認為這樣做就是部落格行銷，那就沿用過去出版社自行架設的網站就好，何必還要多花工夫架設部落格？

出版社應該如何經營部落格？

真正的部落格行銷，做的其實是線上社群經營，經營部落格是把網友當人看待，而不是消費者，必須用心以開放、交流、平等、互惠的態度，真誠無欺的和網友們建立關係，取得信任或正面評價，建立屬於你自己的公信力或權威，才有辦法透過部落格，將自家品牌或產品行銷給全世界。

切莫將部落格當成自家產品型錄般經營，如此一來也將被視為產品型錄，效用不大。例如在出版界，只要出版編輯方面有任何問題，許多人都知道要上「老貓」去找答案，甚至平常就定期拜訪。因為老貓不驕於在編輯界的資歷，以公允（但不失自身立場）、專業、真誠、開放討論的態度，盡力寫下關於「編輯」方面的文章，於是豎立起自己的權威專業性，博得廣大網友與出版同業的信任。

出版社若真想做部落格行銷，除了上述的心態問題，還必須有決心和毅力。設置部落格之前，最好先拜訪一下閱讀界的重要社群（如羽毛、遠流博識網等）、部落格（如天上大風、工頭堅等），了解一下閱讀類型之部落格生態，然後決定自家部落格的屬性。千萬不要隨便，更不要在部落格上抱怨／批判同業，或成為八卦或負面流言集散地。

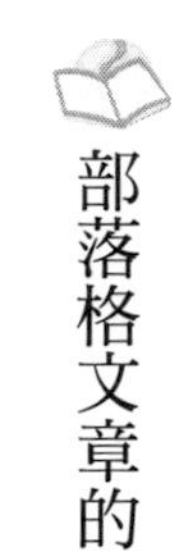

部落格文章的主題

關於文章發表方面，最好以社內出版品之出版類型，作為部落格文章撰寫核心。舉例來說，一個出版社若專門出版旅遊叢書，則可以「旅遊」作為部落格經營的重點（而非書籍），並積極連結重要的旅遊部落格和旅行社或各地觀光局，讓自家部落格成為熱愛旅遊者的「好友名單」。另外，開闢小編動態、好書推薦、出版產業新聞等等欄目，和同業／同好交流經驗。不要只談自家商品，不要吝於稱讚同業！

當然，還是可以在自家部落格上發表新書和相關活動訊息，只要不讓整個部落格全都是商品和廣告就行。部落客厭惡廣告和商品，希望擁有乾淨的言論發表園地，唯有議題和內容，才是部落客關心的核心。

部落格建議配備

出版社若要設置部落格，建議除了以「產品議題」（而非產品）作為文章發表的核心外，對內要能連結社內同仁之部落格（最好老闆／高層能親自下海來寫，例如郝明義、老貓），合作之外包團隊（美編、譯者之部落格），社內出版品之作家部落格。

對外則連結其他出版同業，如其他出版社網站網路書店和特色書店、經銷商，政府相關單位（如國家圖書館、ＩＳＢＮ中心），出版研究所／基金會／非營利組織（如南華出版所、台灣出版資訊網、雜誌公會、出版公會、出版協進會），與自家出版議題相關之媒體（如旅遊書則連結旅遊雜誌、報紙旅行版面）、產業（如旅行社、各地觀光局），還有網路世界中，和自家出版品議題相關之高人氣／高評價部落格、先導型、資訊傳播型、推廣型使用者與忠誠顧客之部落格。

透過連結，將和自己出版品有關之產業、媒體、部落格全都串聯起來，和這些人建立關係，最好能夠成為他們參考資料或者文章撰寫的內容來源。例如專出旅遊書的出版社，就讓自家部落格成為所有人尋找旅遊資訊一定會造訪的地方吧！

連結得有技巧

經營部落格除了固守本家，定期更新之外，還要定期出訪其他部落格，和大小部落客建立關係。一般來說，先讓自己定期潛水，看到合適回覆的文章再浮出版面留言，同時留下自家部落格的足跡。透過回覆與部落客建立初步的關係，再隨著互動頻率的增加而深化，逐步取得對方的信任和了解，和對方交換連結。簡單說就是定期拜訪，閱讀，留言／對談，結交／建立關係，交換連結。

善用搜尋引擎

網海茫茫，看似無從逛起。但其實現在搜尋引擎相當方便，只要透過gooele鍵入如「出版」、「圖書」、「閱讀」、「書店」等關鍵字，肯定能找到許多相關的部落格。再透過這些部落格裡的好友連結，延伸出去，肯定能夠串起網路世界的閱讀社群名單。

再不然，也可以在搜尋引擎上鍵入自家商品（暢銷書、常銷書、新書）或品牌名稱，或訂閱Mailing List（例如Google 快訊），尋找網路上的評價，進而掌握自家出版品的讀者及部落格。

設定績效評估標準

部落格經營是很辛苦的事情，特別是在一開始根本沒有人發現的時候。畢竟不是私人部落格，所以出版社開設部落格，還是要設定預期目標和評估標準（有些部落格有提供評價排行評比可以選用，但建議架站初期不要看流量，看網友回覆／評價），讓自家部落格朝目標方向前進。

開放分享，持之以恆

部落格一旦設下去，雖不至於需要時時看著它，但每日定期更新文章，回覆網友留言是絕對不可少的。特別是負面批評，必須以耐心、熱心、專業和真誠，迅速（最晚二十四小時之內）提出有效的解決辦法回應。

部落格行銷是本小利大的投資，只要秉持熱誠、專業和開放交流的心持之以恆，一定能夠開花結果。

從「文化折扣」談台灣暢銷書的翻譯操作

在台灣，每年出版新書出版量約四萬，其中翻譯書的比例不少，約有七八千。市場上各大書店公佈的暢銷排行榜或推薦選書單中，也不乏翻譯書的影子。大抵來說，台灣書市普遍給人的印象是翻譯書的品質（指原文內容而非翻譯品質）比本土創作來的高，也比較容易獲得市場青睞。

出版翻譯書似乎是安全牌，特別是參考過國外的銷售數字之後所做的選擇。因為未出版過的稿件與作者是否會暢銷太難掌握，在出版不確定風險過大的情況下，往外尋找已經出版、有口碑或市場保證的外文書，相對有保障的多。

然而，同樣一本亞馬遜五星推薦，或號稱在原出版國銷售超過百萬本的暢銷書，被引進台灣之後，有的可能大賣特賣，有些卻是賣相平平。另外一種則是在原出版國的銷售量普通，書籍口碑不錯，但被轉譯到中文世界後，卻異軍突起，成為熱門暢銷書。

人人都說暢銷書難做，也不知從何預測起。暢銷書之謎或許難解，但就連翻譯出版國外已經暢銷的書，也難保正在翻譯後出版就一定會暢銷。因此必須在於選書時必須更加謹慎，多方評估。除了原書既有的市場銷售數字和書評、口碑外，「文化折扣」便是一個用來檢驗翻譯圖書選取的指標。

其實，出版社在翻譯圖書的選擇時，有意無意間已經將「文化折扣」列為考量依據。因此某些暢銷的文化商品，會被放棄。

文化折扣現象

簡單來說，「文化折扣」指的是某在地文化商品在被引介至其他文化社會時，所必須經歷的效用的消減或折扣。設若兩個文化社會價值、傳統習俗、認同對象、感知結構的差距越大，彼此熟悉度越低，「文化折扣」的折差越大，反之則反之。

另外，因為只能選擇性的轉譯文化商品，再加上兩地人民文化風俗的差異，因此同一件文化商品在兩地所引起的文化效應也將有所不同。通常能夠在原產國引起巨大深層文化議題共鳴的文化商品，被引介到其他國家後，有可能只成為單純的文化商品或文化事件，除非恰巧兩個文化均有相同的文化議題。

舉例來說，《達文西密碼》在歐美世界的暢銷是因為扣著歐美更深層的基督教文化議題，而在台灣的暢銷，除了強力的市場行銷，對文化先進國暢銷商品的崇拜所導致的跟風外，難以見到《達文西密碼》在台灣引起的相關基督教神學討論。

再舉例來說，在台灣幾乎看不見有出版人引進菲律賓、越南的暢銷圖書。而韓國近年的興起，則可用來解釋「文化折扣」的生動個案。十年前的台灣，若有人說要出版韓國的書，想必有許多人會覺得頭殼壞去。那個時代是個沒有韓劇，沒有線上遊戲，沒有我的「野蠻女友」、「藍色生死戀」和「大長今」，韓語節目只有「霹靂電視台」引進，韓文系畢業生都要另謀高就的時代。幾乎沒有出版人翻譯韓國書在台出版。

近幾年寒流狂吹，韓劇（電影、戲劇）熱遍佈各家電視台，狂掃台灣收視戶，《我的野蠻女友》攻佔電影台、線上遊戲潮攻佔年輕人的遊樂世界，韓國文化逐漸引起台灣社會興趣。於是出版界也開始翻譯出版韓國書。起先操作保守，先以熱門戲劇為主，後來逐漸擴大到韓文的經典文學、暢銷作家。近來則逐漸普及，許多韓國出版界所製作的學科入門導讀書、漫畫書也都陸續被翻譯引入台灣。

這股韓流，有效的清洗了台灣社會對韓國的「文化折扣」。讓台灣社會已經能夠習慣韓國文化之後，所產生的現象。文化折扣減少，圖書的翻譯出版門檻也降低許多。出版人開始有信心，翻譯這些作品不會被市場孤立。

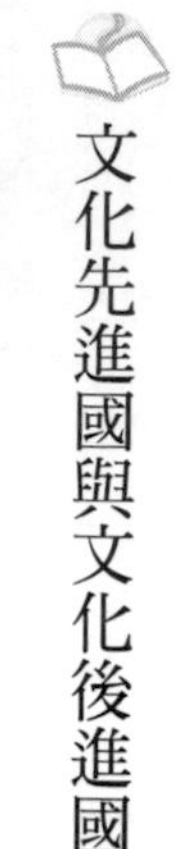

文化先進國與文化後進國

美英法德義日西，屬全世界首屈一指的文化先進國，每年向世界各地輸出無數文化商品，被傾銷文化商品且無力銷售同等值文化商品的國家，就算文化後進國。例如比起日本向台灣銷售圖書版權來說，台灣相對較難向日本銷售圖書版權。基本上，文化後進國是很難向文化先進國傾銷文化商品的，一來文化先進國本身文化商品豐富、內容多元；二來文化先進國並不嚮往後進國的生活。

當文化後進國剛巧也是經濟後進國時，便會對文化先進國剛巧也是經濟先進國的生活型態，致富模式，文化風俗，產生崇拜。就像台灣對美日的崇拜，對美日兩國的文化接收度相對來說也高出其他國家許多。

不過，後進國的傳統文化元素例外，也就是說文化後進國只能向文化先進國銷售傳統民俗。先進國對後進國有興趣的，也只是傳統文化而非當代文化商品。例如中國對歐美來說，雖然是經濟後進國，但卻是文化先進國，特別是所謂的中國文化，因此可以做部分銷售。

就以台灣圖書市場的翻譯書來說，美日兩國的圖書、漫畫，是長年被台灣出版界選擇並且翻譯出版的。對這兩個國家提供的暢銷書，台灣市場的「文化折扣」相對較低，市場接收度相對提高，市場風險相對減少。

在操作文化商品的轉譯與引介時，原產國的銷售數字，或許被引進與否的關鍵判準。因此最暢銷的主流商品，幾乎全在引進之列。以日本暢銷小說來說，《在世界中心呼喊愛情》、《電車男》、《現在很想見你》三書都是以愛情為主題，或許因《電車男》涉及較多日本本地特有的文化現象（御宅族）和生活習慣（電車文化），《電車男》銷售反應似不如其他兩書。

基本上，被翻譯出版的文化商品，其內容主題越是能夠打中人性中普同性價值共識，例如愛情、親情等，並以豐富的故事和有趣的情節引起共鳴，其文化折扣的力道將會相對降低。

文化後進國難以進入文化先進國

不過，文化商品的轉譯引介並不平等。文化後進國的暢銷書，則很少被翻譯引介進文化先進國。例如台灣的暢銷作家，有多少人能夠被翻譯引薦成為美日兩國的語言，並發行出版？近來我所知道的例子只有王文華的蛋白質女孩（在此暫且不論經典的翻譯引介，在經典的地位時，考慮的並不是暢銷與否）。但卻被大量的引介到中國（中國與台灣，是一個互有先進／後進文化部分的奇妙存在），因為台灣經濟榮景所造成的許多生活模式，是中國所渴望學習追求的。

同理，我們也鮮少翻譯泰國、菲律賓、越南、澳洲、紐西蘭、非洲、阿拉伯國家、加拿大以及過去的韓國的暢銷書（我們甚至連這些國家是否有暢銷書都不知道）。

文化折扣：普同性與在地性

並非翻譯暢銷書，就一定都能暢銷。文化折扣要提醒的，就是當兩個文化之間彼此相對陌生（因兩地文化差異過大或長期沒有往來）或熟悉度並不平等時（前面所的文化先進與後進國），對於某個議題沒有共同的敏感度或興趣時，或該暢銷品所討論的議題太過本土，即便一國能夠引起話題輿論在另外一國卻未必如此。

文化在地性太強（例如使用太多難以翻譯的當地語言或詞彙，內容主題太過專門、在地性）的作品，就算在原產地暢銷，被轉譯出版後也很難暢銷。韓劇雖然熱，但引進多以「愛情」為主。再例如至今仍為美國暢銷書的《速食共和國》、《No Logo》引進台灣，便被淹沒在書海，沒能如西方掀起巨大的文化議題（銷售狀況也沒有原產國理想）。

另外，日本雖是學術大國，卻甚少研究專書被台灣出版人翻譯出版，也是一例，特別是台灣對日本流行文化的仰賴度之高，但對文化研究成果卻少見日本專家的意見，也是一例。而台灣的鄉土劇可以長播六年多，龍捲風也可一播經年，卻很難出售到韓國；美國的典型肥皂劇卻可以引入台灣等等，都是相同的道理。

「文化折扣」對於出版人選擇暢銷文化商品翻譯，是個相當重要評判依據。若能在銷售數字之外，留意書中主題與本地的文化接合性，較可能創造銷售佳績。

人脈行銷要適可而止

在圖書出版市場上，一本書能否在媒體或通路密集曝光，我必須在此很明白的說，書本身的內容其實不是最重要的（也非完全不重要只是不是第一重要的），人脈和出版社過往的成績才是最重要的，而且其中以人脈為最重要。

舉幾個例子來說，坊間有幾家超小型出版社，出版人的過去的資歷或者後台很硬，因此當一推出新書，便能獲得全通路的關切，紛紛讓出最好的版面替其推薦，甚至談下重要的讀書雜誌以專題為其推薦。

我並不認為這些書不好，相反的這些書的確在水準以上。只是這些被推薦的書若放在全市場所有同期出版新書來比較，若不是因為出版者本身的人脈和過去累積的關係，是無法換得這樣的機會的。

換得機會者，有些書是真的賣起來了，最有名的就是雅言，另外有些書雖然沒有大賣，但賺得了口碑，然而有一些書，書的內容的確不錯，但卻也不至於好到應該讓全通路讓出如此寶貴的版面，又做預購又做促銷又做大堆陳列的。

若是能夠順利促銷自然是美事一樁，然而萬一動用人脈砸下大筆的錢印了很多書鋪了出去，結果只見大堆陳列，卻不見大量銷售，那最後退書之慘，就只有出版人自己默默承受了。更何況，有些書編的醜排版還很鬆散價格又高，一整個想搞質感但卻反而要上不上，頗為可惜。

其實有些書，真的好，默默的賣，也能賣起來。

其次，就是出版社的實力。最有實力的當然是前十大出版社，既有好銷售成績，書的品質也好，通路自然樂的給予機會過大行銷，例如曾經炒的很兇的《不存在的女兒》到處都可看到預購和推薦，是因為該出版社之前《追風箏的孩子》一書賣的很好（破二十萬冊）贏得市場口碑。

然而，我卻懷疑《不存在的女兒》能否靠行銷引發如《追風箏的孩子》般的銷售成績？《追風箏的孩子》一書是標準靠讀者口碑一點一滴累積銷售起來的，因此幾乎沒有什麼行銷費用，然而《不存在的女兒》又是試讀本又是預購，萬一首批讀者讀完認為不好看而放出批評性的口碑的話，書或許也能賣（一兩萬本應該沒問題）但很懷疑是否能賣到二十萬本？

即便一開始沒人看好，當書一本一本的賣起來時，一直能夠繳出好成績的新出版社，書店還是會看到，進而積極去建立合作行銷的關係的。畢竟開書店就是要賣書，能賣的書，沒有人可以因為任何理由而拒絕進貨（只要該書是合法的）。如果一個書店採購不能以其專業替公司決定正確的首批量；一個書店行銷企劃不能替公司談到最有利潤的書展活動，而僅憑個人好惡或過往人情壓力去決定下單量或活動，那就是拿公司的資財在成就個人身價，這是非常沒有專業倫理的事情（並非說辦口碑的活動不能做）。

即便因為個人主觀因素討厭某一本書或某一個出版社，然而因為個人因素抵制某一本能賣的書，只是把錢拱手讓給其他通路去賺而已，最後當高層或門市回頭檢討業績，受傷的還是自己！

我想，台灣的一些大連鎖書店有時候太老大心態的認為我很大，我能夠決定一切，沒把經銷商或出版社當作客戶，沒有站在對方的角度一起思考如何共創利益，只想著如何和大集團合作，如何和自己有關係（談得來）的出版人合作，把專業拋到人情之後，結果造成機會損失，真的很可惜。

一直以來因為工作的關係，看著這樣的事情一直在上演，真的替那些努力做出好書且爭取曝光卻被書店以莫名奇妙理由拒絕的出版社感到惋惜，也希望書店從業人員能夠更客觀的，拋開個人好惡，將心比心的站在出版者的立場，站在公司經營者的立場，站在讀者的立場，或者從過往銷售成績，或者看在出版人的積極與熱情，多一點客觀指標，少一點主觀，去選擇進貨陳列，給好書（能賣的書而不只是擺好看的書）多一點機會。

一個商場要追求獲利最大化，不能老是去照顧自己的關係，更要提攜能夠替公司創造利潤（或至少品牌形象或口碑）的客戶，這才是專業，這才是一個專業書店人該做的事情。

希望我們的通路能夠朝更客觀且專業的方向去走，多挖掘一些中小型出版社的好書，給他們機會，不要只是大集團和大集團的結盟，讓市場上老是那些類型的書。否則，讀者少了買到想看的書的機會，書店和出版社也少賺了該賺的錢，而那些被特別照顧的出版社也因為銷售不如預期而蒙受損失，結果大家都受傷，何必如此?!

送書到需要的人手上

——出版業者的天職以及獲利來源

近年來，台灣出版市場似乎有供過於求的現象（關於成因，本文不擬進一步討論）。圖書出版總量不斷攀升，銷售量卻沒有跟著攀升，導致退書庫存不斷攀升。無論是出版社、經銷商、書店無不想盡辦法，舉辦主題書展，大打促銷牌，為的就是刺激銷售量。積極開拓非書店通路（例如便利超商、大賣場、法人團購、租書店等等），卻依然無法應付供過於求的現象。

直接購買與間接購買

所謂直接購買市場，指的是一般的圖書銷售行為，一本新書問世後，由經銷商配貨到書店，再藉由書店陳列，將圖書販賣給進入書店的不特定個人。也就是說，圖書購買人同時也是圖書使用人。

由於近年來近百萬中產階級大舉出走大陸擔任台勞、台幹，對於台灣內需市場，有一定程度的影響。連帶的對島內圖書銷售，也會有所影響。這些長期派駐大陸的中產階級，選購繁體字圖書的頻率／比例勢必會降低，除了簡體字圖書相對便宜外（畢竟兩本完全一樣的書籍價格卻相差三到五倍，絕大多數人都會選便宜的買），方便更是主要考量（一整年幾乎都在大陸，早已習慣簡體字閱讀）。

至於間接購買，我指的是圖書購買者並不一定是圖書使用者。例如圖書館採購員的定期採購、企業團購、政府單位購書、租書店進貨等等。近年來，間接購買市場也有不少出版人積極搶攻，似乎也趨向飽和。

之所以無論如何促銷或開發通路都無法讓業績有效成長，關鍵在於市場大餅並沒有改變。也就是說，閱讀人口就是這麼多，除非能夠擴大閱讀人口，否則無論如何向直接閱讀市場促銷，成效都有限。

我以為，出版人的各式圖書促銷活動，太過鎖定在直接購買市場，卻忽略了間接購買市場的巨大潛力。未來，出版人若要有效創造潛在市場，積極提昇銷售率（或保守的降低庫存），應該積極開拓間接購買市場，特別是那些沒有能力買書給自己閱讀的市場。

提倡閱讀從買書讀書（而非蓋豪華圖書館）開始

政府部門對於閱讀教育的投資，多半是看得見卻用處不大的硬體設施（如圖書館建築），至於人民百姓需要的軟體，則又把過多的錢投注在報紙和雜誌的訂閱。走一趟偏遠地區的圖書館，不難發現其中藏書之缺乏（我贊成圖書館分級，偏遠地區市民圖書館藏書不必專門，以文學、文化、歷史、地理、社會、電腦科技為主）。圖書館沒有書可借，淪為K書中心（這也是絕大多數台灣公立圖書館的主要功能）。然而，這已經算是好的了，偏遠地區的國中小學，可能連圖書室都沒有。

在台灣，有三分之一的鄉鎮財政極度困難，許多地方的中小學、育幼院、教會或社會福利單位，急需成立圖書室。透過建立閱讀風氣，才是幫助那些沒有安親班與才藝班的偏遠地區孩子縮小城鄉差距，提升教育水準最簡單而有效的方法。

台灣出版人常常抱怨台灣的閱讀風氣不盛，然而，光是一個簡單的閱讀資源的城鄉差距，或許某些閱讀風氣不盛的原因，是在於一批批原本渴望閱讀的孩子，卻沒有機會接觸讀物。特別是那些一心上進，但家境卻貧困，而且又深居偏遠地區的孩子。

幫助這些孩子，讓他們的閱讀渴望不至於因為資源缺乏而熄滅，或許就是出版人開拓未來潛在市場的好機會。試想，幫助一個孩子免於放棄閱讀，甚至透過教育而脫貧（暫時別說致富），其一生將可能回饋以多少次的圖書購買，甚至購買遠比自己需要的更多來回饋鄉里？

「通路」

通路不通

——台灣出版產業的通路問題

首先，我們先來看一下台灣出版業通路的經營方式。然後再來討論通路商的問題與可能的解決辦法。

大家都有去便利商店買東西的經驗吧，台灣便利商店的物流系統，可以說是極為精準、快速而有效率。然而，台灣的書店通路商並非如此，而最大的困難在於整體出版產業在出了一本新書後，竟然沒有人可以精確的掌握新書的流向與銷售數量。

台灣的出版業可以粗分為上中下游，上游是出版社，中游是通路經銷商，下游則是書店。一般的出版社不會自行負責發行業務（但也有出版社自行發書，例如群學、唐山），多半將書籍的發行業務轉包委託給專職發行機構代銷。

一般的發行管道有「店銷」，指通路將書籍配送到一般書店銷售。八十年代末期台灣便利商店興盛後也開始介入少數暢銷書與雜誌的銷售，因此便利超商也加入銷售書籍的戰局（不過這部分在書籍銷售多半專案處理，主要銷售當期雜誌）。

過去七十年代百科全書盛行的年代，還有所謂的直銷，不過現今的書籍直銷只剩下學校書展或國際書展時才能看到。

圖書館的書籍採購，教科書的採買則是另外的通路。教科書多半由相關出版社的業務負責學校通路，而不委託給經銷商。

外國還有所謂讀書俱樂部，並且還有專屬的版本。台灣近年來也開始以出版社為主推出所謂的讀書俱樂部，只是這些讀書俱樂部和外國的不同，台灣的讀書俱樂部說穿了只是一種出版社變相直銷罷了。完全無法彰顯讀書俱樂部的精神。

發行的主要業務

發行的主要業務有送退書、查補書、催款、收帳、市場調查與書店公關等等。不過這些在台灣的運作狀況很不透明且缺乏效率，本文接下來就要討論這個部分。

通路鋪書流程

一般來說，書籍經由出版社前製（編輯、排版、封面設計等）完畢後，出版社和通路會一起預估可能銷售量，決定印數，然後交付印刷廠印刷。而新書印好之後，並不是送回出版社，而是直接交給配書的通路商，出版社這邊只取回固定比例（因為出版社要負責贈書、行銷以及一些直接向出版社訂購或網路書店的訂貨）。基本上，實體書店與圖書館等主要的配送系統，都是委託由通路上全權負責。至於通路商鋪了多少書，鋪給什麼書店，相信很多出版社根本不清楚。或許知道個大概，但卻無法掌握，更不清楚新書出去時的銷售情況。

除非新書銷售量奇佳，通路商會要求出版社加印，否則一本新書大概在三個月到半年內就會紛紛從全省的書店退貨回通路經銷商，而經銷商再將書籍退回出版社的倉庫。這時候，這本書就脫離新書市場，變成常備性書籍。

通常大眾讀物比較容易走向這條路，如果是一些學術性書籍、教科書，或者可判定為常銷書的書籍，就算銷售情況普通，但書店也不會在半年後完全將書退回通路，而通路也不一定會完全將書退給出版社。只是，書店對於書籍去留的判定，除了銷售量之外，是否有其他的考量。例如，這本書的價值與潛在消費力。

不過一般來說，一本普通的大眾書籍，只有三個月到半年的銷售命運，之後，幸運的可以在一些大型書店的書架上保留一定數量，偶爾有人購買，緩慢的流通著；不幸某新書實在銷售量太差的話，則可能被全面下架，打入冷宮，再也沒有見天日的機會。

然而，這些被打入冷宮的書，一定是不好的書嗎？恐怕不是，書籍與市場能否接觸在於其新書期間的銷售量，與書籍本身的好壞無關。

而通路與出版社，則是在書店開始退貨的時候，才能計算銷售數量。也就是說，通路是被動的以原本配出多少書，減去退回之書的數量，來估計銷售量。也就是說，在書店開始退書之前，整個市場沒有人知道該書的銷售情況。

有一些新書在出版不久之後就開始大打行銷廣告戰，甚至大辦慶功宴，認為自己賣了多少萬本，其實都是騙人的花招。這些書頂多代表總印數而已，若說要代表銷售量，以現今台灣的通路運作系統來說，實屬不可能。所以下一次你再看到電視上宣傳某某新書就已經賣了多少萬本，就知道那只是促銷的手段而已，不代表真實的銷售情況。

然而，如果一本書賣得好，書店會通知通路補書，若通路無庫存，則會請出版社盡快加印。這時候，就是考驗出版社判斷力的時候。或許一本新書今天印了三千本，頗受市場好評，因此紛紛銷售出去。然而，加印的數量卻是一個極難考量的數字。除非像《哈利波特》、《魔戒》這些超級熱賣書，否則一本看似賣得不錯的新書，出版社如何決定加印量，實在困難。

因為，對書籍的需求是由書店的補書通知來判斷的，出版社如何知道這本書確切的買氣與銷售量，按造現今的銷售方式，根本不知道。因此出版社加印數量如果不能精準，如果太多而引起滯銷，則可能毀掉前面的銷售情況。

這種情況更常發生在一些擁有行銷與新聞賣點的新書上。例如市場上出現一本具有話題性的新書，在經過媒體披露之後，書店們或許預期可能銷售熱賣的心理，在書店原有新書還未銷售到一定比例時，就紛紛要求出版社加印。而出版社這時若也相信媒體的造勢而進行加印，情況可能會有兩種。幸運的話就是市場真的被媒體鼓動進而造成熱賣；但更常見的情況是，出版社的新書印完，交給通路，再分發給書店的時候，這本書的賣掉噱頭已經過去。於是書店囤積更多賣不出去的新書，最後一併退給通路和出版社，出版社的損失則更嚴重。

情況好一點的，首刷的獲利與二刷的虧損打平。倒楣一點的，兩刷全部退回出版社，出版社可能只好銷毀一部份書籍，畢竟倉庫也是需要成本的。

而這一切，除了需要出版社精準的市場判斷力外，其實更需要通路與書店能夠建立一套精確的書籍銷售回報系統。這難道有這麼難嗎，現在已經是電子化的時代，許多書店也是將新書建檔，銷售情況都是由電腦來控管。這部分只要加上網路功能的配合，通路與書店合作，通路就可以定時掌握各書店的銷售情況。

再者，通路在每一次有機會到書店送書的時候，都應該為自己所代銷的出版社書籍，進行查補清點。通路商應該盡可能為自己的出版社爭取銷售平台以及值得書店上架的書籍，而不是一味將新書配送給書店，或者收回退書。

通路應該多花點時間，用心的觀察自己所代銷各出版社書籍在各書店的銷售情況。通路應該針對銷售地點與書籍銷售情況作紀錄，成為日後配送新書的參考。

通路與書店應該通力合作，每個星期都能彙報新書的銷售情況。而通路商則根據這份資料，去統計出銷售情況，進而成為自己日後配送相關新書的參考資料。而且，這部分的統計不該只針對熱賣的好書，更要全面性的擴及所有的書籍。

書和其他如鞋子化妝品等商品很不一樣，每一本書都可以視為完全不同的新產品，因此似乎加深經銷的困難。但其實，書籍也是有他的屬性和群體的，通路和書店如果可以掌握書籍銷售情況，歸納出各種書籍在該書店的銷售情況，長此以往，對於書店擬定出一份具有銷售潛力的常備性書單和新書配送量，整體出版產業的產值才可以向上提昇。

因為當前台灣出版業配送系統的問題就是在於，無法在第一時間，將對的書配送正確的數量到對的書店去銷售。這樣的結果就是潛在銷售量的損失。如果將數配送到不會買該類書籍的書店或地區，只會讓書平白在那裡待上六個月，然後被退回出版社當作庫存。這種情況特別以學術書為最。

學術書多半是長銷書，有特定的銷售地點和銷售時間。如果一本學術新書被配送到地區書店，一個根本不會有人讀這種書的書店，本書的配送除了浪費成本外，還會讓人有滯銷的感覺。

學術性的書並不像一般大眾書籍的時效性那麼短，它需要在學期初與期中考的時段從新查補，特別是新學期，這些學術書彷彿新書一樣，要重新上架。因為每年都會有人上大學、要準備研究所。因此，經營學術書銷售應該以時間週期為考量，而不是在半年後全部放回倉庫。一本好的學術書雖然賣的慢，但不像大眾書籍，它總有銷售完畢的一天。這類學術書圖的不是新書期間能夠衝得多高的銷售量，而是穩定的銷售量。若將學術類書籍用一般大眾書籍的配送方法來鋪貨，將扼殺了學術書將來的銷售潛力。

出版產業似乎對於銷售數量的精確統計，沒有什麼興趣。當便利超商業者或其他產業如電子、資訊業的業者，拼老命就是想算出正確的銷售數量以便成為日後經營參考的同時，台灣出版產業的各環節，還在以手工業的銷售方式自傲。並進而批評台灣的讀者不買書，這實在很荒謬。

特別是近來有一個不好的情況正在發生，那就是翻譯書的定價已經等同於原文書或者甚至超過。有些出版社更將原本原文一冊的書，拆成三大冊，並且標高售價。這樣的銷售模式一但確立，受傷害的又是消費者。台灣若和新加坡一樣成為雙語國家，英文閱讀和中文閱讀一樣流利的時候，真不知道誰要選購這些昂貴的翻譯書。

台灣書店和通路如果不能即時／確實掌握銷售其況，做到所謂的「動態補書」，則台灣出版產業的產值想要提昇，實在有其困難。

要解決鋪書退書缺乏效率的方法，除了通路商要提昇競爭力外，盡快將書籍流通的資訊，建立一套透明化與公開化的運作模式，讓出版產業盡速與資訊電子產業結合，建立成熟公開透明的銷售配送系統，將是一個可行的方法。

其他產業都是想盡可能提昇銷售量，盡可能即時掌握銷售數量，盡可能在第一時間補貨進貨，唯有我們偉大、產值薄弱，又愛怨天尤人的出版產業，不知什麼原因，總是不願意將銷售數量的計算方式建立起來。

或許，這塊產業的通路，需要有經營別種產業的人進駐，例如電子資訊業，或者便利商店的物流系統，提供其銷售統計經驗，才有可能真的改善。

台灣出版界的結款制度初探

一、出版社與經銷商

由於台灣的出版社多為小型公司，在書籍發行上，多半委託給專業經銷商，或者一些中大型擁有自己物流系統的出版社，代為鋪貨。台灣知名的經銷商有聯合、大和、黎銘、吳氏、旭昇、紅螞蟻、朝日、聯寶等等數十家專門替出版社經銷圖書。另外出版社自己擁有物流，或者成立經銷商，專門處理自己出版社的則有像是聯經、唐山、知己、五南、新雨、志文或一些專業學術出版社等等。第三種是出版社自行區分市場，某些市場出版社自行往來，某些市場交給經銷商發行配送，像是共和國、城邦、時報雖自己有經銷商，但也會和特定的書店或通路直接往來，不經由經銷商鋪貨。

通常一個出版社只會和一個經銷商合作，但也有一個出版社同時和兩個以上的經銷商合作發行業務，不過這裡我們不談出版社與經銷商的合作模式。

這裡我們先談，出版社和經銷商間的付款方式。通常出版社和經銷商採月結制，但必須支付保留款。舉例來說，出版社四月初出版一本新書，書籍入庫交給經銷商後，經銷商會在下個月，將書籍全部帳款，扣下一定比例的保留款後，支付給出版社。

通常保留款有兩種計算方式，第一種是固定壓書籍支付費用的百分比。一般是壓三到四成的書款。第二種是規定一個保留款額度，例如三十萬或者五十萬，要求出版社得壓滿這個保留款的額度之後，才可以將所得書款全數取回。舉例來說，今天有一家出版社出版一本新書，原本經銷商該結十萬，那麼經銷商則先壓下三到四萬作為保留款，剩下六萬元支付給出版社。通常這兩種是合併使用。

雖然經銷商先代墊書籍款項給出版社。然而等到開始退書時，經銷商會把從書店退回書籍的之款項，列為負數帳，將這些負數帳款項與出版社所提交之新書書款進行加減，再算入保留款，若出版社在進減退再加保留款後，仍能取得正數，而且長期以往皆是如此，那麼這家出版社算是可以正常營運。然而，這代表出版社開始獲利嗎？那倒未必。

在出版界最為人所爭議的，就是經銷商的保留款制度。也因此有不少出版社寧願自己從事發行業務，而不願意委託經銷商。

站在出版社的角度來看，會認為經銷商為什麼要無緣無故壓住我三成的貨款？這對於出版社的現金週轉，非常的不利。然而就經銷商的角度來看，一家經銷商少則承接數十家出版社，多則上百家出版社的發行業務。若是兩造雙方只認定合約，萬一出版社惡性倒閉，經銷商索償無門，只剩下一堆可能再也賣不出去的廢紙。

再者，台灣出版社小巧居多。經銷商面對諸多來歷不明的出版社，似乎也不敢輕易的就接下出版社的發行業務。因此，務實的做法就是壓保留款。

只是，保留款的金額確實不小。對於出版社的經營，是一大影響。再者，經銷商壓住了保留款，好像保障了自己。然而，對出版社來說，又有誰來保障這份保留款的安危？台灣並不是沒有經銷商惡性倒閉過的例子，若經銷商挾數十家出版社保留款惡性倒帳（雖然以現今的經銷商結構來看似乎不太可能惡性倒閉），那麼這些錢要出版社去哪裡要回來？

現今出版界都害怕出版社的不穩定與下游通路的日見壟斷，然而經銷商的問題又該如何解決？有多少出版社可以禁得起經銷商倒閉、保留款被虧空的問題？這或許也是這項付款制度下的隱憂吧！

二、書店與出版社／經銷商

前面我們談過出版社自己書籍製作時的一些付款方式，以及出版社和經銷商之間的付款方式。再來，我們倒轉一下，從下游書店的角度，來看和書店往來的兩個結帳單位：出版社與經銷商的付款方式。

現今台灣書店主要的結款方式有買斷、寄售、月結與銷轉結四種。以下我們就分別簡單說明。

（一）買斷

買斷，顧名思義就是商場先支付一筆貨款，將所要銷售的商品買回。無論銷售與否，都要先支付。通常在中文圖書部分，現在已經極少有需要買斷的付款方式。因為圖書買斷，成本全部在書店。不過，少數專業圖書，還是會要求買斷。所以這類圖書，除了極少數常銷書書店會先行少量買斷進貨外，多數都只接受客訂。

不過雖然中文圖書極少有買斷情形，但是大陸簡體字圖書、外文圖書，則多為買斷。像誠品這類經營外文圖書的連鎖書店，在外文圖書的採購上，所必須預先支付的成本就相當的龐大。另外則是專營大陸簡體字圖書的書店。這些圖書，除了一進貨就變成庫存外，外文圖書在台灣，除了少數暢銷書外，週轉率極低。而簡體字圖書多為學術書，雖然多半常銷但也有不少冷門，更難衡量市場滿足點。再者書店為了陳列，需要維持一定數量的庫存，這些成本在可退貨商品上的庫存壓力沒那麼大。

如果是可退貨商品，當書店庫存值過高或書店淡季時（通常是四五六月），可以自行退貨調節。但是買斷商品卻無法退貨調節庫存值。因此判斷買斷商品的進貨量與時間點，正是考驗一個書店的經驗和判斷力。

至於外文書店這類專業書店的買斷商品，更是考驗著書店業者的經營魄力和能力。像我就曾經在一些外文專業書店裡，看到那已經陳列十餘年而不曾售出的書籍。作為文化，那的確有其歷史意義；但作為商品，其週轉未免太慢。如何平衡賣斷商品的週轉與坪效，是這些經營外文或者大陸圖書的書店所要注意的。

（二）寄售

另外一項則是和買斷完全相反的付款方式，寄售。寄售是生產者將商品寄放在通路，約定好一定時間，有銷售出去的商品才結款。這樣的結款方式，是有利下游通路的。只是通常會願意寄售的商品，就目前的狀況來說，多是小眾、冷門商品。以大型連鎖書店來說，就算有廠商願意寄售，書店部分都還不一定願意承接。因為每月結帳金額過小，卻得花費大量人力和物力，再者可能導致商場坪效不高，而且寄售商品的銷售狀況也很難理想。因此，大型連鎖書店很少寄售制。

不過中型連鎖書店或者獨立書店、專業書店，則會有條件的考慮寄售商品的引進。畢竟精選寄售商品，也可以成為通路特色。

（三）月結

月結制曾是台灣中文圖書最主要的結帳方式。我們將主要的帳款討論多放在此處。月結制通常的做法是，書店每個月從出版社或經銷商進貨數量，扣掉每個月退貨給出版社或經銷商的數量，進貨減退貨後，若帳款數字為正，書店支付支票給經銷商或出版社。若帳款為負，則要求經銷商或出版社開票給書店，或者詢問下個月出版計劃，是否有新書推出，可以沖銷負數帳。

一般來說，月結制是對上中游有利，而對下游不利。因為下游書店一但進貨，下個月就一定要支付進貨成本。如果是可以預估銷售狀況的暢銷書或長銷書，當然書店所必須承擔的風險就比較小。但，市場上每天推出的卻多是不確定性極高，銷售狀況不穩定的新書。而書店每個月卻必須支付這些兩三個月後得退貨的書籍款項。等到退貨之後，再將書款扣回。這樣一進一退既浪費人力，又拖延時間，又製造諸多成本浪費，而且只有沖帳，對於實際銷售毫無幫助。不過，這完全是下游通路的角度。對於上游出版社來說，這樣的結帳方式，有其優點。

坊間少數上游出版社，看準月結制度的特性，推出一些品質參差不齊的新書（這些書稿多半低價購自大陸，書籍裝訂品質均參差不齊）。企圖以書換錢。或許有人不解，這些書銷售狀況不佳，就算出書時，可以結到款項，但到了退書，不是仍然要被扣款，為什麼仍然有人願意冒這個風險？可能原因有很多，但我觀察後發現的原因有四：

一來，進貨與退貨之間這幾個月，對出版界來說，這些支票之間的帳期差，可以將所收到的款項支票拿去票貼。特別是像誠品這種具有公信力的票券，在銀行能夠取得的信任度較高。因此出一些書去換票，基本上並不是不划算。

第二、出版社每個月都會推出新書，而且出版社為了應付它已經預先知道的可能退書，於是推出更多品質參差不齊的新書，讓進減退仍然可以維持在正數。這可說完全是數字遊戲。

第三、出版社趁著這批以書換錢的時間差，以及所換得的金錢，投資經營可能暢銷或長銷的圖書。慢慢再將書籍品質調整過來，減少退貨量，提高銷售量。

第四、這些書也不是完全不能銷售，只是銷售狀況無法預期，商品風險大。

月結制的問題一看可知。整個出版界，將出版成本完全寄託在下游書店。中上游，只需要把書籍印好，就可以送到下游書店去換錢回來，然後可以出更多的書，換更多的錢，讓那些可能的退款扣帳，於是出版業出書量越來越大。

也因此，我們回顧一下，和前面提到出版社對書籍製作人員的付款方式比照一下，不難發現，出版社的付款方式，就是因應下游通路的結帳方式所推算出來的。因此，出版社只有拿到了錢之後，才願意將書籍製作成本付清。不但是對書籍外包人員如此，對印刷廠也是如此。

因此，近年來有人說，台灣出版業蓬勃，出書量越來越大，代表台灣創意產業的興盛。我以曾經當過連鎖書店採購，以及和一些出版社編輯對談過後所觀察到的一些銷售結帳制度的角度來看，提出不一樣的解讀。我認為，這樣月結制，若不能有效的控管，將會讓台灣走向《出版大崩壞》書中所談的日本書籍流通狀況。

不過幸運的是，台灣的付款制度尚不像日本那般誇張，而且曾經出現的六十九元書店以及舊書店、中國圖書市場等多元通路也慢慢成立，消化一些新書市場退下來的商品。

而書店方面，也看見月結制度的問題，於是綜合上述諸多結款制度，提出銷售轉結款的結帳制度，希望在未來數年內，開始推展。

（四）銷轉結

銷售轉結款（簡稱銷結），基本上就是一種寄售制的強化版。銷售轉結款就是書店根據書籍實際銷售狀況，結帳給中上游，書店不再針對進貨進行付款，而針對進貨實際銷售狀況，結款給中上游。這樣一來，書店可以降低庫存成本。不再害怕出版社要求重點書新書下大量，所必須承擔銷售不出去的庫存壓力；也不需要面對那些以書換錢，又莫可奈何的支出。書店將庫存成本還給中上游。不過這對於一向實施慣了月結的台灣出版零售市場的衝擊之大，將是無法想像。

因為過去圖書市場，是慢慢將書籍庫存值轉嫁給下游書店的。然而如今下游書店，卻希望一舉推出銷轉結，將庫存值全部轉回上游。簡單講，這等於是一波前所未有的大退貨。

過去書店為了因應淡季，在六月多半會盤點，不然就是退貨調節書店庫存。通常這個月的經銷商所結回的帳款數字，都非常的小，更是常見負數帳。因為書店大量退貨，將帳款扣回，以利會計帳作業等等。

然而這只是部分調節。如果當書店開始推動銷結，勢必將全面盤點書店裡所有書籍的庫存值。而這些龐大的書籍庫存，市值驚人。若書店要求提列為負數帳，那麼全台灣能夠承受的起的出版社應該沒有幾家。

過往月結制度的影響，如果一本書進入書店，雖然沒有銷售出去，可是書店認為這本書是書店必備書單，也沒有退貨給中上游。那麼在中上游的帳面來說，技術上算是已經賣掉的書。就算多年後退貨，但經過時間成本等複雜變項的影響，對出版社是有利的。

而這些書的總合就是書店陳列的成本。過往這筆費用由書店以時間換取金錢的方式，慢慢承接下來。而書店也等於買下這些書。雖然這些書仍然可退，但是基本上市場上將維持一定的書籍數量，是不會退回中上游的。

然而銷結好比將書籍庫存退回上游。讓書店零庫存，但那卻非真正的零庫存，只是將庫存轉回。雖然一個產業的庫存值，該由誰承擔本來就很難說，但無論如何都由產業的某一方承擔似乎也是不公平的。

出版業中上游，為了面對銷轉結，向下游通路提出了不少質疑，像是要進行銷轉結必須有完整而精準的銷售數字，而過去台灣出版業的銷售數字的模糊不清，是極為有名的，如今突然要求一舉透明化，這無疑考驗著書店和中上游通路間的信任機制！

再者，書店內的樣書或者受損書籍，這些成本要一舉清算時有困難。另外，中上游質疑將來提出銷轉結後，書店所造成的盤差該如何認帳等等？

然而，諸多問題都不及整個銷售結款制度的變動，對出版產業所造成的巨大影響來得嚴重。最主要的影響有三：

第一、書店的庫存值無論如何，或快或慢，遲早都將陸續回到上游出版社本身。而習慣了被照顧的出版社，有多少有能力承擔市場庫存值的退貨，值得觀察！

第二、過去出版社將書籍製作成本，多半以時間的延長等方式，轉嫁給下游。但因為月結，所以書籍出版一定可以結到款項。如今，書籍得看銷售狀況結款。書店若看好某書，大舉下單。但最後銷售狀況不如預期，這樣的責任歸屬上，將越來越難以釐清責任。

再者，帳款週期勢必將再度延長。過去書籍上市下個月就可以取得貨款。銷轉結後，勢必得在下下個月，才可以根據書籍銷售狀況結款，而且所得金額將比過去萎縮。雖然也少了退貨負數帳的扣款問題。但過去的進減退將比未來的只有銷售所得出的款項高吧！

如此一來，市場上將會更致力於暢銷書的製作與銷售，至於長銷書，勢必更難生存。而專業圖書或者人文小眾出版，將更形邊緣化。雖然有人說，銷結後，書店不需負擔庫存壓力，因此可以提供小眾冷門書，更長的上架時間與更好的櫃位陳列，對小眾冷門書是有利的。

然而，上游出版社因為這個結帳制度，早已焦頭爛額。如何願意在花時間去規劃出版那需要更長期累積，還不一定能看得見銷售狀況的人文小眾圖書！

出版文化的根本，並完全在賺取金錢的暢銷書，文化的累積，需要更多更深刻的東西。她們或許被閱讀的少，但卻是傳遞文化的核心工具。

或許在大型書店的強勢之下，以及諸多帳款問題之下，都勢必運用銷結來處理。然而，希望大連鎖書店，能夠體貼小眾，關懷人文。不要一昧的強硬統一實施銷結。希望能夠更彈性考量不同市場與圖書的差異，提出多元結款制度，讓買斷、寄售、月結、銷結並存，創造出一個更合理而美好的結帳方式。

金石堂推動銷轉結後，誠品也在導入ERP後陸續完成銷結。

雖然圖書市場並不會完全轉向銷結，獨立書店、地區連鎖書店等書店，因為技術考量，或許仍然維持在月結制度上。然而金石堂與誠品的走向銷結，對整個出版產業造成怎樣的影響，是有待繼續觀察的。

月結與銷結之外

——圖書銷售結款的第三條路

二〇〇七年，凌域突然暫停營業，傳出跳票危機，引來不少關切，報章媒體也做了不少討論，不過矛頭多半只向金石堂的銷售結款（不管進多少貨，有賣掉的才付錢）與票期過長（半年）問題。

我認為，凌域之所以跳票雖然和金石堂特殊付款模式有關，然而，凌域自己的經營策略判斷失準，未嘗沒有關係。雖然我也對金石堂銷售結款的配套模式感到不滿，亦對圖書通路的惡霸行為感到難耐，但就事論事來看，此次凌域跳票，追根究柢還是其經營策略判斷錯誤，當初選擇吃下城邦在金石堂的經銷權，並且替其自行吸收在金石堂的存貨，結果凌域資金無法有效運用，再加上金石堂票期過長，以及市場競爭日趨激烈，銷售不如預期，退書日多，終於引爆跳票危機。

如果，當初凌域不貪心的吃下眾家經銷商都不看好而不願意接受的城邦金石堂經銷權，便不用替其背負高達數千萬的庫存，搞的自己有錢不能花還得壓在書店通路上，最後引發跳票危機。

媒體與出版輿論對這次事件的矛頭全都只向金石堂的同時，我卻認為，城邦可能才是問題源頭。

試想，當初農學決定不和金石堂往來，農學旗下兩三百家出版社全都得另行尋覓鋪貨進金石堂的管道，中小型出版社一來在金石堂的存貨少，二來議價能力差，因此絕大多數都是先從書店退回，再由承接之新經銷商重新鋪貨。

然而，城邦家大業大，當初農學退出金石堂經銷業務之後，城邦便找來四家經銷商，希望共同分擔承接城邦在金石堂的經銷業務，但前提是必須概括承受城邦在金石堂的庫存，其他三家經銷同業判斷此舉風險太大，紛紛不願承接，此時凌域卻毅然決然決定概括承受城邦所有在金石堂之業務與先前庫存。

若不是城邦不願自己解決在金石堂的爛攤子而要求新經銷商概括承受在金石堂的庫存，又怎麼會引發凌域此起跳票危機?!

如果城邦是一家小公司就算了，但它是台灣出版業第一大集團，有著指標性效應，其一舉一動，都有替出版界樹立典範的可能，若不能更加嚴謹的要求自己，對出版產業乃至普通讀者來說，是很大的隱憂。

※

對於業界將矛頭指向金石堂銷售結款的批判，我覺得雖有道理但不能以此化約定論。須知道，另一連鎖集團也是積極佈局銷售結款，乃因銷售結款有其不得不然，當上游責怪下游通路以銷售結款降低風險的同時，是否有同時反省過上游出版社中那些害群之馬，習於以書養書，以低成本爛書大量廣發到書店賺取月節票，再利用票期、票貼等各種方式變現，更可惡的是不斷膨脹出版量，以應付不斷退回之書，維持正數帳，簡直是變相從下游通路挖錢，若不是這種狀況隨著景氣變差還有退書率增高導致下游書店通路庫存成本日益攀升而吃不消，書店又何必破壞多年來的月結制度，走入銷售結款！

月結對上游出版社有利，只要出書鋪貨，書店下單採購，就得付款。銷售結款則對下游書店有利，無論進多少貨，只有賣出去的才算錢。

對書店來說，月結制的困境在於上游出版社以人情關說等各種方式要求大量鋪書時，還有銷售旺季來臨之前的下單，通通會造成庫存值激增，週轉困難的現象發生。

對出版社來說，銷售結款則是讓下游通路將經營成本反推回出版社自身。往好處來看，採用銷售結款，書店降低庫存值，可以大量進貨，只要出版社有自信能賣掉。再者，也能抵制那些不肖出版商企圖以書養書，賺取價差獲利。其三，也可以淘汰不具市場競爭力的廠商，經過一段陣痛期，市場上存活下來的，不會是太差的出版社。其四，銷售結款若施行得宜，其實就是讓書店成為出版社倉庫（通常銷售結款得配合從上游到下游一整套完整的電腦報表系統，出版社和經銷商可以隨時進入系統，查看庫存值與銷售狀況，也就是下游書店通路應該透明公開其庫存值，讓採購與補貨能夠透過系統而防堵人為疏失，就像7-Eleven引進POS系統後一連串的改革，最後從上游到下游能一條線的查看銷售數字，判斷隔日該製造並且出多少貨到門市）。

不過，我以為，有能力施行銷售結款的，其實不過台灣前幾大連鎖書店，而這些連鎖書店也不該一視同仁的對不同出版型態之出版社進行銷售結款，有些經營利基市場或者週轉慢但穩定長銷的優質中小型出版社，還是應該採月結，或者某種較為彈性的銷售結款模式（例如先付帳款百分之五十，剩下的看銷售狀況支付），來保護一些有特色的優質出版社。

其實，能賣的書大家搶著要，金石堂也並非全盤施行銷售結款，某些優質直往出版社與經銷商，金石堂為了取得其書，還是採月結制度，並不敢引進銷售結款。

下游通路想要施行銷售結款，最主要還是得上游信任，而那牽扯到公司信譽等經營本質上的問題，當年凌域出事後媒體與出版輿論一致指向金石堂，恐怕與其長年以來備受爭議的經營模式有關，而這，金石堂內部與高層心知肚明是怎麼一回事，對於企業的良心所導致的經營決策，外人並不能說什麼，只期盼金石堂能成為促進台灣出版產業提昇且壯大的助力而非阻力，畢竟，金石堂還是全台門市最多的連鎖書店，除了賺錢，是該擔負其社會責任才是！

退書率居高不下

退書率居高不下，應該是當前台灣出版界公認的難題。根據同業先進保守估計，退書率在三到五成之間，甚至有些書已經高達七成，可以說幾乎是原封不動地從市場上退回來。

姑且撇開錯估印量，印太多書，以及出版社重點新書必須大量印刷而造成的退書情況不談，單純從起印只有兩千本的非重點一般新書來談一談「退書率居高不下」之現象的成因，以及可能的一些解決辦法。

退書率居高無下的原因

「退書率居高不下」最常見的解釋，不外乎實體書店不斷減少，讀者不愛買書，以及書店不願陳列，還有書變得不好賣四大點。

一、實體書店不斷減少

實體書店不斷減少，是個事實。書店少了，總店面坪數減少，能鋪貨的管道就少了。加上大型連鎖書店近年來新書採購量不斷萎縮（以前出版社有出新書，一個連鎖通路至少都能得到幾十本訂單，而今越來越多是建檔不下量，根本拿不到訂單的情況越來越普遍。雖說，沒有下量也未嘗沒有好處，至少不會退貨）。

不過，一些新通路的崛起，卻也是不爭的事實。好比說網路書店，雖然網路書店吃新書的庫存量，不若過往有一大批實體書店來得多，但是，網路書店的銷售能力日漸成長，書籍在網路書店慢慢販售的情況，也是大為增加。

另外，過往附屬於地方城市的中小學旁的文具店，大多附設一、兩面書牆，販售書籍，近年來也陸續收攤。不過，此一書籍陳列的功能轉往便利超商與量販店。特別是中南部還有離島的便利超商，書區有越來越茁壯的趨勢。

只不過，便利超商的圖書專區，別說出版業者還不夠重視（主要是貨品得收上架費，加上銷售狀況也不盡理想，退書情況也蠻嚴重的），就連便利超商業者自己也還沒摸索出一套穩健的經營之道，市場潛力仍有待開發。

零售市場陳列新書的方式已經改變，但出版業卻還沒能跟上變化而找出因應之道。

二、讀者不愛買書

讀者不愛買書，這一點比較複雜。讀者的確可能變得不愛買書了（但未必不愛讀書，書可以向圖書館或朋友借，上租書店租，或者在網路上看盜版），但也可能是台灣的出版量不斷增加，讀者沒有大量增加（反而因少子化與中產白領外移的情況而減少），買不了那麼多書，僧多粥少，又都集中到暢銷書身上，其他非暢銷書，便落得了個讀者不愛買，最後退回出版社的下場。

三、書店不願陳列

書店不願陳列，網路書店是絕沒有這個問題，一個商品頁的上架，就是陳列了。問題在實體書店，扣除前面提到的實體書店變少了，能吃下的貨物量自然就減少不說，實體書店的店租成本不斷上升，加上每年不斷推出的新書的累積，還有暢銷書必須占據的櫃位量越來越大（大堆陳列、新書平台以及中島櫃），都排擠了非暢銷書能夠被實體書店青睞、上架的機會。

更別說，不少出版社與經銷商明知道實體書店越來越少，配送新書的方式，卻還和過往實體書店全盛時期一樣，特別是對非連鎖書店，還是照樣新書出來我幫你配個二到五本寄給你，等書店收到書，打開包裝一看，若發現不是我們家書店能賣，或看起來不像暢銷書的新品，當下便放進退書區去，當晚就打包，立馬讓新書打道回府。這樣的情況，隨著實體書店的減少，以及實體書店只能賣出版社重點暢銷新書的趨勢，而日趨嚴峻，增加了不少新書便被退貨情況。

四、書不好賣

書不好賣，則是個更大無可逆轉的大趨勢。

撇開書不好這個本質上的問題不談，總的來說，書籍作為普羅大眾的娛樂消費商品，而今的競爭對手是網路、電影、電視等其他休閒娛樂商品，更別說還有其他書籍，競爭對手變多，消費者的數量卻沒有大幅增加，當然不好賣了。

可能的解決辦法

一、減少無效發書

在實體書店不斷減少萎縮的時代，經銷商不能再像過去，單純的提供出版社A、B、C幾種等級的發書規格，這裡面藏有太多的無效發書狀況。

經銷商必須更深入了解手上有限的合作書店的專長（得花時間和書店業者溝通、收集資料），建立更細膩的發書規格。減少無效發書的情況，至少能減少書籍在運送過程的耗損，還有郵寄成本的節約，以及新書退貨狀況。

二、開拓新通路、調整首發模式

如前文所述，便利超商作為新圖書通路，其潛力還未完全發揮。經銷商／出版社應該更積極地開拓與便利超商的合作。例如，試著專門針對便利超商通路的讀者客層設計產品，或者把書籍首發留給便利超商。既然越來越多連鎖書店採取建檔不下量的經營方式，作為市場區隔也好，開拓非書店零售通路是未來出版人必須認真考慮的一件事情。

過往一本實體新書問世，經銷商一面詢問連鎖書店的首批下量，一面將書配送給實體書店，另外留一部分庫存應付網路書店，還有準備發往海外通路的部分。通常等到新書週期過後，書開始從零售通路端退回後，再從書籍屬性與退書狀況來判斷是否與便利超商等其他非書店通路合作。

其實，此一發書模式不妨逆轉過來操作，適合先上便利超商通路的書籍，不妨以便利超商為獨家首發通路，先在便利超商販售，若是能夠成功熱賣，相信其他書店通路很快就會自動來要求上架；若不能熱賣，書退回來之後再發到書店通路。或許對出版社的重點推薦新書來說，這套作法未必合適，但對於要求穩健銷售的類型出版品（B級書）或出版社的非重點新書，不失為一種新方法（雖然得負擔上架費，但若能開拓出新通路對出版社的營運的幫助很大）。

三、首刷起印量控管

必要的時候，新書不一定要印到兩千本，印一千本也行，只要能夠精準地計算出每一個通路的有效首批量，降低退書率，起印量減少也能壓低不必要的營運成本。過度供給的時代，穩健的小額獲利也是一種經營之道，未必一定要追求超級暢銷書。此外，就算萬一新書大賣，印刷廠趕印也很快。

四、切給大盤、特價出清

過了新書週期從書店退回的書籍，不妨整批便宜切給大盤，或者積極參加書展，特價出清。便宜賣，至少能拿回本錢，還能減少庫存壓力。

五、做公益

做公益有兩大類，第一類是積極參加公益活動，提供自家出版品給ＮＧＯ作為公益活動的義賣商品；第二類則是捐贈偏鄉的圖書館，近年來越來越多募書公益活動，出版社可以集結社內出版品，整批捐贈給偏遠地區學校圖書館，還可以趁機發新聞稿給媒體，就算書賣不出去，至少還能透過捐書爭取一些媒體曝光機會，增加偏鄉孩子的閱讀機會，創造品牌價值。

從我多年來在出版界的側面觀察，只要不是好大喜功的貪印，書籍的品質（不一定是內容不好）本身不要太差，基本起印量兩千本的書，經銷商夠努力推銷，出版社的業務經理手上的門路夠多（零售之外，還有團購、政府機關訂購等等市場），總是有辦法賣得七七八八，庫存不會剩太多。重點在於出版人是否有積極了解市場脈動，接近讀者，把書送到需要的人面前。書不是印出來就好，還得想辦法賣掉（至於首刷賣完不太可能再刷，不妨以ＰＯＤ或電子書的方式繼續為市場供貨，不必然就要放任絕版）。今天的出版環境的確沒有過去好，但不正因為環境嚴苛，才要更用心努力，開發銷售通路，爭取更多把書賣給讀者的機會嗎？

淺談圖書折扣戰

圖書折扣一覽

最近幾年，出版市場上的折扣戰越演越烈。

重點新書上市之前，就先和特定通路合作特惠預購（多半從七五折到七九折之間），希望能拉抬買氣，招聚核心讀者，好讓新書上市一開跑就能拉出長紅好業績。

沒有投入預購的書籍，多半也會在新書上市首月，推出優惠折扣（約八折），以折扣吸引讀者購買。

除了專業學術教科書外，一般社會書折扣很難高於八折，因為市場競爭激烈，各家出版社都卯足了勁推折扣。已經很少有一本重點新書上市，卻沒有在任何一家通路做折扣促銷的事情。

新書上市一段時間後（通常是一到兩季），如果書賣得不錯（有上通路的暢銷排行榜），或者雖然賣得不是很理想，但讀者口碑不錯。那麼，等過了新書週期，這些叫好或叫座的書籍，會被通路遴選為每日超低優惠折扣活動的書單（優惠價為六六折）。另外，一些長銷好書也可能入選（特別是在該出版社與該通路合作主題書展的活動展期）。

另外，某些書店通路走的是低價訴求（例如最有名的水準書店、政大書城，以及標榜人文書店，但其實書籍價格也很低的唐山），圖書銷售價格約在六五至八五折之間（折數較高是學術教科書；另外，像水準會放棄某些折扣數無法往下壓的出版社不賣）。

實體書店通路，則以每個月一到三檔以出版社為主之主題書展促銷該出版社之書籍，展期區間，強力主打書多半下殺到八折以下，出版社全書系作品也也八折特價出售。網路書店由於沒有店面庫存壓力，做起出版社主題展來更是很敢衝，可以同時容納五到十家以上的出版社作全書系主題書展，活動最優惠折扣可以下殺到六六折（例如二〇〇八年年底，圓神集團在某通路作年度主題書展，便推出紅區配綠區只要六六折）。

每年歲末年終，大型出版集團為了處裡滯銷書、庫存書、回頭書（從書店退回而稍有破損／毀傷之書），也都會舉辦年度清倉大優惠（例如八本五百，二十本一千）。早先幾年，誠品書店推出「曬書節」，一來衝年度業績，二來集中替出版社消化庫存。

總之，只要讀者用心一點，買書都能找到不錯的優惠折扣（而且越趨近大都會越容易）。畢竟，一年到頭每天都有預購新書、重點新書、主題書展、特惠折扣（例如博客來的每日六六折）等打著各式各樣書展名目的促銷活動的書籍可供挑選（更別說還有全年提供優惠折扣的低價書店）。

折扣戰的成本效益

雖然出版人自己也很厭惡折扣戰，然而，某些讀者的購買習慣已經被優惠折扣寵壞，競爭激烈又不盡然專業的通路想要搶業績的首選也只有下折扣（否則，二〇〇八年不會在各通路都看到全年無休的大量低價書展，甚至展期長達數個月，折扣下殺五折甚至更低，言下之意，不但要力拼其他新書通路，還要搶過二手書店市場），使得出版人明知折扣戰不好，卻不敢不做（害怕書推不動，特別是近幾年搶高版稅磚頭書的趨勢越演越烈，不少書先期成本投入太多，書若不能熱賣，虧損金額相當驚人）。

某種程度上來說，當前台灣圖書定價之所以越來越高，和大量的折扣戰不無關係。目前圖書實際銷售價格約落在八折（特別是重點強打書），讀者也越來越老練的非八折不買，使得圖書定價被灌水了兩成之高。過去有出版人抱怨紙價不斷上漲，自己圖書價格被迫往上拉抬之餘，完全無視業內變態的折扣戰生態導致的書價上漲幅度，只知檢討別人（國際原物料上漲），不知自我檢討（出版零售業生態扭曲）的心理，實在不好（就像某些出版人只要業績不盡理想，退書過高，隨即責怪讀者不讀書不買書，把過錯都推給市場；完全不考慮自己出的書是否好；零售通路的專業度不足等業內問題）。

圖書價格戰就像一場無止盡的軍備競賽，隨時要提防某家通路／出版社殺出破盤價，把原本已經穩住的特惠折扣數再往下殺。就像過去新書優惠落在八折，後來有通路長期推出七九折，最後其他通路也紛紛跟進。萬一哪天有出版社開始推七五折（且取得非常好的業績）時，新書上市的優惠價格恐怕會下修到七五折。其實，目前已經隱隱然有此趨勢，只是還絕少以單書七五折推出，通常是搭購同質性／作者舊書，給雙書七五折優惠。

對於出版人為了促銷新書，拿出已經過了新書週期的商品搭配促銷，給予更低優惠，看起來可以搶得不錯的業績，但是，那完全是生產者中心的眼光。就讀者來說（特別是有定期追購市場新品的重度讀者），感覺像是被出版社背叛。讀者會認為，當你有某項商品推出，我慧眼識英雄的及早認出，掏錢購買，成就了該書的業績與該作者後，沒想到出版社未來再推同質／作者新書時，為了搶業績，竟然給後買者更優惠的折扣。先買的成了多花錢的冤大頭。特別是當讀者前一季才剛買入的新書，不久之後就出現在通路做六六折特惠活動，讀者的買貴心態逐漸累積強化，恐怕日子一久，將會回頭衝擊新書促銷。例如，可能會有越來越多讀者假定，出版社不久後就會做更低的折扣，反正我也不是急著買這本書，那就等等，看能否等到超優惠折扣，屆時再買。最近一陣子，出版社強力主打的歐美翻譯小說銷售下滑，我認為多少和過度促銷（但內容與行銷吹捧不成正比，讀者失望）與讀者對於價格產生觀望有關。

或許有人會說，高科技產品不也是如此，總是得有願意花高價的先驅者投入，帶起風潮後才能吸引後勁跟隨者，而隨著生產成本降低，後進者可以用較低的價格買到較好的產品。

問題是，圖書商品和高科技產品不同。雖然一本書熱賣暢銷之後，出版人免去的先期成本的壓力，可以用更優惠的價格提供給讀者。但是，能夠賣座的長銷好書在過去很少會被出版人拿出來作特惠活動（因為毛利好，獲利穩定，出版人不需犧牲毛利換業績）。

近年來通路間價格戰過於火熱，加上通路有逐漸整併在少數集團手中的趨勢，出版人面對通路，彷彿小螞蟻對大象，當通路強烈表示希望某些書參加優惠活動書展時，出版人很難說不。雖然對出版人來說，這些書不做低價促銷也能賣，但通路對於業績的渴望，才不管個別出版社的狀況，只要能做到業績，不擇手段也要完成。出版人無力抵抗通路的要求（越仰賴零售市場的社會書出版社越無力抵抗，反倒是不仰賴零售市場的學術或專門出版社較能婉拒，較能堅持高定價與不折扣，而這些出版社業績受到的衝擊卻也最小），只好釋出過去能替公司賺入高利潤的長銷書。

平穩書價，遙遙無期

台灣不像日本，有圖書定價，經銷系統又集中在少數經銷商手上，出版上中下游各自有享有固定毛利。想靠道德約束或同盟來固定折扣價格也不可能，因為一定會有出版人或通路偷跑。唯一有效遏止折扣戰蔓延，釀成殺雞取卵悲劇的辦法，是出版人對自己的產品有自信，或堅持不參加破盤促銷活動，至少從不做折扣也能賣得好的書開始。另外，圖書定價不要過於浮濫、虛報（例如先灌水兩成，再給八折出售）。只要書夠好，價格又合理，讀者自然會掏錢購買，就算沒有超低優惠折扣。

不過，從眼前的趨勢看來，短時間內想要台灣圖書業終結折扣戰，大概有其困難。除了台灣各行各業都習慣打折扣戰，使得消費者也習慣折扣戰；出版作為文化創意產業，其特性就是大量出版以搏少數暢銷品（大多數滯銷），折扣優惠有助其爭取曝光，搶攻業績；大家都在做，台灣人一窩蜂的性格，很難不跟隨；通路過於龐大卻不夠專業，得靠促銷拼業績，在通路壓力下，出版人只能低頭。

如果折扣戰無論如何一定要做的話，應該更嚴謹的規劃（通路、檔期、參展書和折扣的區隔），畢竟折扣戰就像抽鴉片，雖然很爽（業績很快的拉抬，越沒做過的拉越快），然而卻會讓人上癮，也會讓讀者產生非低價不買的錯覺，長期來說，對出版社來說並非好事，應該要三思、節制，千萬別看業績好就漫無止境的衝下去，否則，當再怎麼下殺折扣都賣不動的那天來臨時，出版人恐怕會笑不出來。

熱鬧的圖書行銷戰

近幾年，台灣圖書零售市場上掀起了一波波行銷戰。新書上市前，得贈閱試讀本、在網路上大量轉寄書籍相關文稿、資訊，找名人推薦。出版後，不但要搶攻零售賣場的新書平台，還要能夠大堆落地陳列，店頭更是貼滿促銷海報，設置主題專區，書籍本身則是給折扣、送贈品，搞特別封面，辦新書發表會、簽名會、徵文、抽獎等活動，弄得熱鬧非凡。

台灣的出版業者，之所以會開始搞起行銷戰，和近年來市場競爭日趨激烈，各家新出版品的品質大幅提升（封面設計、字體版型等水準越來越高），想要讓自家商品脫穎而出，非得透過行銷不可。因而，行銷戰變成出版人可接受的一種商業模式，過往「好書我自出之，讀者自會青睞」的銷售模式退位。

然而，光是如此，行銷戰應該不致於演變成如此大規模而全面。我認為，全通路行銷的崛起，應該和《哈利波特》、《魔戒》、《達文西密碼》在台灣鋪天蓋地的行銷戰贏得銷售佳績（國外的全球圖書行銷手法的參考），還有近年來影視與出版複合經營手法日漸純熟有關。舉例來說，演藝人員配合偶像劇、唱片宣傳而出版新書的現象日增。

另外，配合電影上市，推動原著小說銷售的情況也越來越多（舉例來說，《東京鐵塔》的中文版，出版社早就拿下，但卻刻意延到影片代理商也拿到電影版中文版權後，確定上演時間，才設定出書時間。另外，風靡全台的《佐賀超級阿嬤》的電影版權，也是出版方建議電影代理商去向日方拿，且趁著電影上市熱潮，硬是又推了一波銷售）。

上述經驗，讓台灣出版人慢慢從電影、演藝事業等不同方面，練習和通路建立綿密而複雜的大規模圖書行銷手法，逐步演變出當前台灣圖書市場上的新書行銷戰。

圖書行銷的益處

從好的方面來看，至少台灣書市上大搞行銷的重點書，絕大多數都是值得一讀的精彩好書，沒什麼禍國殃民或傷天害理的東西。其次，肯砸錢、搞行銷，代表出版人看重其產品，願意花工夫推銷。其三、就目前為止來看，能夠發起全通路行銷活動的重點新書，都能獲得不壞的成績。例如號稱破千頁，內容又是生硬科學報告組織而成的德國小說《群》，行銷策略成功，目前發行量已破十萬。這樣的成績，對於老是抱怨台灣閱讀、買書風氣不盛的說法，是一種有利的反駁。

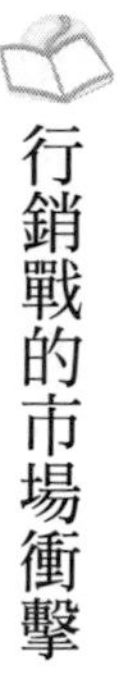

行銷戰的市場衝擊

然而，通路大打行銷戰，也不全然都是正面效益，也造成了台灣出版市場的一些變化。例如下游通路限於店面坪數、坪效、週轉、庫存值等限制，將最黃金的店位，把大量的庫存值全都撥給了有能力作全通路行銷的少數重點新書，其他沒有能力作大規模行銷的新書，其下量大幅縮水。

結果，圖書市場上竟也出現了M型雙極化現象，一端是大打行銷戰的重點新書熱賣不輟；一端則是不打行銷戰的普通新書默默上市，再默默下市，常常連基本起印量都賣不掉。

出版人與通路商見行銷戰推動暢銷書卓有成效，便日復一日的追逐能夠大搞活動、大賣其書的重點新書，把一般新書的推薦銷售全都丟到腦後，更嚴重的，甚至危害到書店常備商品結構的組成（因為書店必須撥出越來越多的庫存值，以承擔重點新書的超級大單），逐漸損及過往的「長銷書」週轉率。

讀者們面對書籍市場上琳瑯滿目的優質商品，除了熱情捧場，卻也在不知不覺間，讓自己的閱讀習慣與市場推薦新書結合在一起，失去自主選擇書籍閱讀的能動性。

另外，台灣出版人和通路商為了追求高業績，仰賴翻譯作品的情況也日漸嚴重（因為，自製書拿不出那麼多可供全市場行銷又能保障銷售的產品），代理商獨強，看似百花爭鳴的零售市場上的暢銷書，其實不少全都來自同一代理商手上。拉高一點來看，台灣書市的榮景，竟然受制於極少數的版權代理商，實在是很不可思議的事情?!廣大圖書市場閱讀品味的不自覺的逐漸統一在代理商的喜好上，似乎也不是太好的事情。成熟的閱讀市場，理應是大小眾分流，且多元豐富的。

至於追求業績的出版者，一旦建立起只要肯花大錢，買下國際上的暢銷書，再砸錢搞行銷戰，就能取得不錯業績的思維的話，台灣出版人投資本土自製書的意願，恐怕越來越低。而越不願意投資或推廣，則本土自製品越出不了頭。惡性循環下的結果，恐怕台灣的出版量雖然大，銷售成績也亮眼，但所閱讀的內容，卻是和台灣較少直接關係。這樣的情況，有點像台灣的電影業。本土自製品曲高和寡，好萊塢電影則是屢屢熱銷，獨強代理商，而本土文本創作者則苦哈哈，只能仰賴政府補助（對台灣的創作者來說，一年數百個的文學獎儼然就是變相的政府補助）。

莫淪為行銷軍備競賽——圖書販賣，不該只重行銷

「行銷」能讓重點新書奪得好成績，固然可喜。出版者當然應該賺取合理利潤，善用行銷增加銷售量也沒有錯。然而，如果出版者的經營重心完全往行銷倒，零售通路也唯銷售業績是問，不能節制行銷戰層級的升高，不在乎其他小眾讀者的經營（眼下大型連鎖通路只把下量

額度留給有行銷宣傳預算的重點書，擠壓其他書的情況就是一例），長此以往，將演發出不可收拾的行銷軍備競賽，台灣出版產業將完全變成一個賺取利潤，毫不在意文化與社會影響的產業，對於台灣的閱讀風氣，甚至圖書銷售，都不是件好事。

台灣掀起大規模的圖書行銷戰以來，圖書宣傳的規格已經越來越高，贈品越來越豐富，限定版本越來越多，抽獎獎品越來越好，各種漫天蓋地的行銷花招，將會讓消費者越來越挑剔，要求越來越高。就像才不到一年，試讀本已經失去其吸引力。從好的方面來說，行銷戰的嚴苛化可以督促出版人動腦筋、花工夫思考如何聚集買氣。然而，與其花時間想如何促銷、迎合讀者，為何不把同樣的時間心力放在提出好的出版企劃，做出精彩好書？

若加上台灣圖書市場上原本就已經相當嚴重的折扣戰問題（行銷戰的圖書並不能因此避開折扣問題，也就是說，贈品要送，折扣同樣要給），若再加上未來各種原物料（例如紙張）成本不斷上漲，勢必將大幅衝擊出版者的淨利賺取。

就像創作有寫給作家（精英、小眾）看和寫給大眾（普羅、大眾）看的兩種分類一樣，健康的圖書市場，也應該大小眾分流，在大眾閱讀市場努力搶攻銷售業績的同時，應該也要給小眾閱讀市場，留下一條生存活路。畢竟，普羅大眾型的讀者雖然是衣食父母，是出版者獲利來源。然而，菁英小眾型的讀者，更多是內行／重度讀者，甚至同時是生產者、製造者。

若出版不能兼顧培育（下一代）生產者、製造者的任務，只顧賺取業績而出版迎合普羅大眾讀者需求的作品，則長此以往，台灣的圖書出版的自製內容將越來越弱，仰賴代理商提供外國作品的力道將越來越強，台灣出版產業將被全球市場給併吞，淪為出版佃農，上繳權利金，配合出版先進國而推出中文翻譯作品，促銷其創作，則屬於台灣自己的思考形式、文化模塑、文字使用方式等等，全都被外來文化侵入，淪為文化殖民地。

無力提出屬於自己土地的思考與作品的出版產業，太過仰賴他人提供養分，即便擁有再高的銷售數字，賺得再高的業績，都只是夢幻泡影，建基在太多不確定性上，始終不是長久之計。

當前的市場競爭激烈，行銷大眾市場固然繼續要做（賺取利潤），但是，長遠深耕出版產業的基礎建設也不能忽略（例如培養企劃編輯，建立選書、組書的團隊；培養自己的作者群，不過分仰賴外來出版者提供作品），台灣出版產業的發展才能長久，也才有機會走進東亞，邁入世界。

台灣零售書市退書率飆升的幾點觀察

二〇〇二年以來，台灣出版市場似乎面臨飽和狀態。產業總體營收值維持在六百億上下（零售則在兩百億上下），沒有太大變化，年出版量飆上四萬後，穩健小幅成長。然而，退書率卻日漸升高，市場上最悲觀的預測，甚至到六七成，一般看法也有四五成。

對於退書率日高的解讀，一般最常見的論點就是出版量激增、購買力衰退這兩項。我以為，出版總量的增加一方面是政府／非營利與個人出版的增加，另外則是某些閱讀次類型出版量過大，同質競爭激烈。

購買力衰退亦然，某些論點認為，台灣讀者不買書是造成退書率激增的原因，我並不能認同。讀者的確不買某些書，而如果你正好生產這些書，那麼就很容易認為讀者不買書。讀者買書，只是買的書和從前不一樣了。

出版總量激增與購買力衰退說明了部份退書飆升現象，但還有其他因素推波助瀾，才讓這兩個最顯而易見的原因浮上檯面。

一、實體書店門市持續減少，網路書店的快速崛起

光是二〇〇二年，台灣便少了兩百多家書店。二〇〇三年的Sars風暴，更讓實體零售通路業績大幅衰退。趁勢崛起的則是網路書店。博客來就在二〇〇三年達成損益兩平，到了二〇〇七年，年收上看十八億（二〇〇六年為十三・七億）。我們可以做一合理的推測，在總營業額不變情況下，網路書店營業額上提升，吃掉倒閉的實體書店門市營業額。

然而，網路書店的特色在於，備貨數量沒有實體書店高。因此，銷售成績雖然上升，但市場圖書庫存值卻下降了。下降的庫存值，反應在出版上游，就是退書。

二、連鎖書店勢力抬頭，獨立門市萎縮

除了網路書店瓜分了倒閉的實體書店營業額外，連鎖書店的聯合採購模式，也是造成退書率飆高的間接推手。

我們都知道，現行圖書經銷商對零售圖書市場的新品鋪貨模式主要有二種，一是對連鎖書店（以及量販連鎖圖書部門），一是對獨立門市。

對於連鎖書店打算進多少新書，經銷商只能被動被決定（除非是有促銷活動，此點另談）。也就是說，採購決定首批量下多少，經銷商才能出多少。經銷商為了維持與連鎖書店的良好關係，多半在未上市前就先請連鎖書店採購估量下單，剩下的，才配發給獨立書店。也就是說，獨立書店是沒有決定新書進貨量的權力（但可以追書）。

現行台灣圖書零售市場的連鎖書店系統約有七八家，每家各有自己的採購模式。有些連鎖體系會精準的考慮各門市該類型圖書銷售成績，再決定下量；有些則是以門市等級分類，統一電腦下單。前者可能造成首批下單過於謹慎，門市補書過多（最後銷售狀況若不理想，則退書增加）；後者忽略門市差異，只根據等級統一配書，已經在無形中造成退書。

連鎖書店的採購策略，間接成為退貨率上升的原因。

三、經銷商配貨策略

連鎖書店採購下量日趨保守，若出版社仍然維持過去的起印水準，則經銷商得把多出來的新書數量配到獨立書店（反正這邊多塞一本，那邊多塞一本就行了）。即起印量不變，連鎖採購下量減少，則實體書店承受新書數量便增加。然而，獨立書店銷售額已經逐日衰退，門市也日少，退書潮豈能不湧現?!

再者，常常有出版業者抱怨當月退書問題日漸嚴重，其實，問題很可能出在經銷商把新書配到不合適銷售該類型圖書的獨立書店。

經銷商在配貨給獨立門市時，多半是自行決定數量然後寄出。然而，經銷商手中所經銷之圖書種類多元，配貨策略卻沒有按書籍類型與書店銷售狀況詳細推估，結果便是，某些書店收到他認為門市賣不動的書，便直接在收貨當天打入退貨。

四、便利超商崛起，銷售狀況不明

便利超商剛開始介入圖書銷售時，銷售業績不差，退書率普遍維持在三到四成左右，於是成為圖書業者積極爭取開發的新通路。

然而，或許是搶著想付上架費的業者太多，讓便利超商業者認為接了過多的圖書，然而門市管理日糟（逛過便利超商圖書區的人都知道，書亂堆亂擺的情況很嚴重）。再加上網路書店購書便利有折扣，便利超商選擇少無折扣，進貨品項混亂，近年來退貨率已經激增到八九成之譜，能夠退四成的，已經是銷售成績十分優異的。

於是，開始有人改換策略，將便利超商（和連鎖書店）視為第一波鋪書管道，目的在打知名度，賣不好再把書鋪到實體書店。然而，若第三點問題不能解決，則只是多拖一點時間，最後書仍然會退回出版者手上。

五、超級暢銷書的崛起，M型化的圖書銷售

郝明義先生在數位時代的訪談上提到，這幾年來，市場上能賣五千到二萬本左右的中型暢銷書萎縮了，取而代之的是有更多超級暢銷書與無法再刷的新書。

如果產業總體營業額不變，而超級暢銷書大量崛起，則勢必擠壓到其他書籍的銷售狀況。也就是說，一個市場能買書的錢就是這麼多，大家都把錢拿去買暢銷書了，其他書自然購買力降低，退書也就增加了。

至於暢銷書本身，也存在著退書問題。舉例來說，如果你很清楚某本書能賣五萬冊，在考慮到各書店追書／多補，大堆陳列的促銷活動等狀況下，印量肯定超過五萬（至於如何拿捏，靠的是各家業者實戰經驗）。多印便成為退書，暢銷書退書控制不好，利潤可是會被吃光光！

六、圖書單價的屢創新高

近年來，「磚頭書」與（不少暢銷小說都是磚頭書）高單價書（彩色書、圖文書、生活風格書等）有越出越多的跡象。若產業總營業額不變，平均書單價持續攀升，代表消費者用同樣的錢能夠買到的書籍數量變少了，再加上超級暢銷書搶食市場，磚頭書又佔據讀者閱讀時間（擠壓到閱讀總冊數），則其他B級書肯定大受擠壓。

七、閱讀類型的轉變

知名經濟專欄作家赫茲利特認為，市場從來就不是萎縮，而是轉型，閱讀市場亦然。舉例來說，七八年前紅極一時的「網路小說」，如今出版量已經大幅萎縮（甚至指標性出版社紛紛停產），反而是像《達文西密碼》、《追風箏的孩子》、《不存在的女兒》這類「高級商業小說」大紅大紫。

再舉例來說，自從李蒨蓉和大S出版美容彩妝書贏得市場好評後，美妝與明星書（配合偶像劇與唱片專輯發售）如雨後春筍般崛起。另外，近兩年來甚受市場關切的「文化創意產業」叢書也大量崛起，若產業總營業不變，某些閱讀類型銷售量不斷攀升，代表某些閱讀類型萎縮。如果出版人還繼續出版萎縮的圖書類型，自然退書不斷。

八、進入門檻低，超激烈競爭

每個月，市場上總有數不盡的成功學、勵志書、言情／武俠小說、大眾小說上市，在市場持平狀況下，想在這些出版量大，且模仿抄襲複製速度快，包裝排版內容也大同小異的超級戰區存活，心臟肯定要夠強，才能承受不斷湧入的退書。

積極了解退書成因，尋思解決之道

從二〇〇二年以來，台灣內需市場持續縮小，圖書產業能夠大抵維持平衡，沒有讓業績大幅下滑，已屬難能可貴。更別說早有五十至一百萬中產階級外移大陸謀生，這些過去主要的購書人口的離去（我以為這才是上班族不買書的真正原因：會買書的上班族離開了不少），卻沒有大幅衝擊出版市場，已屬難能可貴。

目前台灣社會正面產業轉型，人民社會關注／需要的閱讀類型也發生轉變，再加上通路的劇烈變化，圖書出版業者必須更重視出版前的圖書企劃，了解自己的讀者是誰？有多少？想看什麼書？在哪裡買書？能接受的價位區間？等等數據，再構思出能夠吸引讀者的好書，才能擠進超級暢銷書那一區。

香港（華文閱讀勢力不可小看）與東南亞（大馬人均所得超過三千美金，閱讀市場將逐漸成熟）閱讀市場的崛起，加上網路無遠弗屆（得以認真經營海外華文閱讀市場），國內萎縮的部份，可以到海外補足。

的確，眼下台灣圖書市場是個大紅海，但未必沒有辦法生存，也還是有藍海存在，等著你去開發。光是抱怨退書率卻不肯調整出版策略、關心發行鋪貨狀況的話，退書恐怕還是會如排山倒海般灌入，甚至很可能成為替別人攤提過高退書率的那一位。

看不見的通路，巨大的商機
——台灣非零售／書店通路

二〇〇七年底，老貓在聯合報上發表了二〇〇七年出版觀察，談了四個出版重要趨勢（翻譯書全面搶占暢銷書排行榜；行銷格式化，選書輕量化；金石堂事件；通路強勢壓迫）。仔細檢驗四大趨勢，則不難發現主要問題在「通路」與「行銷」。

翻譯書之所以容易暢銷，也是因為相對於本土書需要花時間精力打品牌，翻譯書挾國外銷售成績之優勢，可以較為輕易被讀者選購，也比較能夠被通路接受作為重點行銷書，因而得以密集曝光，開出好成績。其他三點，則都直接間接和零售圖書通路與行銷有關。

賣書管道，不只有零售通路

說到買書，一般人的直覺，大概就是上（實體與網路）書店購買（也就是B2C）。就連不少出版人，也認為書籍銷售，最重要的就是把書鋪進書店（特別是能見度高的全國性連鎖書店）。這些具備銷售實力的連鎖書店，也紛紛推出各式排行榜、書展與促銷活動，極力拉抬聲勢，除了拉抬自家業績，也盼望引導閱讀潮流。

台灣的圖書零售通路，大體包括誠品、金石堂、何嘉仁、建宏、三民、五南、墊腳石、摩爾、敦煌等連鎖書店，博客來、新絲路網路書店，唐山、小小、東海書苑等獨立書店，以及各縣市中歷史悠久的大型獨立書店（如嘉義市的鴻圖、讀書人），還有近年來新崛起的量販店（例如家樂福、大潤發）、超級市場（例如Wellcome）、便利超商（例如7-Eleven）。

從統計數據來看，台灣年出版總產值約在六百億上下，零售通路約佔兩百億上下。也就是說，零售通路佔圖書總產值的三分之一。

若再檢視市場前幾大連鎖書店公佈的年營業額，合理推估扣除非中文圖書商品的營業額後，我認為，即便是前幾大的龍頭連鎖書店，其營業額的總佔比應該是全產值的百分之三到四。舉例來說，誠品集團所公佈的營業額，應該是包含圖書（中文、外文、簡體）、雜誌、文具、商場租金等總營業額，而非中文圖書之營業額，若出版人不察而直接引用，很可能錯估連鎖書店的銷售影響力。

也就是說，圖書銷售，除了大型連鎖書店與網路書店外，還有其他許多看不見的通路，隱藏著巨大商機。

然而，這樣明顯可見的事實，卻常被忽略，不少中小型出版社的經營者，困於出版規模與人力、財力，無力主動開發非零售通路（只能被動接單），導致圖書銷售日漸仰賴零售通路。

誠品、金石堂與博客來的確佔據零售通路相當程度的營業比重，我推估約三到四成，也就是六十至八十億之間。然而，這表示說，另外有一百多億的圖書銷售業績，靠的是其他零售通路所創造。中上游出版社之所以強打前三大零售通路而忽視其他的零售通路業者，恐怕在於這些業者的銷售效益太低（造成退書率居高不下），加上中上游出版人過於怠惰（不肯花心力去了解不同書店／商圈之讀者的閱讀需求，建立閱讀縱深），加上實際銷售成績的不透明，還有上游多小而分散（又彼此競爭，不願在通路上結合力量），以致於營業額前幾名的通路，能夠成為關鍵少數。

強勢通路的利弊得失

然而，台灣出版產業上游過於分散，讓強勢通路忽視出版產業內部的細部分工，進而一視同仁的要求不同類型出版品的降低折扣，才能進入其通路銷售。強勢通路以營運成本等理由強迫出版人強迫接受其各種要求，其實不過是埋下更大的反動勢力，也促使更多出版人看淡市場，或者離開零售通路。

書店是商場，自然該在商言商。只是，如果供貨源被下游通路壓迫得再無無利潤，只能出版主流暢銷作品，長此以往，閱讀多元化的破壞是小，未來台灣閱讀力的衰微對國勢與人民素質之提升的破壞，乃至對上游出版的扼殺，才是更可怕的出版崩壞。

看不見的通路，隱藏巨大的商機

非零售通路，也就是B2B，其實擁有巨大的商機。只可惜，除了專營特殊通路的出版社（例如學術專業或教科書出版社專攻各級學校）與少數大型出版社知道非零售通路的重要性外，絕大多數中小型綜合出版社（特別是出版社會書的出版社），都不知道這個看不見的通路裡，藏有多麼巨大的商機。

舉例來說，學術出版、宗教出版、漫畫言情武俠、童書類書籍，主要修售管道皆不在一般零售通路（這些類型圖書在零售通路之銷售成績相當疲軟），理應不受制約，然而大連鎖通路認為自己無所不賣無所不能的態度，反而對這些在其營業額佔比中相當小的圖書類型格外強勢。

上述出版人甚至可以完全退出零售市場，而銷售業績僅受微幅影響。因為，他們有自己的團購與特殊通路支撐銷售業績。進入零售通路僅是出版人對一般讀者的附加服務。

再好比說團購，可以細分為企業團購、政府單位團購（例如軍隊團購、圖書館採購）、校園團購（你以為過去學生畢業的縣長獎禮物的字典都是誰賣的？）等等。每個團購通路，都有其特殊性，不過，共通點在於，由少數採購者決定大宗商品的購買。例如企業主和教育訓練主管決定公司讀書會與教育訓練教材的添購。

其實，光靠書店（與零售通路）的銷售，很難創造六位數的超級暢銷書。超級暢銷書的誕生，還必須加上上述各種看不見的通路的採購與銷售，才能夠創造出。

舉例來說，市面上的商管暢銷書，在零售通路銷售實力其實很有限，真正大宗的購買者，來自企業。好比說，光是一家大型電子廠商，可以一次團購上千本書（單一品項）。因此，大型財經商管專業出版社裡，都配置有專門開拓企業團購市場的銷售專員。店銷對於商管書來說，好比是打品牌形象與商品知名度，好影響非書通路的採購的決策。

再舉一例，我小學念的是屏東縣立仁愛國小，當時是全國第二大的小學（僅次於秀朗國小），總學生人數有五千多人，每一屆也將近一千人。我畢業時，學校送了每一個畢業生一本英文字典，期許同學們上了國中之後，能夠好好用功。看起來如此溫馨的好禮，背後卻是多麼巨大的商機？

一所學校、一家企業，一次就能採購上千本單一品項之圖書。放眼全台，有多少學校、企業乃至機關團體有圖書團購的需求。這些非書店通路的銷售，都是無法反映在店銷市場上的龐大銷售業績。然而，可惜的是，不少中小型出版社不是苦於不知如何進入，而是壓根沒想過要嘗試開拓非零售通路，把眼光全都聚焦在早已和大型出版集團／社有緊密結盟關係的大型連鎖書店，期盼採購能夠青睞自己的新書。

只是，以眼下台灣零售通路的營銷模式，中小型出版社將越來越難在大型連鎖書店中取得鋪貨優勢。若不能積極往非零售通路開拓市場，未來的經營困境將會日漸明顯（更別說這些大型出版社都花了相當的時間與人力在開拓非零售通路，而這或許才是大型出版集團／社能夠屢屢創造數十萬超級暢銷書所不為人知的原因）。

中上游出版人若繼續懶惰下去，不願分眾開發不同銷售市場，則未來將只會更受制於兩大連鎖實體通路的折扣壓力而損失毛利／淨利。

另外，書籍本身就是打開看不見的通路的最佳方法。好的書籍主題加上優質設計，表達出清楚的訴求，讓目標讀者能夠一眼看見，挑選所要的書，是圖書行銷最基本而容易被忽略之處。當前台灣暢銷書之美，更印證書籍設計對於行銷銷售，有著微妙的影響力。

盼望上游出版人除了更加用心另闢銷售通路，例如成立專門開拓團購或郵購的部門（若出版社規模太小，則不妨聯合其他志同道合的出版社，共同開拓非零售通路市場，特別是企業與學校團購、郵購、圖書俱樂部），多努力嘗試打開非書店通路，不要將目光死盯著市場上少數幾家大型連鎖書店不放，不要再懶懶的只想仰賴首要大通路的漂亮業績，或許才有機會撐過這內需市場不斷萎縮，行銷資源往大型出版集團主要書籍集中惡性循環，創造出不受單一通路挾制的多元而健全的銷售通路，才是真正創造好業績的辦法！

「書店」

誰說新書只能在書店銷售

夜市、直銷，曾經是圖書發行大宗

一九七〇至一九八〇年代的台灣，還沒有網路書店，就連連鎖書店都還沒有的時代，一本書出版之後，出版社除了透過經銷商將書鋪到當時的書店（大多是獨立書店，位於各個城市的交通轉運中心附近的商圈），最大的銷售通路，其實是夜市，其次是書報攤，還有靠著出版社的業務員，挨家挨戶的按門鈴，推銷。

千萬別小看夜市還有業務員直接登門拜訪推銷，聽老一輩的台灣出版人說，當年一些書都是以卡車的載往大型夜市去販售，而民眾搶購的速度之快，經常一個晚上就搶光一卡車的書。

至於業務員登門拜訪推銷，主要販售百科全書、童書與語言教學用書籍，日後有不少台灣出版社的老闆們，就靠當年挨家挨戶賣書賺進人生第一桶金，後來成立出版社經營起出版事業。

連鎖書店崛起，實體書店成為圖書零售強勢通路

之後，占地寬敞、空間明亮、書種眾多的連鎖書店崛起，成為強勢通路，還順便幹掉了許多小型的書店、兼賣書的文具店，還有書報攤（便利超商崛起後，書報攤的報紙生意也被搶走了，在台灣幾乎快要絕跡，反倒是香港還保留不少，且不少大眾書籍至今仍透過書報攤販售），幾乎統一了台灣的圖書零售市場，於是，不但是消費者，就連出版人，都逐漸以為，書籍就只能在書店販售。

不過，本文要說的是，書籍在台灣，從來不只是在書店裡販售，能夠賣書的地點相當多元，是隨著科技媒介、社會變遷與生活形態的變化而變化。

生活型態決定書店型態——網路書店、便利超商與租書店的崛起

好比說網路書店崛起之後（目前網路書店已經與其他實體書店成三強鼎立之姿），開始搶走實體書店的業績，越來越多獨立書店關門歇業，文具店也逐漸回到專賣文具的路子上（偶爾

有一些文具店還兼賣一點漫畫書或言情小說），不過，卻因為便利超商在台灣的崛起壯大（目前全台灣約有九千家左右的便利超商），讓一些無法進入連鎖書店販售的書籍類型，開始將發行通路的焦點鎖定在便利超商。

好比說，有出版社推出菊32開小開本，每本要價四十九元（新台幣），便宜、方便攜帶（通勤上下班時間可閱讀打發時間）的言情或驚悚小說，就以便利超商為首要通路，幾乎不進一般連鎖書店通路。

另外，專供漫畫與言情小說出租的租書店，近年來也紛紛提供代訂服務，消費者可以在租書店訂購自己想特別收藏的漫畫或言情小說，甚至還能代購市場上當紅的暢銷書。

便利超商與租書店之所以能夠成為書籍發行的重要管道，與消費者的生活型態息息相關，這些店多半開在社區（小區）、學校或公車／捷運站附近，人們上下班／課一定會路過，每天下班回家之前，先繞到租書店借兩本漫畫、到便利超商買點零食飲料再回家，是台灣人很常做的事情。腦筋動得快的出版人，就想到把書送到這些人常去的零售通路去陳列、販售。

雖然說，便利超商與租書店的書種與圖書營業額還不如大型連鎖書店，但連鎖書店的重點陳列櫃位越來越難搶（有錢還不一定搶得到，還得要書好，和通路之間的關係也好才行），在搶不到重點陳列位置做行銷幾乎就沒希望讓書暢銷的殘酷現實之下，有一些出版人寧願嘗試開發新的通路。

如今，便利超商圖書區所販售的一些大型暢銷書，總銷量也能達五位數以上，甚至專走便利超商通路的產品，有時狀況好也能賣上數千本，對於退書率不斷攀升的台灣出版界，便利超商的通路是一個很值得深根經營的發行通路。

低價量販店搶市

或許是便利超商創造出不俗的圖書銷售業績，同樣是零售通路的量販店，近年來也開始積極介入圖書販售，幾乎全台灣主要量販超商或坪數大的超商（甚至一些居家生活雜貨的百貨通路也設立的圖書專區），都推出了圖書專區，以低價、生活化圖書（如食譜、旅遊書、居家裝潢設計類書籍）和市場重量級暢銷書三大類型，以量少質精價廉的方式，搶攻量販店的消費族群，如今也成了網路書店、連鎖書店和便利超商之外不可小覷的一個新興發行通路。

海外市場

由於台灣並非世界上唯一使用中文的地區，海外華人、東南亞、港澳與中國也都有廣大的懂中文的讀者存在，因而，台灣出版的書籍，除了在台灣本島上的零售通路販售，通常也會配送到北美、澳洲、日本與歐洲當地的中文書店販售，香港近年來吹起哈台風，除了每年來台旅遊人數破七十萬之外，當地書店採購台灣出版品的情況也很熱烈，有時一些暢銷熱門新書出版前，香港的二樓書店老闆就先行向出版社預定書（好比說之前很紅的賈伯斯傳記），為了第一時間接軌，甚至不惜重金讓書籍坐飛機到香港。

除了香港，澳門、馬來西亞、新加坡等地也都有一些販售中文書的書店，台灣還有專門對港澳星馬發行圖書雜誌的經銷商。

將書發到海外零售通路的好處是，當地的業者是以買斷方式進貨，購入書籍後銷售狀況好壞得自負，出版社樂得直接收取現金。

唯一還未能常態化，但老實說我想不少台灣出版人其實虎視眈眈的，是內地的零售通路市場，從每年破百萬來台旅遊的陸客觀光潮中總有一大批人指名一定要造訪台北的敦南誠品書店，掃起貨來動輒數萬台幣多則數十萬台幣，甚至有一些學者教授內行人來到台灣洽公考察公辦之餘，什麼地方都不去，就是跑遍台北的二手書店收貨，種種情況都讓台灣的出版人對於台灣出版品銷售到內地的後勢抱持樂觀期望的態度（現在大三通了，出貨的速度也變快了）。

更別說內地早存在一些專門幫忙訂購繁體書的線上零售圖書業者，我自己也認識幾個，這些業者對於內地民眾的消費力道有最直接的感受，特別是偶像明星的寫真書，許多內地粉絲寧可花更貴的錢買台灣出的繁體版，也不要購買簡體版。

若是將來繁體書能夠以特區定點方式陳列販售，想必對於台灣出版業者來說，更是天大的好消息，甚至將來可能出現專門對內地民眾製作的繁體版書籍，更能避開因為台灣本地內需市場所產生的過度競爭、廝殺血流成河的情況。

在台灣，圖書發行，從來不會有單一零售通路獨大太久，總是江山代有才人出，就算真的有獨大的零售通路採高姿態，腦筋靈活的出版人也總會從社會變遷與生活型態的變化中找出能夠親近讀者，將書送到需要的讀者手上的便利性通路。

誰說書只能在書店裡販售？至少在台灣的情況不是如此！多的是可以賣書的地方，任何當下獨大的零售通路都應該更謙虛、更平等互惠的方式與出版人合作，而非一味要折扣壓低進貨成本，才是建立穩定而長久的合作關係的好方法。

高租金時代，大型書店再無立足之地？

由新加坡發跡的跨國連鎖書店葉壹堂（Page One），驚傳於二〇一二年二月十九日結束新加坡本地的門市生意。當地有論者說，「不斷飆漲的店鋪租金」，才是壓垮此類大型書店的原因。

大型連鎖書店因為租金過高傳出經營危機，甚至結束營業的事情，已經不是第一次。二〇一一年中國大陸的民營連鎖書店光合作用，便傳出資金週轉不良，準備結束營業的情況。再早些時刻，新加坡擁有超過八十年歷史的大型書店上海書局，二〇〇八年也疑似因為租金過高而結束門市生意。

租金飆升，已經成為想在全球各大都會區開設書店所必然得面對的實際問題。特別是書價並不高，租金店鋪卻越來越貴的華人國家的都會區。

小型的獨立書店，或許因為開業者本身有錢，或許找高樓層，地點偏僻（但交通發達）的地方開業，還勉強可以對付租金問題。

大型書店，特別是大型連鎖書店就不行了。把大型連鎖書店開在偏遠沒有集客力的地點，租金是省了，但人流肯定不夠（獨立書店可以靠少數高忠誠度的消費者，加上簡單的複合式經營，甚至店主自己出去打工賺錢來養書店，大型連鎖書店卻不行）。

當世人普遍以為，實體書店的結束營業是因為網路書店的崛起時，「店鋪租金快速飆漲」，恐怕對大型連鎖書店的實際衝擊影響會更大，如果大型連鎖書店沒有預期到此一經營困境而先做安排的話。

這則讓我想到台灣的誠品書店，根據誠品書店二〇一一年營收報告，年營業額來到一百一十億。不過，其中只有百分之三十的業績來自圖書，其他百分之七十來自百貨業的收入，特別是餐飲美食街的營收，目前雖然僅占百分之七到八左右，但是毛利很高，且未來還有發展空間。

二〇一一年底，誠品書店也敲定進軍香港銅鑼灣商場的展店計畫，預計二〇一二年六月開幕。

為什麼當全球大型書店不敵高店鋪租金與網路書店的衝擊，紛紛減少門市或結束營業之際，誠品書店卻能擺脫長期（十五年）虧損，業績逆勢成長，甚至準備股票上市？

說穿了，誠品書店靠的就是成功轉型。如果長期留意誠品書店門市營運模式變遷的朋友可能發現了，最早期的誠品書店，走的是小眾菁英路線，後來開始切進中產階級市場，門市型態則從單純的書店，逐漸走上多元複合型態。長期以來為亞洲華人世界所景仰推崇的誠品敦南店，其實是誠品書店相當早就開始布局的轉型種子，誠品敦南店總共有五層樓面，書店自營的部分僅半數左右，其他的則以百貨店的模式邀請廠商進駐。最近幾年，敦南店模式越來越多（如信義店、台中勤美店，甚至是二〇一三年主打文創的松菸店），早期的單純書店的門市模式則越來越少。

也就是說，誠品書店利用書店經營所累積的忠實消費族群（一群被稱為「誠品人」的超忠實消費者），從圖書本業出發，擴及百貨商城的經營。自從誠品信義店開幕以來，爾後的誠品書店新的展店模式，大多改走百貨店模式，誠品書店，開始正式轉型為百貨公司的業主，統包整棟百貨商場，其中一部分開設自家的書店、文具館、影音館……，其他鋪位則對外招商，且所招進的商家，大多是平均客單價高，且符合誠品書店風格美學的商家（當然，高營收的美食街也一定不能放過）。

稍微懂出版的人只要簡單按一下計算機也知道，誠品書店光靠圖書營收（一本書平均定價三百元，毛利百分之四十），怎麼可能租得起信義店那種需要高租金的百貨商店？賣書的週轉再快、毛利再高（但別忘了淨利很低），也快不過賣名牌包、香水、化妝品、鞋子與包包的百貨公司吧？

恐怕就連名聞遐邇的二十四小時不打烊門市（誠品敦南店），該書店的圖書營收，都不足以支撐該店鋪的高額租金。也就是說，相較於其他專注於本業的大型書店，誠品書店恐怕早就了解高租金時代的書店經營之問題所在，積極升級轉型，且從目前的發展模式來看，相當成功。

某種程度上來說，誠品是放大版的小眾／獨立書店，今天亞洲的大都會區（從東京到北京到上海到香港到台灣到新加坡），獨立書店越開越多，但是，也很少只以圖書販售為生，多半擴及藝文活動的舉辦，或者附設咖啡廳等複合式經營。說穿了誠品書店也是一樣，透過複合式經營手法，把對圖書零售通路來說過高的店鋪租金，轉嫁給其他能承受高店鋪租金的產業。

也就是說，當圖書的價格與利潤不足以支撐大型連鎖書店在都會區的營運時，經營精品名牌、化妝品、高檔傢俱的企業卻能支撐（甚至就算這些企業在誠品書店的百貨門市設櫃，不一定能獲利也沒關係，只要品牌形象與知名度能夠提升，就達到廣告效果了），如何透過自己的品牌集客力將高單價高毛利的商家招進來為己所用，就是誠品之所以能在高店租時代不斷展店的秘訣。

面對全球大都會店鋪租金日高，大型書店想要存活，誠品書店的百貨店模式絕對是值得參考研究。大型書店轉型不一定會成功，不過，不轉型卻一定會失敗！

淺談現今台灣連鎖書店

台灣書店演進

首先我必須先聲明的一點是，本文鎖定的主題是連鎖書店。

有鑒於台灣書店通路的主流趨勢是連鎖書店主導，專業、獨立書店為輔佐，本文特地討論連鎖書店的優缺點（網路書店將另外以專文討論），幫助讀者了解連鎖書的整體經營規劃理念，如何在文化與商業兩難中求取平衡，甚至是靠文化獲利。

台灣的書店，從一九八〇年代早年的陰暗破舊形象，邁入一九八〇年代後，出現了店面寬敞明亮的金石堂，以及都會雅痞風格的誠品，經歷了一連串的巨大變化。

過去台灣的書店，多半群聚在一個縣市最精華的地段，而且通常是交通轉運樞紐或大學附近，例如台北的重慶南路書店街、公館的書店聚落，台南市的北門路，嘉義市的中山路等，由單一大型書店獨占，以及一些圍繞在學校、社區附近的社區型書店所組成，這些社區型書店多半以販賣報紙、雜誌、文具、漫畫、玩具、從事影印為主，書籍只佔書店的一部份，卻是啟蒙多數人閱讀書籍的地方。

一九八三年，由「高砂紡織公司」在台北市汀州路三段成立第一家門市「金石堂」，這個門市原是該公司的廠房地下室改建的，金石堂的出現，預告了台灣書店除了「主題書店街」、「獨立書店」與「社區書店」外，另一種新類型的書店之興起——連鎖書店。

一、台灣書店類型粗分

本文並不探討台灣書店興起與演變史，不會在這些部分多所著墨，本文主要探討的是這些自八十年代以後陸續興起，並且取代傳統社區書店的連鎖書店，成為台灣新興書店類型主流的連鎖書店，本身的經營優勢與缺點。

為什麼要討論連鎖書店，因為台灣連鎖書店的體系日漸增多，且成為主要的實體通路已經是個不可逆轉的事實，台灣未來書店通路主流是連鎖通路，除了少數專業書店，人文風情的獨立書店外，連鎖書店已經是大勢所趨。故而了解連鎖書店經營策略，是台灣出版從業人員非常重要的工作，否則會連如何與其互動都不了解（發行將會變得艱難險阻），對讀者來說，則有越來越無法在書店買到自己想要之書的困難。

首先我們先來大致區分一下書店的類型。

大體上來說，台灣現有的書店可以粗分為實體書店與網路書店，網路書店的部分將會另闢專章討論，在此暫且不談。

實體書店的部分又可以分為：

「全國性連鎖書店」，如誠品、金石堂、墊腳石、諾貝爾。

「地區性連鎖書店」，例如古今集成。

「地區性大型書店」，例如嘉義的讀書人、花蓮的瓊林書苑，屏東的建利書店。

「專業／獨立書店」，例如女書店、唐山、台灣的店，華泰等等。

「社區書店」，最多，各國小國中高中附近均有。

「大學書城」，各大學校園之內或附近的書店，最有名的像是政大書城、東海書苑。

「折扣書店」，最為遠近馳名的為水準書店。

「書店街」，例如台北重慶南路、公館。

「出版社門市店」，這類又有連鎖與獨立兩種，例如五南、聯經、復文在全國各處有連鎖書店門市，而唐山、桂冠、曉園等出版社則只有單一書店門市。

「二手書店」，例如台北的茉莉二手書店。

「租書店」，像是十大書坊，漫畫王等，漫畫、武俠、科幻、言情小說，以及雜誌，甚至某些極為暢銷的書籍都是這類書店的主要商品。租書店遍佈全省約有兩千家，是特定出版社的銷售保證。

以上的分類根據消費者類型，又可區分為大眾型、專業型、社區型。大眾型的書店，多半位居交通運輸轉運或者一地區之精華地帶，例如前面所提及之書店街。專業型則是鎖定特定專業書籍。例如，商管類的華泰，人文社會科學的唐山，性別議題的女書店，國高中小參考書店等等。這些書店屬專業走向，除相關人士外，一般大眾不會涉足。社區型則以文具消費為主要功能，該類書店的書籍陳列以中小學生適合的課外讀物或寫作範本為主。

二、連鎖書店的浮現、壯大與危機

上述書店的分類，隨著一九八〇年代連鎖書店的興起而逐漸打破。連鎖書店挾門市數量多、進貨成本低、集客力強等優勢，迅速攻城掠地，吞噬不少社區書店與獨立書店的市場，小型書店因為缺乏競爭力，逐漸沒落。

台灣的實體書店版圖幾乎可以說由誠品、金石堂、何嘉仁、諾貝爾、古今集成、墊腳石等連鎖書店寡占。

連鎖書店更大舉打破過去書店的分界，像金石堂大舉開放加盟，本意就是進駐社區型書店這塊版圖，誠品在捷運與交通往來要道，百貨商場，更是一舉打破了書店存在的空間關係，為日後的複合式經營模式鋪路。

過去台灣的書店過度仰賴文教區自然集中的消費客層，較少著墨於品牌行銷與氣氛培養，然而連鎖書店卻一舉打破這個藩籬，將書店開到所有人潮聚集的地方，甚至反過來代表流行文化。例如誠品在西門町、東區、百貨公司等地開設門市。這可以說是台灣的連鎖書店的貢獻，讓台灣社會看起來更有書香味，在衣著光鮮亮麗的東區，就有不少書店存在，這都是過去沒有連鎖書店的時代無法想像的光景。

連鎖書店雖然藉其優勢，在社會各地廣設分店，只是，硬體設備擴大之後的書店，營運成本也隨著增加，但是販售書籍所得卻未必能支撐起書店連鎖營運的高昂成本，於是，書店營運模式的轉型成了必然的趨勢，例如誠品書店在虧損十五年之後決定走上百貨商場的複合經營模式，自己當起百貨業主，以書店為主要號召力，找來與書店形象相近的生活百貨進入誠品百貨專櫃，另外還在醫院開設美食街，一舉翻轉賠錢形象，開始獲利。

除此之外，連鎖書店開始以排行榜、書展活動、折扣優惠等方式來促銷書籍，雖然店面活動看似熱鬧非凡，卻也透過了行銷活動，開始影響讀者的閱讀取向。

一家好書店的構成要素

一個好的書店有幾個構成要素，也可以視為評估書店好壞的標準：

第一是書店與消費者的互動。

這又可分兩大部分，一是書店本身的陳列擺設與規劃空間所帶給消費者的感受。消費者待在書店所營造出來的空間時的感受，將會影響消費者對該書店的印象。

過往台灣的書店多半不重視書店空間或美學的營造，只是簡單的將書籍陳列上架販售，更別說是播放音樂或者針對裝潢與店面進行特殊設計。不過自從誠品書店出現後，這部分逐漸改善提昇。台灣的書店已經遠比許多國家的書店規劃好得多（當然也還有許多不足之處）。

其二是書店的店員與消費者的互動。

書店店員在消費者需要幫助時所表現出來的服務態度與專業能力，將大大影響消費者是否再度光臨該書店。最好的情況當然是店員能夠既親切又快速的滿足消費者的需要，最差的情況則是店員服務態度又差，而且還搞不清楚消費者的問題，更無意幫助解決。

稍懂品牌管理的人都知道，一個企業最關鍵的往往不在高層或者廣告口號有多漂亮，而在於企業基層人員與消費者之間的互動所營造的形象。無論一家企業的產品有多好，如果有個消費者遇到一個討厭的銷售員，大概很難會讓人再想光顧該店。書店也是如此。然而，台灣的書店多的是晚娘臉孔的售貨員。

第三是書店的地理位置。

一家好的書店必須位居交通要衝或者可以匯集特定消費者，集客力強的地方，例如大學或中小學附近，百貨商場附近，火車站附近等等。就算是網路書店，也必須擁有一個讓人不必背誦就可以簡單記憶的網址。

第四是書店的櫥窗與書籍陳列方式，也就是書店的空間和動線規劃讓讀者可以清楚而方便找到他所想要的書籍或書種陳列處。

去過水準和誠品書局的人大概都可以很清楚這兩者之間的差異，而水準之所以能夠生存，則是走折扣戰。不過，水準畢竟只有一家。而誠品卻是提供一個舒服的購物閱讀空間，因此可以一家家的增設，足可見消費者民心之所向。

在這個連鎖書店逐漸充斥我們周遭的現在，您有沒有感受到什麼不一樣的閱讀文化正在興起？與過去有什麼不同？這對我們的閱讀選擇又有何影響？台灣連鎖書店壯大之後對於閱讀文化的影響為何，該如何解決？本文接下來的部分將要討論這些問題。

三、誰不會賣百分之二十的暢銷書？重點在常駐書店百分之八十的圖書商品！

現階段的台灣，連鎖書店已然成為書店的主流。連鎖書店成了一般讀者逛書店的首選。這當然是拜其龐大的數量優勢所賜（無論在店面數量或者店面本身）。

只不過，近年來連鎖書店們卻有坐吃山空的疑慮。

特別是台灣書店中的主要商品——書籍，採出版社委託通路鋪貨，通路再將其交給書店寄賣的方式，書店完全不用負擔商品販售的壓力，書店中的書在一定時間賣不出去後，就退回給通路，再由通路退回給出版社，而書店本身除了裝潢與人事水電成本外，並無購置產品的成本。

銷結原本是為了減輕連鎖書店的龐大營運成本，畢竟先對一些還沒賣掉的書付帳，對於需要動輒準備十萬本書籍的大賣場來說是沉重的現金流壓力。

只不過，如果選擇對書店通路有利的寄售模式，但出版人卻又很難讓書留在書店架上，更別說搶進新書平台或書展活動（曝光），由少數出版集團與大型出版社寡佔連鎖通路的新書平台和活動，書店空間分配不均背後的問題，就值得擔心了。

這很可能代表書店本身沒有自己的選書專業，無法透過建立商品結構來爭取消費者的光臨，只好乾脆放棄百分之八十的常備書，將營運主軸放在百分之二十的新書與活動展示區，甚至還只與市面上主要的大型出版集團合作，全然是商業利潤考量是無所謂，卻面臨無法和擁有長尾優勢的網路書店競爭的困境。近年來網路書店快速崛起並且搶食實體書店業績，是所有實體通路業者內心的痛，但卻又無法正面問題（商品結構），以至於只能眼睜睜看著網路書店吞噬市場大餅而無能為力。

更要命的是，只追逐坪效、利潤與衝銷量的銷售模式一旦建立後，書店方越來越無心於經營書籍商品結構的建立，只在乎每家門市賣出多少書，結果反而將更大的市場大餅拱手讓人，還丟失了書店本身的專業競爭力。

一家書店的成本大體上來說有店面租金、裝潢、水電與人事成本、物流幾個部分。一家書店的成功與否的元素很多，像是書店的裝潢美學、規模大小、藏書數量、服務能力，櫥窗、平台與書籍陳設方式，書籍庫存與陳列等。

當書店越來越側重銷售排行榜與書籍週轉率，追逐暢銷書，便失去了以長銷書單經營商圈消費者的專業能力。結果，消費者上哪一家書店買書都沒差，因為哪一家書店都只賣暢銷書。結果便是除了大型旗艦店之類的實體書店門市外，其他實體書店門市都無法與網路書店競爭而逐漸萎縮。

像誠品之所以可以獨步全台的原因，最顯而易見的，除了誠品成功營造出一個獨特的（可以說是屬於布波族的）文化氛圍與閱讀空間，創辦人吳先生雄厚的資金和偉大的文化理念，以及不斷的外資抑注，再加上非書店區商場的獲利等等。我們當然不是要求書店經營一個永遠也不能賺錢的美夢，只是如果一家成功如誠品的書店，最後都必須仰賴轉型百貨商城以求存活壯大，除了營運成本過高必須轉嫁之外，圖書專區的營運無法與網路書店競爭恐怕也是原因之一。

如果連誠品都做不到專營書籍市場，那其他連鎖通路恐怕更辦不到，近來金石堂實體書店的圖書區備書量日漸萎縮，何嘉仁縮小書店門市規模，新學友結束營業等等，不正是實體連鎖書店極盛而衰的徵兆嗎？

台灣的實體連鎖書店，經過了三十年年的等待與努力，終於成為台灣文創產業的成功典範之後，卻開始走上衰敗之路。

其中很大的原因，是誠品墊高了連鎖書店通路的進入門檻，經營成本變得太高，連鎖書店根本無法光靠賣書（加上文具）存活，通通不敵誠品的強勢競爭而垮台，誠品形同寡占了台灣的實體書店通路。

不過，其實並非不可能再有其他連鎖實體書店通路崛起，只要找出有別於誠品的都會雅痞風，以不同的市場定位現身，並且強化在地商圈與潛在客戶的經營，例如透過長銷商品結構（百分之八十的庫存書區）經營來贏得消費者的認同，願意重複登門購買，還是有可能在壯大的誠品之下開出另外一條路。

雖然不是很好的例子，但是近年來崛起的升學與國家考試用參考書店便出現連鎖經營的趨勢，且門市一間接著一間開，完全不受強勢通路或景氣影響。

台灣的連鎖書店，利用空間營造來聚集人氣雖然沒錯，但是，只能藉由販售空間來吸引讀者，卻無法靠圖書商品陳列方式做出彼此的深層差異化，才是導致今天連鎖書店崩壞的原因。

畢竟，空間營造是硬體，消費者今天來書店，就有抱持著可能買書的心態，若書店只提供美學與空間享受，卻缺乏提供適當書籍給消費者選購，長久以往，消費者只消費美麗的空間而不會購買書籍。

如果哪一家連鎖書店賣的書都一樣，消費者自然去書最多店面最大或裝潢最棒的書店買書，其他那些老是讓人找不到想買之書的書店就會開始沒落，甚至消費者乾脆轉往租書店去租漫畫羅曼史小說或雜誌來看就好，根本不用到書店買書，反正去了也是白去。

實體連鎖通路想要和大誠品與網路書店競爭，反而應該要深耕在地商圈，做出真正的差異化，不能只想著靠百分之二十的暢銷新書與書展活動書來搶市場。

不只是連鎖書店，實體書店的當務之急是從銷售排行榜與淺碟子的閱讀品味中脫身，建立一份可長可久，適合自己書店屬性與定位的書單，並根據過往讀者階層來設計書店，營造空間感，建立獨特的品味與美學，才可能在競爭超激烈的實體書店市場中存活下來。

當然，並非不要販賣那些可以獲利的新書，只是別忘了在那些搶眼的新書之餘也應該了解在地商圈的潛在客戶的真正需要，以扎實的書單來餵養一代又一代的消費者。

這些書店常設性商品的持續不及格，長此以往，將會有越來越多的人認清這些所謂大型連鎖書店不過是搞美學、空間營造的，像漫畫王、戰略高手一樣賣的是空間，而不是賣書。

不管表面功夫的積極營造弄得有多好，還不如整體書籍結構的體質調整。百分之八十的常備書單類商品存在的價值在於繼續幫助誠品維持品牌優勢、甚至建立他人所不能及的品牌深度。然而各連鎖書店對這部分的Know-how所下的功夫，就我對現實所呈現的結果的觀察，只能說越來越少。

四、員工素質的訓練與提昇

連鎖書店除了上述商品結構／陳列的問題外，還面臨人力資源方面的重大考驗。台灣的實體書店店員，大概是百貨零售業中薪水最低的一群人。薪水低，工作量大（在書店工作，是體力活，每天得進退貨，搬書搬書再搬書，一點都不輕鬆），得同時兼具藍領階級的體力和白領的專業能力，方可勝任，這變成了實體書店營運上的另一瓶頸：如何以低薪請到物超所值的優質員工。

除了業界領導品牌，其他實體書店大概都很難以低薪請到優秀員工，結果便是無法勝任書店工作（例如無法向客戶推薦商品，甚至連找書都找不到）的員工成為常態，再加上書店每天有忙不完的專案活動，無暇在職訓練、自我提升，以及薪水老是無法成長，也無升遷機會，最後就是這個產業根本無法留住人才，人員來來去去，專業無法建立。

連鎖書店要改善店面營運績效不佳的問題，著實應該減少專案活動的數量，投入更多心力於基層員工培訓，當你的員工懂得如何服務客人甚至挖掘其潛在需求，滿足客人時，才是留住客人（建立認同）並提升業績的長遠之道。

然而，書店店員的素質要提昇哪些方面，要如何提昇？

首先，店員的素質部分可以分為協助客人尋書與書籍上架清點部分。

簡單的以外國的專業書店或大型連鎖書店來比較，台灣的誠品、金石堂或其他連鎖書店所賣的空間與美學品味雖然不輸外國人，書店佔地之廣也不輸歐美先進諸國，更擁有自己的獨特歷史文化與美學，但，這一切卻只是連鎖書店的一種文宣與氣氛的包裝與賣弄而已。

我們並不是指摘連鎖書店的員工素質差，像誠品員工的素質之高世所罕見。只是，員工本身的高素質卻沒有經過良好的訓練，而且更糟糕的是這些高素質員工，在連鎖書店的快速擴店之下，沒有被順利的傳承、延續，而是被不斷稀釋與分散。

就書店店員的服務品質來說，不知是否因為連鎖書店的擴店太快，而忽略了書店店員的專業訓練與書店店員對客人的態度。

我想連鎖書店的員工對其公司認同程度自是毋庸自疑。每個人都以在自己的書店工作為榮，而不在乎與其他行業相比、相對偏低的薪資，這一點其實已經為連鎖書店爭取到較高的人力素質。

在外國的書店，向店員詢問書籍，店員幾乎都不需要仰賴電腦，而可以直接搜尋出書籍所在，或者甚至可以像顧客推薦其他讀物，誠品這項服務已經淪落為顧客要找書，店員幫客人上電腦查書，那何不開放電腦，讓讀者自行查詢算了?!為什麼還要責任分區，若書籍都是店員自己上過架的，為什麼會找不到？

獨立書店或專業書店，店員絕對有能力為客人找書服務，只要客人詢問，都能夠主動為客人找到書，拿書給客人，若一時不清楚書籍下落，也要表示協助的意願，甚至到其他書店調書，幫忙訂書，查書，甚至轉介到其他書店購買。

服務的目的在於讓客人購得想要的書，獲得應有的服務，而不是賺錢。

連鎖書店卻有越來越多的仰賴電腦查詢，那消費者不如直接在家上網路書店買書就好了？上實體書店不就是追求購物體驗的滿足？

另外，書店店員在書區中的移動必須留意與客人之間的互動狀況，切莫讓客人以為自己妨礙了店員的工作，否則下次恐怕客人就不敢上門光顧了！

書店應該是服務業，讓消費者每一次上門都有美好的體驗是留住客人的最好辦法，所有的教育訓練也應該以此為依歸！

連鎖書店在店員的培訓部分，不該因連鎖書店擴店快速而丟失，未來的消費者上實體書店，不只是想買書，更是想體驗頂級的服務。

台灣的書店作為一個百貨商場，比起空間利用率極高的便利超商或百貨公司，在專業度上還遠遠不足。

百貨專櫃的小姐總是能夠滔滔不絕地介紹自家產品的優點，如果我們的書店門市人員也能具備這樣的能力，實體書店的購物經驗將會變得非常有趣。例如，書店店員可以向讀者建議新書以及相關延伸閱讀的話……！

五、可以改進的地方

一、別自以為無所不能，和同業建立資訊互助網路

其實連鎖書店最大的迷思就是認為自己是能夠容納所有書籍陳列的巨獸，這是錯誤的印象。台灣的書籍生產數量日漸增快，書籍種類也日趨分化，就算是標榜大型綜合書店，其實書店在一開始，還是應該根據書店設立所在地的人口結構、可能購書性質、交通與人氣匯聚力作分析，了解個別連鎖書店所在地的特性，設計出適合自己的書單與書種陳列，捨棄不必要或者太過專業的書籍類型。或許有人說，這部分正是文化事業的服務，問題是，這些不過是道德化的說法。

連鎖書店可藉由其物流系統，建立起各書店間的互助調貨系統。消費者在百貨公司購物，但所去的分店剛好缺貨，售貨員就可以透過物流系統向其他分店調貨，或告知客人哪一個門市還有貨（可自行去取），這對連鎖書店來說一點都不困難，以大型連鎖書店的頻繁配送系統，這些互補性服務將更有助於書店的經營和服務。而這部分再有不足的部分，可以和專業書店合作。

與專業書店合作，也是補足大型綜合書店專業化程度不足的方式，特別是中南部地區的連鎖書店，這些書店主要販賣之書種為文學、教科書、語言、電腦等大眾主要閱讀書籍，而專業小眾書籍稀少或根本捨棄，利用網路書店的龐大資訊或者與某些專業書店建立合作關係，都是補足大型綜合書店專業分殊化不足的方法。

例如與漫畫專賣店、童書專賣店或者學術性的特殊專業書店合作。如此一來，大型綜合連鎖書店也不需要另闢空間，也不需要將自己視為最齊備最完整的書籍陳列販售處，畢竟，實體世界越來越難陳列完整的書籍。與其浪費多餘成本自行設置、整理資訊，倒不如利用大型綜合連鎖書店的物流系統，結合專業書店的專長，創造互補雙贏的局面。

再者，不妨以網路書店上龐大的圖書資料庫作為實體店面的輔助工具。我曾看過一些實體書店的電腦網頁就以網路書店為首頁，目的就在資訊查補。

書店和書店之間，絕對不是彼此競爭的對手（其他的休閒娛樂產業才是書店／出版業的競爭對手），而是競合關係，是互助的同業。

既然沒有哪家書店可以陳列所有的圖書，而且就算這樣做，其成本也絕對大於可能利潤，最好的作法就是建立一個鬆散連結網絡，以能夠滿足消費者需求為首要目的。

這個工作若能由連鎖書店來做更為適當，除了有方便快速的物流系統作為後盾外，還可以提昇專業書店的獲利，營造雙贏。

二、和讀者互動，建立社群

會上實體書店光顧的消費者，基本上都是具有閱讀胃口的人，書店不該只是陳列書籍，播放音樂，建立美學硬體，讓讀者覺得舒服而已。

書店更應該多舉辦回饋活動，建立會員制度，調查消費者的購買習慣，與消費者互動。例如，在可容許的範圍，詢問消費者為什麼沒買書？是找不到書，還是其他原因。請讀者提供對書店的建言，多和讀者互動溝通，將是提昇書店競爭力最有效的方法。

邀請讀者發表意見，給予讀者一些回饋（例如折價券、貴賓卡），一點小小的交流將讓書店品牌的建立與區隔，更加有成效。

書店是販賣文化的地方，多去了解顧客的想法，而不是一天到晚將出版社生產出來的新書，以低價和折扣，一股腦的推銷給讀者就算了事。書店不應該是只會將新書賣得好的地方，她更應該是和讀者分享閱讀喜悅，讓讀者愛上閱讀的地方。

三、舉辦活動，建立交流

不少連鎖書店都喜歡舉辦活動，這些活動有助於聯繫書店和特定讀者的感情，進一步建立書店和讀者之間的連帶感。書店可以定期和出版社合作，舉辦書展。舉辦書展的目的除了提供優惠折扣回饋讀者外，更重要的是向讀者推薦好書。因此一個好的書店書展應該是主題式，而非促銷式。主題式書展是指根據時令、讀者需求或者書籍主題，設計書展的書籍清單。

例如，書店可以舉辦每月書展，自行規劃書展的主題和書單，提供讀者作為閱讀指南（例如「愛之旅」專門介紹與愛情有關的書籍等等。）這樣的工作在連鎖書店的人力與資源優勢下來舉辦，將更為可行。

另外，舉辦二手書的交換活動，愛心義賣，跳蚤市場，舉辦新書發表會、簽名會，邀請駐店作家，發行通訊，舉辦徵文，設立讀書會，設立網頁讓讀者可以討論書店的優缺點，讓顧客成為書店服務品質的監督者，賦予消費者參與書店營造的權利，多讓讀者參與書店的設計經銷，將有助於書店和消費者之間的交流。

四、調整商品結構、提昇品牌深度

連鎖書店由於擴店過於快速，對於書店內的商品結構的掌握與分配能力，已經日趨下滑。改進之道就是透過實地為每一家店的駐店型商品做實際考察調整，讓書籍結構能夠更紮實，而不只是空泛的上一些沒有人買的書。

書店不是個將書擺滿書架，地上堆滿書，務求趕快把最多的書賣給讀者的地方，書店是延續一個社會的文化、智慧的地方，她需要被規劃、設計、營造、提昇，否則書店中盡是為了賺錢而設計的書籍，對於一個國家社會的文化未來，扼殺可能多於貢獻。

博客來：台灣網路書店的霸主，勝出的理由

事後諸葛來看，不少人大概會覺得，「博客來」獨佔台灣網路書店鰲頭（三大零售通路之一，且是唯一純網路書店）是理所當然的事情。

然而，若回頭從一九九五年張天立創辦博客來網路書店，仔細檢視當時台灣出版通路的環境，以及博客來前幾年的發展，似乎答案就不是那麼理所當然了！

曾經是看不到未來的博客來

第一、一九九五年，台灣才剛進入網路時代，中文介面的網站不多，且上網撥接的速度極慢（當年用魔電，最快的上網速度是56K），對於需要大量解析圖片的網路書店來說，非常不利（不給力）。

第二、網路崛起之後，雖然很快地有人開始想要導入電子商務，但是，當時輿論普遍是反

彈的，質疑網路的可信度，加上網路使用的普及率低，在在都看不出網路書店有勝過實體連鎖書店而勝出的機會。

第三、一九九五年的台灣，實體連鎖書店正強大，新學友、金石堂、誠品、何嘉仁號稱四大通路，其他還有古今集成、墊腳石、摩爾等連鎖書店存在，可以說強敵環伺，博客來則只是一個留美的工程師回台創辦的網路書店，與台灣出版界的關係不深厚，若不是創辦人的夫人是台大圖資系教授，幾乎談不上和台灣的出版界有任何關係。

第四、自從博客來網路書店成立之後，五年之內，小小的台灣隨後出現了不少網路書店，像是新絲路、搜主義（隸屬新學友）、金石堂、誠品、三民書局等等（還不包括各大出版社、經銷商自行成立的網路書店），幾乎每一家新成立的網路書店背後的實力都比博客來來得雄厚，特別是誠品和搜主義，都是由母公司出資另外成立子公司，並且創立之初更是砸下了巨額資金，聘用了大批的人力來設計網路書店的規格與內容建置。

光是以上四點，怎麼看都很難相信，最後從競爭的網路書店中勝出的會是半路出家的博客來而不是業內的資深優等生。

實際上，直到二〇〇三年Sars之後，因為人們害怕上街購物，網路書店（網路商城）才趁勢崛起，博客來也在這一年才轉虧為盈，逐漸站穩腳步，剛創辦前幾年，其實都是靠創辦人張天立的資金苦撐，無論是銷售能力還是通路影響力都遠不如其他連鎖實體書店。

然而，最後博客來還是勝出了。

表面上看來，是二〇〇一年納莉風災之後，張天立引進統一的資金，讓博客來有機會反敗為勝（但是，張天立最後也因為和新的經營團隊理念不合而退出，另外創辦讀冊網路書店，力圖挑戰當初自己創辦的博客來），不過，如果在博客來碰上納莉風災之前，其他網路書店能夠更有競爭力，擠下博客來網路書店，也許今天網路書店的霸主就不是博客來了！

一樣風災兩樣情

好比說，新學友創辦的搜主義網路書店，當年的新學友擁有五十家以上的連鎖書店門市，公司本身還是中小學教科書的第一把交椅，堪稱當年台灣圖書通路界的第一把交椅（在台北市仁愛圓環擁有過一整棟高達十四樓的大樓作為公司總部）。創辦搜主義時，從美國留學回來擔任總經理的廖家第二代，大舉招兵買馬，設計網站，準備殺入網路書店。

結果，二〇〇一年夏天，納莉風災侵襲北台灣，造成台北市大淹水，位於內湖南港地區的博客來、新學友以及部分經銷商倉庫嚴重進水。

博客來在遭遇風災時，資金已經相當捉襟見肘，風災的重創迫使張天立不得不對外求援，卻引入統一的資金而化險為夷。然而，同一時間同樣承受風災衝擊的新學友卻決定自己解決，卻因為和供應商之間的帳務糾紛不斷，最後無力負擔巨額虧損，宣佈破產，雖然將公司的實質經營權轉入搜主義，但是，從此新學友已經中落，實體書店門市一家一家結束營業，率先從四大通路中被除名。

強大的實體門市，反成了阻礙

誠品當初決定介入網路書店時，特地另外成立了獨立的子公司「誠品全球網」，找來大批的人力，以知識地圖的方式建構網路書店的版圖（當時誠品書店的手筆之大，頗令人佩服，例如，光是一本書的評介，就發出新台幣五百元的稿費找人撰寫）。

然而，實際上線運轉之後，由於營收不如預期，成本開銷卻太高，不多久資金就告罄，最後只好將網路書店收回母公司，另成立一個網路書店部門，經營人力也大幅縮水，且物流等系統也全都和實體門市共享。

回歸母公司之後的網路書店，據了解因為當時的實體書店門市同仁並不看好且擔心網路書店會搶食自己的業績，因而內部運作是頗受到排擠（當然是非正式、檯面下的無形壓力），使得網路書店部門遲遲分不到公司的資源，網路書店本身的後台系統無法隨時更新升級，有限的人力必須處理大量的工作，不堪負荷等等，都讓誠品的網路書店失去了贏過博客來的機會。

事後諸葛來看，連鎖書店的實體門市太強，都不利發展網路書店業務，因為另外一家由實體連鎖書店所成立的網路書店金石堂，也遭逢和誠品網路書店類似的命運，直到近幾年金石堂實體書店門市的銷售力與影響力衰退，網路書店部門才有機會（以低價折扣與各種優惠活動的方式）突破重圍，成為台灣第二大網路書店。

曇花一現的新絲路

一九九九年網路泡沫化之前，台灣最有希望成為網路書店龍頭的其實不是博客來也不是搜主義，更不是誠品和金石堂，而是新絲路。

新絲路和博客來一樣，都是純網路書店，且趁著第一波網路創業熱潮快速崛起，挾大筆市場資金介入網路書店的經營，可惜的是，碰上網路泡沫化之後，公司也因為資金與產權等問題而迅速衰落，後來被華文網併入成為華文網集團的一個部門，也從爭霸主之路上退出了。

博客來之所以沒有被一九九九年網路泡沫化的衰退風潮給擊敗，主要是博客來在引進統一集團之前，主要一直由創辦人張天立獨資，縱然虧損，卻是在自己的控制範圍之內，因而不受市場的資金短缺所影響。

克服最後一哩的配送瓶頸

雖然網路書店所需的人力與門市成本遠比實體書店低，但在電腦系統的維護與更新上卻必須不斷投資，在物流成本的攤提上也必須有過人之處，若要說博客來之所以能夠勝過其他網路書店，除了其他網路書店本身自己的經營出了問題以至於無法深耕發展之外，還有很重要的一點，就是當初博客來率先推出了「到便利超商取貨付款」的物流配送方式（且單筆訂單滿三百五十元就可免運費，就算加計運費每筆訂單也只要二十元，遠比其他配送方式來得便宜（一件三十五至五十元）），克服了當年網路商城貨物配送的「最後一哩」障礙，從而衝出了銷售量。

後來直到台灣的宅配系統普及之前，便利超商取貨付款一直是台灣的網路書店與其他網路商城效法跟隨的物流配送模式（但也還沒有被取代，只是如今宅配系統普及，高單價商品可以宅配到府免運費）。

最近幾年，雖然Pchome、Yahoo!奇摩商城、Yahoo!奇摩拍賣網、eBay等網路商城也陸續壯大，甚至在圖書雜誌之外的百貨零售產品的銷售量勝過博客來網路書店，不過，圖書雜誌販售方面，一直由博客來網路書店獨佔鰲頭。

或許博客來自己也發現了在非圖書方面的零售百貨販售不如其他網路商城的弱點，最近一兩年來積極整合其他零售百貨產品進入博客來（類似亞馬遜網路書店從圖書轉向零售百貨無所不賣），並且終於在二〇一一年重新設計品牌識別系統，拿掉「網路書店」四個字，直接以「博客來」作為新的網路商城品牌識別系統，看來由圖書雜誌跨足全方位的零售百貨網路商城的企圖心非常明顯。

不過，無論博客來最後是否會成為台灣第一大的零售百貨網路商城，他在圖書雜誌方面的霸主地位，短時間內很難被挑戰（博客來除了販售台灣出版社的繁體書之外，還販售大陸出版社的簡體書，部分香港出版社的繁體書，英文書，外文與日文雜誌、日文寫真書，韓文畫報等，未來相信還會陸續加入其他國家的圖書雜誌，其圖書產品的廣度和深度暫時還沒有其他網路商城能夠超越）。

文化部該幫的不是獨立書店

二〇一二年七月，文化部在永和小小書房展開第二場文化國是論壇，談獨立書店的經營困境與未來發展。

獨立書店業主談了不少近年來的發展狀況，像是營業額日漸下滑，網路與連鎖書店崛起的衝擊。

龍應台部長提到，可以根據文創法，鼓勵年輕人下鄉開設獨立書店，因為全台有三分之一的鄉鎮沒有書店。

仔細深入思考第二場國是論壇的主題與討論方向，以及龍部長的政策發展思考，我以為有聚焦偏差的問題。

老實說，雖然不少獨立書店經營困難，但也有一些活得有聲有色，雖然不若網路或連鎖書店賺錢（很多獨立老闆從沒打算賺大錢，而是想發展某套文化理念與閱讀的連結），獨立書店的經營者更多是對閱讀出版與書店經營有熱情、有理想的人，也懂得如何在險峻的圖書通路環境中求活（無論是複合式經營，還是老闆自己另外兼差賺錢補貼）。

龍應台部長看到的三分之一鄉鎮沒有書店，沒有的是社區書店（或可稱街角書店），並非我們一般認知的獨立書店。

獨立書店和街角書店雖然都是小型單一店面書店，卻是兩個截然不同的書店經營模式。前者菁英取向，後者大眾取向。前者在風雨飄搖中奮力前行，後者則快垮光，毫無抵擋市場變遷的能力。

社區書店的萎縮，才是台灣書店發展與社區閱讀推廣上該面對的問題，獨立書店本來就更偏向小眾、精英。龍部長的鼓勵青年下鄉，其實應該是社區／街角書店才對。

社區書店，沒有獨立書店的特殊文化風采，賣的也只不過是一般的暢銷書或漫畫小說，卻與社區生活緊密相連。一九九〇年代以前的台灣，每個中小學、社區附近，一定都有一家這樣的社區書店（兼賣很多文具）。

社區書店的萎縮，除了網路與連鎖書店的競爭外，便利超商的書報雜誌專區（越來越大）還有租書店的複合式經營（不只租漫畫也租暢銷書和影音產品），也是衝擊社區書店經營的原因。

此外，就算少數的獨立書店獲得補助，或文化部灑錢讓很多年輕人到鄉下去開獨立書店，也無法改變台灣實體書店普遍萎縮的大環境趨勢。

如果龍應台部長認為，補助獨立書店的生存可以推廣閱讀文化，那麼真正該補助的，其實是社區書店，找出一套能夠讓社區書店在連鎖通路、網路書店，便利超商與租書店的競爭下能夠存活的方法（我以為，找出新的社區書店經營模式，再由官方輔導推廣才可能成功，以舊模式想在新時代生存，最後不過就是靠政府補貼來降低成本而已）。

此外，如果網路書店崛起與實體書店萎縮是必然之趨勢，讀者也都能夠接受，並且市場以其他方式取代社區書店的功能（如便利超商的書區、網路書店、租書店），我們是否非得一定要保存大量的社區書店，是否社區書店一定要保持一鄉鎮一所，才叫免於知識陸沉？

編列預算，強化各鄉鎮圖書館的軟硬體設備之添購與使用，甚至是強化租書店與社區之間的連結，會否也是一種推廣閱讀以及免於知識陸沉的做法？

無論如何，找獨立書店來談實體書店萎縮與閱讀發展的問題，是否真的命中問題核心，政府該幫的真的是獨立書店嗎，令人存疑？

獨立書店與補助款，比給錢更重要的事

有鑑於全台有三分之一鄉鎮沒有書店，文化部決議，推出一連串的補助專案，像是書店所舉辦的讀書會及藝文活動，都可向文化部申請經費，補助金額是活動預算的百分之四十九，針對研發生產、品牌行銷及市場拓展等項目提出計畫，金額最高五百萬，以及補助青年下鄉開書店的專案計畫，每件申請案補助五十萬元。

不得不說，自從文化部祭出補助專案後，台灣的確出現不少有趣的獨立書店，雖然不知道這些書店，是否都有向文化部申請補助？

說真的，我一直搞不清楚，為什麼鄉下沒有書店，是一件很嚴重的事情？需要勞駕文化部，推出專案部助計畫協助青年人下鄉開設書店？

如果說，是因為過去的台灣，每一個鄉鎮都有書店。那麼，過去的台灣，也幾乎每一個鄉鎮都有電影院，如今也只剩下城市有電影院，文化部似乎並沒有打算推出補助，邀青年朋友下鄉開設電影院？電影和圖書不都隸屬於文化部的職掌？

地方鄉鎮書店流失，自然是因為近年來青年人口外移，留下的盡是老年人與孩童，且人口數不斷萎縮，消費力也下滑，支撐不了正常的書店運轉，加上圖書出版總量越來越龐大，書店發展走上大型旗艦店與網路化的趨勢，所以使得地區城市的小型書店越來越少。某種程度來說，這是一種社會變遷的結果，是不可逆的發展趨勢。

地方鄉鎮沒了民營的書店，還有其他許多補足地方閱讀需求的做法，像是擴編公營圖書館的，也未必需要補助書店的開設。認為書店，而且是實體書店必須在地方鄉鎮的存在，才是某種知識不陸沉的思考進路，我認為本身也是極有問題的。

說了這麼多，並不代表我討厭實體書店，我並不討厭實體書店，相反的我非常喜歡實體書店，而且經常逛實體書店，而且曾經在好幾家書店工作過。但是，正因為曾經在實體的獨立書店與大型連鎖書店都工作過的我，非常了解書店營運成本之高昂，若沒有一定的人口規模與購買力支撐，光憑熱情或專案補助，是無法負擔的。

除非書籍販售只是副業，這家所謂的書店另有本業支撐，無論是開咖啡店也好，舉辦藝文活動也罷。總之，越是小型的獨立書店越難單靠販售圖書維生，因為圖書周轉慢且客單價低，又非日常民生必需品，且大多數暢銷書都是大眾書，這些書在大型通路購買比較便宜且到貨速度快還有附加贈品可以拿，好康遠勝小型書店。

更何況今天還有蓬勃旺盛的網路書店，以及到處開花的便利超商，都是地方鄉鎮書店的強力競爭對手。

再說一點有趣的，過去的台灣，花東與澎湖之所以沒有書店，是因為出版業的物流系統不夠發達，經銷商認為把書舖送到某些鄉鎮的成本太高，因而放棄。如今台灣的物流系統隨著便利超商與網路書店的擴展而強化，書可以配送到全台灣任何一個有便利超商的地方，網路書店就靠著便利超商宅配這一項武器，打開了過往實體書店所無法經營的花東與澎湖等偏鄉市場。

更別說，其實導致地方鄉鎮書店（嚴格來說，這些地方書店是文具複合圖書的社區書店，不是文化人與文化部浪漫情懷想像的獨立書店）沒落的主因，除了人口萎縮與外移購買力下降，網路書店的發達之外，還有很重要的一點，那就是到處林立的便利超商。

住慣都市的朋友可能很難想像，偏鄉的便利超商有時書區非常大，提供當地居民必要的書報雜誌購買需求，相當程度取代了過往地方鄉鎮的社區書店的功能。

喔，還別忘了「租書店」！雖然這兩年租書店受網路衝擊略有減少，但曾經深入台灣大街小鄉、大城小鄉的租書店，雖然主要提供漫畫與言情小說的租借服務，但也有提供代客訂書服務，大型租書店也提供暢銷書的租借，相當程度也彌補了地方社區書店結束後的市場空缺。

上述林林總總的說明，不外乎想要指出一件事情，地方鄉鎮的社區書店結束營業並非台灣人不讀書，也不是沒有補足市場需求的方法，只是，某些人卻始終堅持地方鄉鎮必須有某種文化品味的書店，以書店的普及程度作為知識文化水準的象徵，可能是忽略了市場自行調節需求的能力，還有社會變遷造成的通路轉型。

退一萬步來說，縱然我們希望每一個鄉鎮都有一家自己的書店，因為越來越多的書店不只是賣書，更是人與人之間情感與情報交流的流通中心，在地方城鎮能有一家書店當作文藝活動的中心，除了提供圖書也提供演講或展覽，餵養當地居民當然也非常棒，好像嘉義市的洪雅（關注社運和在地文化保存與活化）、宜蘭員山深溝的小間書菜（以書換菜）。

這的確是一個龐大而且美好的文化深耕在地社區的理念，然而，這是便宜行事的每個專案補助五十萬元，甚至是更大的品牌行銷與市場拓展計劃的五百萬，鼓勵青年人下鄉去開書店，就能完成的閱讀文化推廣的大計嗎？

我深深感到不以為然！

補助不改只是給錢，更應該給予更多實際的協助。像是，協調當地社區閒置的公共空間或國有土地，使其可以特殊方式租賃，從根本降低或減免租金成本壓力。

另外，以附加的方式，直接扶持當地的租書店或原本還存在的社區書店，以共同或複合經營的方式增加書店經營品項，達到在地推廣文藝活動與販售圖書的功能也是不錯的做法。

第三，開設課程，協助下鄉的書店主人可以累積必要的經營知識。無論是學習以臉書粉絲團或社群網站經營在地讀友，還是定期找來其他成功的獨立書店業主傳授相關營運小技巧，還有各種書店營運必須的知識（在美國有專門開設給有意願開設獨立書店者上的書店經營課程，文化部應該開設相關課程，甚至不只是書店需要開設培訓課程，其他像電影出版等文化部執掌的相關產業，文化部統合在一個文創學院之類的名義下，開設相關的人才培訓課程，供社會上有興趣或者已經在該產業裡的從業人員使用），甚至協調給予稅務方面的優惠等等，都是政府可以更多著墨協助書店下鄉的部分。

第四，協助鄉鎮書店成立聯盟組織，可以聯合向經銷商或出版社要求進貨折扣優惠，或協調其他活動舉辦。

舉辦藝文活動願意補貼經費一項，我舉雙手贊成，然而，一定要獨立書店才能申請嗎？其他單位若想舉辦閱讀相關的藝文活動，不能也給予支持嗎？

至於研發生產、品牌行銷及市場拓展給予五百萬鉅額補助，雖然立意甚美，卻有點不切實際。會願意下鄉開設獨立書店的朋友，恐怕從來沒打算把書店成大品牌通路，否則乾脆一開始就在都會區開書店就好了！

總而言之，地方鄉鎮不一定需要民營書店來證明文化閱讀品味的存在，因為我們已經有網路書店、租書店、便利超商，加上公共圖書館來滿足當地讀者的需求。

如果文化部和文化人真的認為，地方鄉鎮需要這類型書店，就應該更從長計議的規劃出一套可行的辦法，只是編列補助預算，只是審查來申請者的企劃書是否府合資格，卻不管後續的落實是否成功，恐怕是太過便宜行事，或許五十萬下鄉開書店可以撐個三五年，但三五年之後又將如何？

另外，還有人談及圖書定價制可以保障獨立書店生存，恐怕也是想得太過美好。如今大型通路可以現金回饋等各種優惠變相給予折扣，獨立書店是無法在圖書定價制上佔到便宜。而且，一旦施行圖書定價制，配送快速且商品齊全的網路書店應該是最大受益者，靠深耕讀者與特定主題書籍的獨立書店，未必能得利。

總而言之，我們應該更審慎的規劃與推動獨立書店下鄉計畫才對！如果文化部的補助專案最後失敗了，真的就是台灣知識陸沉的明證嗎？還是我們沒有給予足夠多的後勤補給支持，才讓這些有熱情的青年人成了白老鼠白白犧牲？

電子書

紙本書會消失嗎？電子書，即將大獲全勝？

之前電子書即將取代紙本書的那種沛然莫之能禦的氣勢十足，先是亞馬遜宣布其所販售的電子書閱讀器取得驚人的成長，接著是各種數位閱讀硬體設備的劃時代革命，像是圖文自動化排版技術，隨頁註記等過去紙本書才有的功能電子閱讀器也全都具備了，和傳統紙張一樣薄的電子紙更是吵得沸沸揚揚，彷彿明天就能量產上市了……

總之，市場上對於電子閱讀器與數位閱讀的信心滿滿，傳統紙本出版品的出版人也非常有危機意識的積極對旗下公司進行組織調整與業務變革，例如城邦集團為了面對電子書與數位閱讀時代的來臨，何飛鵬甚至宣告紙本書只剩下五年的壽命，並以此為基準要求組織進行大規模的調整，目的就是不讓自己的組織在數位時代缺席。

有鑑於數位閱讀趨勢的不可避免，行政院指示經濟部、教育部及新聞局共同擬訂電子書產業行動方案，研議優先從教科書和圖書館電子化著手，新聞局將提出「點火計畫」，補助出版業者發展電子書；經濟部工業局和技術處也會針對數位內容廠商提供研發經費補助；教育部會朝向鼓勵中小學多用電子書、少帶書包，優先將教科書電子化希望電子書產值到二〇一三年達千億元，國內相關業者則有意共同成立類似亞馬遜的大型公司，以數位出版平台業為方向，再邀請國發基金投資，進一步擴大應用市場……

從上述發展趨勢看起來，數位閱讀取代傳統紙本閱讀只是時間的問題，人類註定要迎接數位閱讀時代的來臨，難怪不斷有人在預言紙本書的消失時間。

紙本書的消失談的的其實是……

關於紙本書何時消失，業界與學界有各種的預言數字，不過大抵落在五到二十年之間，也就是說，五到二十年後，紙本書將被淘汰，電子書與數位閱讀將大獲全勝。

不過，我認為預言紙本書再過多久會消失這個提問法是錯誤的，那些喜歡給出某個時間點作為答案的人，大多訴諸一種恫嚇式的提醒，希望引起社會關心此議題，但卻往往誤導了議題探討的方向。

嚴格來說，紙本書是不會消失的，姑且不論那些已經存在的紙本書，價格高昂的古本書並不會因為電子數位閱讀的崛起就憑空消失，即便是新書出版，我相信就算是二十年之後，也依然會有紙本書繼續發行，只是發行規模和方式都不再是工業革命之後的印刷書所帶動的出版產業經營模式，反而比較可能回到前現代社會，甚至是手抄書時代，把紙本書當作一種工藝品、藝術品，以精裝、限量、手抄等各種具有藝術價值的表現形式來製作，而發行上則會相當程度仰賴數位通路。

也就是說，物理意義上的紙本書是不會消失的，當前出版市場上談的沸沸揚揚的紙本書的消逝，實際指涉的與其說是紙本書載體的消失，不如說是印刷紙本書出現後，伴隨著機械大量複製的紙本書所孕育而生的出版產業營運模式將因為數位閱讀與電子書的崛起而產生典範轉移。傳統紙本書的經營型態將日趨沒落，取而代之的將是配合電子書特性的新營運模式。

傳統的紙本書產業需要有內容、載體、配送發行、交易平台四大領域，而以經濟部對電子書的界定來看，電子書產業分為閱覽器、內容，以及交易平台三大塊，也就是硬體、出版及軟體。

電子書產業崛起首先直接衝擊的，是傳統紙本書產業中的配送發行、載體之印刷複製與交易平台中的實體書店，因為電子書能以線上下載的模式，擁有零運送成本與零成本複製，出版中的印刷與流通發行部門勢必萎縮。

較不受衝擊的有交易平台之網路書店（因其線上交易特性與市佔率，較容易轉型成功，但未來會有哪些新的網路業者崛起競爭還不得而知）。

最不受衝擊的要屬內容生產者，也就是創作者與翻譯，無論書籍載體是手抄，印刷還是數位，都必須先有內容的存在。不過，雖然創作者的工作本質較不受影響，但競爭卻是人類史上最激烈的，除了要和已經存在的書籍競爭，還得面對不斷冒出來的創作新人，因為寫作和出版門檻已經降到史無前例的新低。

就電子書的產業鏈來說，必須先有內容，不但要將既有的紙本書籍、雜誌電子化，新書出版時將會有一段時間是紙本與電子版本並存，之後再隨著市場的接受度而調整（例如報紙雜誌在數位閱讀的接受度上比書籍來得快一些，全面電子化的速度也比較快；書籍方面，資訊性的書籍電子化的速度快一些，講究企畫主題性或者較為經典的作品，全面電子化的速度會慢一些）。

其次是交易平台，電子書須要有有別於過去傳統實體書店的新交易平台，讓消費者下載電子書，這些電子書交易平台不一定是網路書店，很可能是其他賣場，雖然就目前的發展趨勢來看網路書店似乎是最具有搶佔市場的實力。

最後則是供消費者閱讀的閱覽器，也就是俗稱的電子書。國內投入閱讀器開發的業者越來愈多，像是筆記型電腦大廠華碩、面板大廠友達，都已完成自家電子書閱覽器的開發，電子紙的部分，有元太科技已經開始出貨給亞馬遜，友達也透過旗下投資公司，與美國電子紙廠商SiPix Imaging Inc.簽訂投資協議。

對於閱讀器的發展，我個人的預測是終將走上類似ＰＤＡ的路，難以完全獨立成為一支消費性電子產品，被廣大的消費者接受。比較可能的趨勢是，目前閱讀器所開發的功能將被未來的高階小筆電或手機吸收，成為標準配備的一部分（透過時下電子業最流行的併購模式將技術收買），因為筆電和手機已經是當前數位時代的基礎配備，使用人數遠超過目前看起來銷售業績不差的閱讀器。

紙本書的消失與出版人的未來

也就是說，紙本書是否真的消失，其實並不重要，至少對於廣大的一般讀者來說他們並不在乎，讀者只需要對其最便利的閱讀載體，提供他們所需要的內容資訊即可，真正關心紙本書是否消失的只有藏書家、大眾傳播學者，以及哀嘆紙本書以及五百年印刷文明消逝的文化人和出版人而已。

身為出版人，一種將內容經過某種編製後以某種載體流通的專業人士，實在不需要花太多時間去哀嘆紙本書的消逝，因為紙本書的消逝這個問題所要反映的是出版產業即將到來的經營型態的巨大變革，你能否看見變革後的出版界將以甚麼樣的型態運轉，你能否跟得上腳步？

舉例來說，數位閱讀成熟後，報紙雜誌漫畫將逐漸走上無紙化，租書店中將少掉一批可用來獲利的商品，前一陣子新聞才報導不少租書店讀者都改上網看漫畫不再進租書店，業績大降三成，租書店業者是否已經開始思考如何面對數位閱讀的租書量衰退？

另外，當越來越多讀者轉為線上閱讀，在網路書店買書，傳統實體書店業績下滑（特別是獨立書店），書店業者該如何自救，或者幫書店轉型？

數位閱讀的出現，最明顯易見的好像是紙本書的衰退甚至消亡，但其實更重要的是隱藏在紙本書既有的產業生態中的業者將面臨生死存亡的抉擇，面對數位閱讀時代的降臨，我在產業的未來中所佔的位置是否具有競爭力，是否能繼續存在，會不會消失，這些才是從業人員該考慮的問題。不管現在你是不是最大最強，如果不思考未來變革降臨時的處境，再強都會被無情地淘汰。

別再管紙本書到底會不會消失了，那是個假問題，真正的問題是轉型為數位閱讀後出版從業人員將如何自處？該如何調整自己的定位與經營模式？如果台灣最大出版集團的老闆何飛鵬都說只剩下五年，積極的想方設法替集團找出路，那我們這些搞出版的出路又在哪裡？是該好好靜下心來了解並思考數位閱讀時代大獲全勝之後自己的出版角色，從現在開始積極制定營運對策。

時代變革往往比較像溫水煮青蛙，而不是把青蛙丟到滾燙的熱水裡，出版人該問的不是紙本書會不會繼續存在，而是數位閱讀與電子書的崛起後對營運模式的影響？能否能夠嗅到變革的趨勢，率先帶頭進行組織變革與作業流程革新，使自己的組織能夠跟得上即將到來的數位閱讀時代，甚至搶先一步成為市場的領先者，這點才最重要。

數位閱聽／出版熱潮再臨的省思

本文的觀察重點在於，未來的數位出版應該不只是傳統我們所認知的出版，數位出版是從生產者的角度來看的，從讀者的角度來看，叫做數位閱讀。而未來的閱讀將不只是單純侷限於文字圖畫，影音等各種媒介全都會被整合在一起，因此，生產者和閱讀媒介／載體乃至整個產業運作結構都會配合出現一波大整合。不過，該趨勢的出現前提是出現劃時代的數位閱讀介面／載體，目前仍看不出劃時代革命的工具有能成熟到商業化且取代紙本閱讀傾向。因此，目前數位閱讀仍然只是局部取代紙本閱讀，全面性取代的時代大概至少還要五到十年才會發生，而發生之後，傳統的出版社將不復存在（至少是相當程度的式微）。

台灣的第一波數位閱讀

早在一九九八年前後，網路泡沫化之前，已故的英業達集團副總裁溫世仁先生就曾經成立明日工作室，積極向作家簽購作品的數位版權，溫世仁先生的遠景是，發展數位閱讀，由明日工作室收購作品之電子版權，再搭配英業達旗下之無敵電子字典開發出適合未來世代需求的電子閱讀器，軟硬體分合並進，企圖搶食未來的閱讀市場大餅。

溫世仁先生相信，網際網路的崛起，將會改寫傳統出版流程。傳統的平面出版業是一個複雜的產業鏈，以圖示說明之：

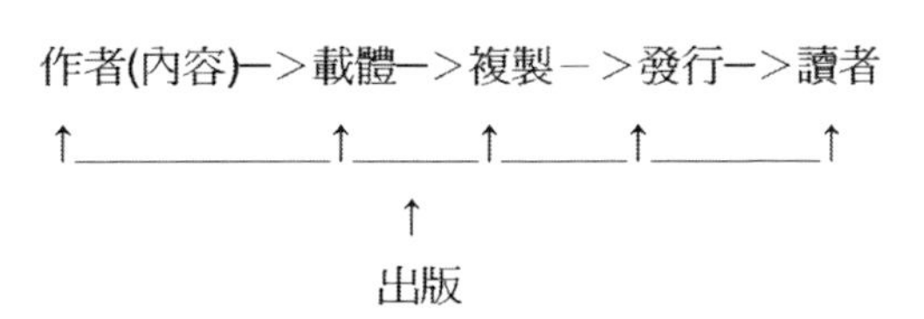

過去，還沒有電腦的時代，作者以手寫方式在稿紙上創作內容（文本），創作完成後將稿件交給出版社，由出版社負責製作書籍（載體），出版社得投入打字、排版、校對、編輯、印刷（複製）、發行（給經銷商、書店、圖書館），讀者取得載體（紙本書籍）閱讀。

然而，網路數位化崛起之後，作者可以直接在電腦（甚至網路上）創作內容（文本），創作完成後可以直接上傳至網站（部落格）張貼，將網路當作內容（文本）的載體，藉由網路無遠弗屆且可以無限複製的特性，取消／改變了傳統紙本書籍擔任載體的功能，也改變了圖書出版的編輯製作與發行流程。創作人可以自行擔任編輯、發行，將以完成文稿傳送給讀者。出版社被取消了，編輯彷彿也不再有存在的必要（也許是這個緣故，讓傳統的出版人在網路崛起之初抵制／仇視數位出版大於加入）。

遺憾的是，書海浩瀚，即便溫世仁先生財力驚人，也無法窮盡市場上之作品的電子版權收購，加上當時網路才剛在台灣發展（介面、載體、網民都不夠成熟），許多作家都對陌生新科技感到害怕與不信任，就連出版社也抱持保守的態度（害怕自己的地位被邊緣化），使得溫世仁先生投資數位閱讀的計畫功敗垂成，被歸入網路泡沫化之中。

先知總是寂寞的，他們能看見並描繪美麗未來的藍圖，卻未必能讓普羅大眾了解並且接受。

未來的數位閱讀

近來，數位出版似乎又有捲土重來的趨勢。

日本趨勢專家大前研一說，二〇〇九年（AG二十五年／蓋茲後二十五年）將是電腦網路化時代的一年，網路與電腦的功能遠比過去強大，全球有超過十億人口可以透過電腦／手機登錄上網，網路世界襲捲全世界，未來的商務交易想要成功，都不可能忽視網路世界（看不見的新大陸）。網路已經不再是少數菁英的專利，而是深入廣大市井小民日常生活中，不可或缺的一環。從工作到休閒，從生產到購物，可以完全仰賴網路提供的服務，不需接觸實體世界也可以順利進行。

此次數位出版捲土重來，從事內容數位版權收購的華藝與ＵＤＮ大張旗鼓的和出版社／作家／報刊雜誌簽訂內容數位版權（這次大家學乖了，不再採預付版稅模式簽約，而是改採銷結，賣多少數位版權才結多少版稅，雖然說數位版的售價／創作人與出版社的利潤該怎麼分還是問題，不過這些是細節，若未來數位閱讀蔚然成風，自可迎刃而解），電子書方面有亞馬遜等業者研發出較過去成熟且功能強大的載體，積極搶進數位閱讀市場，看起來似乎和第一次數位閱讀的發展有了完全不同的科技與社會條件。

電腦與網路的崛起，對於傳統內容（文本）創作、閱讀、出版發行和思想載體產生翻天覆地的變化。

今天的創作人將網路當作文字思想（文本／內容）的載體，網站和部落格就是他們的「書」，電腦、手機就是數位閱讀器，ＲＳＳ、Email、下載軟體就是複製與發行的工具，光纖網路系統就是宅配系統。電腦與網際網路的崛起，完全顛覆了傳統出版發行的流程，文本創作完成之日就是複製發行宅配給讀者之時，傳統出版社負責的編輯製作與印刷（複製）過程全都可由作者自行擔任（且複製／配送發行完全零成本），或者委託給專門業者（例如專門外包網頁與Email製作發行的公司）。

電腦與網路科技的崛起，使得寫作與出版門檻降低，人人可以寫作、人人可以做出版的時代到來，出版市場供需進一步失衡。網路崛起的免費特性被保留了下來，如今網路上充斥各種免費文本可供閱讀，不乏結合文字圖像影音的多媒體文本創作，大大衝擊傳統以文字書寫為主的文本。

由於數位化崛起，出版門檻降低，作者可以考慮個人出版，甚至僅將作品張貼在網路上，直接／免費地面對讀者。當網站創造出高人氣流量後，再尋找廣告贊助或者出版發行。傳統出版社的角色勢必得面臨轉型。

編輯製作的（整合、加工）工作依然會存在，但應該會傾向外包，公司內將不再設置大量的編輯處理書籍的編輯製作印刷發行業務，因為很多「書」將不再發行紙本，只透過數位發行提供讀者下載或訂閱。

雖然目前紙本出版仍占閱讀市場的核心地位，不過，已經有逐漸鬆動的跡象，像是學術期刊、報刊雜誌等強調即時性的資訊性內容，還有字典百科等強調完整度的知識內容，紙本已經逐漸被網路數位閱讀逐漸取代。

雖然未來還有很長一段時間，紙本圖書靠著企劃與文稿組織的優勢，以及人們對於紙本圖書的偏好，還能繼續存在一段時間，不過，若是不久的未來出現了能夠讓讀者接受的數位閱讀介面／載體（介面與載體是不同的，介面指的是呈現文字思想之版型字體，類似紙本書的排版與字體設計；載體指的是呈載內容創作之複製流傳的設備，例如過去的紙本書，今天的電腦／手機／網頁），再加上出生在網路時代的新興世代的成熟與佔據消費市場主流的情況下，紙本圖書存在的範圍將不斷縮編。

未來，很可能只有經典或具特殊知識／智慧價值之文本會以紙本圖書的方式發行，其他的有時效性或者不那麼具有典藏性的資訊性文本都將改採數位發行。

我認為，傳統出版人的角色將會出現重大轉變，光是買下書稿版權加工製造成圖書配送到書店銷售的傳統出版社將會式微，出版社勢必得轉型。過去出版社承擔起圖書版權購買、編輯製作、印刷、發行，集合投資、整合、選擇、加工（文稿版權的購買與圖書製作）的功能將出現轉變，未來的出版社依然需要投資在文本版權的購買，但比較偏向製作人的角色，也就是將創作人當作藝人來經營包裝行銷。未來的出版人更像導演或製作人而非編輯，需要的是企劃圖書主題的能力（提出具銷售力的圖書選題／企劃）與判斷市場的眼光（能判斷簽下哪個作家的作品能不能賣）。

數位閱讀市場中充斥許多優質但卻免費的作品（他們可能靠廣告贊助或者販賣周邊商品或代言商品賺取收入），出版社想要出售內容（文本）「載體」獲利，將比紙本書籍時代困難。就好像數位影音的崛起，大幅衝擊ＣＤ、ＤＶＤ的銷售，除非影音產業能發展出發展線上收費／下載系統販售數位音樂，或者替音樂／影音創作人找出銷售影音產品之外的獲利管道，例如公開影音使用之授權抽成，創作人之周邊商品與商業代言，或者現場表演活動等等。

實際上，越來越多的數位創作人都是走多媒體複合創作路線，未來的「書」呈現的方式遠比現在多元，不只有文字還有圖像影音。

隨著電腦與網路崛起，如今的數位閱讀已經不只侷限於文字與圖像，影音也早被納入，數位出版的範疇將被擴大。未來的數位閱聽的範疇不祇是出版業能做，音樂電影電玩等文化創意產業都能涉足其中。也就是說，不久的未來電玩影音出版（圖書雜誌）產業應該會出現一波大整合，創造出一種新的提供全方位數位閱聽服務的業者，服務新一代人類的閱讀／聽需求。

從電子書的發展瓶頸看數位閱讀與電子化社會的未來

亞馬遜網路書店繼二〇〇八年一一月推出第一代電子書（閱讀器）大獲好評後，隨即於二〇〇九年二月又推出第二代電子（閱讀器）。新一代的電子書重量僅三百公克，卻可存放一萬五千本書，只不過要價一萬元（新台幣），令許多讀者望之卻步。

說到電子書，最早起源於一九九〇年代，網路還沒泡沫化的時候，各界紛紛摩拳擦掌，中文世界像倉頡打字法的發明人朱邦復，前英業達副總裁溫世仁等，都投入過電子書的發展（無敵CD其實就是英業達發展電子書的一個重要企業）期望投入電子書發展，成為電子書平台制定者，成為引導下一代閱讀的領先品牌。

十多年過去了，台灣的電子書遲遲未能跨過百分之十六（科技領先者的比例），無法發展為成熟而普及化的產品。對於電子書之所以無法普及的討論非常多，例如電子書太重、太貴、攜帶太不方便，閱讀太久會傷眼睛，軟體內容太少（願意授權書籍內容電子版權的出版社太少），還有技術不夠成熟，還有人認為，閱讀就應該以紙本為主等等。言下之意，彷彿只要克服了上述問題，電子書就可以普及開來。

放眼近十餘年來電子科技產業的發展，技術有了劃時代的進步，薄如傳統紙張的電子紙技術已經問世，電子紙輕薄且可以彎折都不成問題；隨著顯示器的進步，閱讀疲勞的問題也被克服了；Google與亞馬遜的努力，還有許多免費公版書電子化的計畫，電子書的內容不夠的問題也克服了；售價太貴問題，一般的看法是當產品大量流行之後，價格將能有效壓低到一般人都能接受的地步。至於堅持紙本才是閱讀王道的人，新的論點認為，生長於網路電子媒介的下一代將日趨不在意閱讀是否在紙張或者借助電子媒介的方式進行。

然而，電子書卻依然無法普及，依然是少數人的嗜好，無法像電腦或手機般普及。我認為，上述分析雖然都有一定程度的道理，但卻也不約而同的陷入了一種盲點，那就是把電子書和其他類似的電子產品一分為二的切割開來。

我認為，電子書（閱讀器）之所以遲遲無法成功，是因為當今世界早已充斥太多「電子書」，只是發展電子書的業者落入了一種盲點／誤區，沒能想清楚問題所在。從電子字典、PDA（又是另一項失敗的電子產品）、手機與電腦，其實都是電子書，只是並非電子書業者刻意想要區分為專門純粹是閱讀用的電子書。

問題是，當我們擁有同樣可以承擔閱讀任務的電子字典、PDA、手機與電腦（而電腦越來越薄越小，且攜帶方便）的同時，有必要再發展出一種名為「電子書」的電子閱讀平台嗎？特別是當其他電子產品（尤其是電腦）既輕薄短小，且能複合各種電子產品的功能，不但可以閱讀，還可以上網（在網路上可以交友、工作、休閒娛樂、投資理財、旅遊、看新聞／閱讀部落格等等），攝影（取代相機）、講電話（取代家用電話甚至手機）、寫Email（取代傳統信件）、字典（取代電子字典）、玩電動，打MSN（即時通）、搜尋引擎（取代圖書館）、看電視電影（取代錄影機／電視）、聽音樂（取代收音機、錄音機與錄音筆）、充當監視器，還有各種各樣功能強大的軟體程式可以用（例如可以當銀行，可以逛街，可以工作），強大到足以將全部電子產品全都融入一具電子產品腦中，人們一具電子產品就能搞定大小事（只是還沒出現能夠充分整合上述功能而造型優雅且不太佔具空間的整合性平台，才讓既有電子產品各行其是，各具市場，然而，走上整合絕對是未來的趨勢），為何人們還要花已經可以買壹台整合各種電子產品功能的機器的錢去買壹台只能用來閱讀的電子書閱讀器？

再深入一點看，近二十年的電子產業發展，正是建立在不斷細分產品使用功能，使每一種功能的電子產品各自發展出一套規格複雜且外型炫麗的產品系統，各自的廠商在自己的系統中不斷去培養流行文化與死忠粉絲，使得電子產業能夠迅速膨脹且茁壯。問題是，過去電子科技不發達，微型化技術還不夠成熟，功能各異的電子產品被迫分家且各行其是乃是理所當然。試想，一九七〇年代的電腦還大的需要一間房間才裝得下，功能還很陽春，生產製造者自然沒想過將其他功能複合進名為電腦的電子產品中（其實不只電子產業，各行各業都有陷入過度專門分工的迷思，未來應該會逐漸走上整合之路，例如實體通路店面，誰說賣書的書店不能賣其他產品？未來的通路將會以商圈客戶需求和店家本身的專長做產品生態系的調整，出現更多結合食衣住行育樂產品／服務，類似便利超商的複合式通路）。

Google的電子書（閱讀器）不能反過頭來成為整合各種既有電子產品的新平台，且還能具備傳統紙張與紙本書籍的優點（我認為紙張與紙本書的優點在於可以隨時在紙張上書寫／擦去筆記，可以摺疊，是種能讓人和物充份互動的傳播媒介平台），平台介面要夠友善且和目前的書籍或入口網站不同，外型還要夠酷炫，可以不斷升級也可以安分守己的使用，才可能成為君臨天下的新電子產品，否則，電子書是不可能有出頭天的一天。

簡單說，電子書想要成功，不能再置身於其他電子產品的功能之外，只想著發展與閱讀相關的功能之電子化，還必須考慮將現代人所有溝通與娛樂需求之電子產品全都包含進來，未來一台電子書可以成為整合所有電子產品與網路服務的平台介面時，電子書才有真正成功的一天。

我認為，未來的電子產品主流可能又會回到類似桌上型電腦，只是此次的主機功能不若過去零星，而是一架能整合所有家用電器和電子產品的高級電腦，至於螢幕介面可能同時配備大小不同尺寸的規格，小尺寸外出用，中型尺寸居家個人用，超大尺寸闔家使用，一台主機就能提供多人同時使用（隨身碟則是個人外出攜帶用之超小型主機／或者直接內建在小型螢幕介面之中，透過網路連線與家用主機或企業超級主機連結，取得資訊）。這些電子產品的外殼可以任意更換（像時裝），內建軟硬體的升級不像過去要汰換新機（而是拿回原廠請公司安裝／更換新硬體或直接下載新軟體），甚至自行配備太陽能電板，產品原料百分百可回收，是標準的綠色環保節能商品。住家、汽機腳踏車、公共空間（如捷運、博物館、公家單位、圖書館）、大眾運輸系統、公司行號也都設有類似的主機，方便用戶隨時插上手上的小型螢幕（我預估應該是電子書或是手機格式會勝出），連線上網使用。

未來電子產業的趨勢勢必是走上整合，而誰能搶先開發出複合程度最高、功能最強，外型最美，價格又能為消費者接受的成熟產品，誰就能領導下一代的電子產業，成為新一代的電子產業龍頭老大。而且，以電子產業全面升級進化為核心，再全面性的擴及食衣住行育樂等各行各業的產品與服務，隨著完全嶄新的電子產品出現所帶動的食衣住行育樂等各領域全面性換機熱潮也將帶動新一波經濟發展。台灣若想走出此波金融海嘯再創電子產業高峰，就絕對不能在研發下一代超整合型電子產品的路上缺席。

唯有釐清數位閱讀的本質與發展方向，認清電子書的發展侷限與問題所在，才能替未來的出版產業找到正確的方向與出路。我認為，出版人應該儘早投入電子書平台規格的設計與發展，幫助電子產業開發出真正實用，滿足消費者需求，又能能搶攻市場的電子書產品，出版界才能真正從中獲利，賺得下一波讀者的心（和錢）。

替免費的數位閱讀找收入來源

——佈局下一個十年出版人與創作人該做的事

人類的閱讀行為發生正面臨五百年來的大變革，因為，閱讀媒介從傳統紙本書籍形式轉變為數位網路形式，許多紙本閱讀已經被數位閱讀逼退，雖然眼下還未大幅影響到紙本圖書的銷售，但長遠來看，當數位閱讀技術更加成熟的同時，淘汰紙本閱讀的可能肯定會更大。身處這場變革中的出版人與創作人，未來的挑戰是艱鉅的，必須一方面在紙本出版上繼續，另一方面卻要敢於開拓，接受網路將成為未來閱讀主流，尋找活路。

傳統的書寫者創作、投稿出版社，由出版社評選決定出版後，交由編輯加工製作成書後，透過經銷商配送到全國書店（或其他非零售銷售體系），販賣給讀者的出版產銷模式，未來將逐漸鬆動。

當前的創作人在書寫時，絕大多數會同步在自家的部落格／新聞台發表，雖然是先交由目前的平面媒體（雜誌、報刊）發表以賺取稿費，作品集結後交由出版社出版紙本圖書販售（賺取版稅）。然而，這套產銷模式在未來肯定會出現變化，例如，新的暢銷作家的作品不少是先在網路／部落格發表，贏得瀏覽人氣後和出版社合作推出紙本書籍，根本沒有在平面媒體發表。

此外，過去的產銷模式已經讓許多精英書寫日漸叫好不叫座，也讓出版人對此卻步，減少出版量。叫好不叫座的原因有很多，例如現代讀者有很多方式可以免費讀到這些作品，例如將作家發表在平面媒體的作品加以網路轉寄。數位閱讀讓閱讀卻不用花錢購買的情況日漸普遍，除非有特別需要才會購買紙本書籍。網路上讀不完的文章（Google的出現更讓線上主題閱讀成為可能，進一步挑戰非文學書籍的系統性閱讀特性），滿足了不少人的閱讀需求，間接壓抑了購買平面出版品的意願。我認為，總體來說，這也是翻譯作品賣得比中文創作好的原因之一。因為翻譯書沒有像中文創作先在數位媒介上大量的曝光。

不過，雖然紙本圖書銷售情況看似險峻，但我卻很樂觀。因為，我們身處於人類有史以來閱讀量最龐大的世代。無論男女老少，每天只要醒著，幾乎一直在閱讀。紙本圖書總銷售量的下滑，是我們正身處承載文字／思想媒介進行轉型的巨大社會變遷所造成的影響的時代的緣故。只要我們能替免費的數位閱讀找到收入（商業經營模式），「出版」將會是前景無限的旭日產業。

眼下從網路竄紅的作家之所以平面出版品依然能夠長紅，主要在於網路閱讀變革尚未完成（人們仍然習慣仰賴平面閱讀），網路與紙本閱讀還會並存好長一段時間。圖書數位閱讀的銷售目前還未找到眾人能夠接受的載體形式與商業模型（但學術期刊已經找到數位銷售模式，且運作良好）。然而，二十或五十年後，如果數位科技按此趨勢發展，我實在懷疑紙本圖書還能像今天這樣佔據出版市場的主流嗎？我認為，未來，還是會有紙本書，只是典藏懷舊的美學價值大於閱讀使用價值。

我認為，面對數位世代的閱聽人（出生於一九九〇年，成長過程中就有數位閱讀的存在，且習慣電子商務交易模式的新世代）逐漸取代紙本閱讀世代的人口，未來的職業創作人面臨的最大的考驗是，創作越來越難以紙本發表來換得經濟收入。舉例來說，平面報刊媒體日漸萎縮，創作人投稿欄位大減，但創作者人數卻逐年遞增，僧多粥少讓創作後進更難搶攻平面媒體的發表欄位（被少數知名／暢銷作家寡占）。

我認為，替免費的數位閱讀找尋可行的商業模式，以某種形式付費給創作人，是未來出版界最重要的革新議題。

已故的英業達副總裁溫世仁生前常掛在嘴邊的一個例子說到，如果某人很會講笑話，能利用網路的特性，經營一個內容網站，每天寫一則笑話，一則笑話讀一次賣你一塊錢，看起來很少，由於真的很好笑，於是很多人買，價格便宜人人都能負擔的起。若有一千萬人讀這則笑話，那麼一則笑話就能賣一千萬，那可是龐大的收入。

當網路於一九九〇年代第一次崛起時，不少人都以為架設網站，以經營內容或販售商品吸引流量，就可以讓流量變現金。只是，在最後一個環節流量變現金的地方卻出了嚴重的問題，當時沒有人知道該怎麼做？溫世仁先生的發想，在web 1.0時代有商業化的瓶頸，如今有了web 2.0，網民增加了，頻寬也擴大了，熟網路世界透過Google與部落格串聯，加上電子交易平台的成熟（Ｃ２Ｃ），微型銷售成為可能，網路交易不再侷限於Ｂ２Ｃ，不再需要透過大型商城，網拍等Ｃ２Ｃ的電子商務模式成熟，Google ad給了小型網站（如部落格）創造流量以推薦廣告來換取利潤的可能性。部落客可以讓Google的廣告外掛在部落格上，當讀者透過部落格點閱Google廣告時，部落客就能獲得一點費用。透過這套機制，可以讓許多在大眾媒體或web 1.0時代花不起錢做廣告的中／小／個人企業投入廣告行銷預算（有點擊購買才需支付廣告費）。

舉凡知名作家都有自己的專屬網站，這些網站若能有效的外掛Google ad或廣告／贊助連結（或由出版社／雜誌社／報社出面架構網站），創作者只要認真經營網站，吸引流量。

聯合經營也是一種模式，找一群志同道合的創作者（我以為不同但卻互補的創作類型為佳），以分別版面卻共享平台模式，一起經營一個網站／社群，爭取高流量，創造點閱率與廣告，換取收入。

未來如果出版人與創作人無法找出在免費數位閱讀系統找收入的商業模式的話，出版可能會再度退回前工業社會時代的業餘主導，出版產業可能大幅崩解。

數位出版，絕非紙本的電子化（將文本集結成一個檔案，然後讓讀者下載購買）。這個模式說穿了仍然是紙本心態，只是將書變成電子檔，未來肯定沒有生存利基。

未來的數位出版，可能比較貼近現在的部落格，創作者透過部落格（是為一本主題書），讓讀者選讀並以某種方式付費。我認為線上遊戲的商業模式極具參考價值（讓人在虛擬社群系統中生活、交換、生產與消費），因為如今的部落格早已是多媒體經營，可以閱讀文字、圖片、影像，還可以搜尋、超連結、MSN及時通，再加上其開放而多元的連結性格，根本是建構社群的最佳基地。

部落客也可以自己將作品委由網路商城或網路書店銷售，當某個閱聽人透過該部落格點擊網頁進而造成購買行為（或其他任何可達成付款條件）時，便支付部落客報酬。

長期來看，未來的出版人與創作人直接從紙本出版品獲得的收益將變少，但絕對會有新的收益來源出現，只是身處過渡時期的我們必須努力去開發這些來源，例如我認為，出版人與創作者必須在免費的數位閱讀上創造幫助創作者獲利的商業模式。

就像唱片工業仰賴販售CD獲利的部份日少，經紀人必須幫歌手接洽演唱會、活動／商品代言，向公開使用歌曲的商業單位收取使用權益金，開發歌手的可販售周邊商品等等，更全面的經營歌手的演藝事業獲利來源。未來數位閱讀的商業模型絕對不僅止於販賣部落格文章，像是在部落格推薦商品或店家，再向其收取費用，販售獨家／自製商品，都是可能的作法（例如暢銷生活風格作家葉怡蘭就自行成立部落格，寫作也販售獨家商品）。另外，推銷創作人到團體演講，接洽活動代言，拍攝媒體廣告，乃至接洽所有靠文字創作獲利的工作，都能透過部落格的經營來完成），將日漸普及的免費數位閱讀行為轉化成具經濟價值的商業收益，才能造福下一代的創作人。

創作人不能再置身於讀者之外，社群／部落格經營是創作生涯必不可逃避的工作，因為，人類閱讀習慣正面臨五百年來最大的轉變，將從紙本逐步過渡到網路，閱讀與創作（及其銷售）模式也必須跟上轉變的步伐，將大量遷移上網的免費閱讀行為轉化成收入。當前出版人與創作人必須審慎思考這一點，且需要更多的人才和創意發想的投入，幫助創作人與出版者在數位閱讀上創造收入的經濟制度更健全多元，才能夠讓更多創作人能夠在盡力提供作品之餘，也能換得經濟保障，保障創作生命不會因為免費數位閱讀而被擊垮。

數位版權與版稅
——華美大不同

電子書的發展趨勢，真是美華大不同啊！

話說，美國業餘作家約翰洛克（John Locke）二〇〇九年起在亞馬遜網路書店的電子書自助出版平台（Kindle Direct Publishing）陸續推出了九本驚悚小說，憑讀者與超低價策略（每本售價〇・九九美金，每本版稅百分之三十五）熱賣，於二〇一一年六月底正式成為第八位在Kindle電子書平台銷量破百萬本的作家，替他賺進千萬（新台幣）版稅。

同一時間稍早，台灣的暢銷作家九把刀與大陸的暢銷作家韓寒，則因為不滿蘋果網路商城放任盜版商上傳盜版作品不管，檢舉後也態度強硬，鬧得不甚愉快。

為什麼同樣推出電子書，有的作家能夠殺出一片天，賺進千萬版稅，有的卻只能眼睜睜看著盜版橫行，把屬於自己的利潤賺走？

我認為和販售平台的經營模式有很大的關係。

目前網路上販售電子書的商城系統，約莫可分為兩種模式，我稱之為亞馬遜模式（百貨公司模式）與Google ad模式（房東模式，蘋果商店屬此類），兩者最大的差別，在於商城的角色定位。

大家都知道，Google ad擁有一套上傳系統，想要刊登廣告的業者只要根據系統規定填入資料，就能完成廣告的刊登。

蘋果商城所販售的產品也類似此一系統，將商城的運作全都交給電腦系統，全面自動化（人力不介入），蘋果商城有點像Facebook的商業版，言下之意就是我只負責提供一個網路交易平台（也有點像eBay初期），讓有興趣使用的人上傳其所要販售的產品，至於產品是否合法等，蘋果商城並不主動關切。

對蘋果商城來說，他好像房東把店鋪分租給承租者，收取房租（產品售價百分之三十），向我承租店鋪的業者要賣什麼產品，產品是否合法，我管不著。就算販售非法商品，也和我房東無關，正版業者想告，請自己找那個盜版你作品非法販售的人告，頂多我等到證據確鑿之後，將非法商品下架。

亞馬遜模式則是將自己當作百貨公司，他也將自己的平台出租給想要承租的業者，不過，卻要對產品進行某種程度的審查或認證，不符合自家公司品牌形象或者違法之產品，會考慮不上架（當然，線上系統的審查不可能百分百不出問題，畢竟也只能信賴供應商的說法）。

在亞馬遜販售電子書未必不會碰上非法盜版業者取巧，但亞馬遜根據自己的品牌形象和企業定位（百貨公司），考慮有所做為的機會會比蘋果商城（房東模式）來得高出許多。

我個人認為，蘋果商城可以採房東模式沒問題，但是，當有人上門告訴自己，所承租出去的店鋪所販售之產品為非法產品時，房東應該收回店鋪的出租權，不應該只因為有房租收就好而放任承租者繼續販售違法產品，只不過，若從房東模式來解讀，我的認為只是道德層面的勸說，可能在法律層面上難以站得住腳。

其實，數位版權的認定與保護，特別困難。今天的蘋果商城只是提供一個便利於面對大眾的平台，讓盜版商方便販售並且牟取暴利，就算無此平台，盜版商還是可以利用其他方式非法販售產品。

當然我們期望一家如此大的跨國公司不應該容許自己參與法律所不允許的商業活動中，不過，實際上卻也和該公司經營模式的建構與公司品牌定位有關。

對蘋果商城來說，我只把自己當成房東，底下有成千上萬難以計數的數位創作內容產品透過該商城販售，我不保證他們所販售之產品皆為正版，有問題請正版業者自己找盜版業者處理。

蘋果之所以老神在在而被侵權的作家之所以氣得跳腳，恐怕和彼此對網路商城的認定方式有所出入，該如何讓採取對自己有利策略的網路商城願意和合法業者合作，而不縱容非法業者，是未來數位內容在網路平台上販售必定會碰上的問題。

就算是亞馬遜模式，也很難杜絕非法盜版業者鑽漏洞，畢竟數位產品多如牛毛，又橫跨全球，正版業者就算發現有盜版商在網上非法販售，真的有能力提告或把事情鬧大的人也極有限，更何況，盜版業者被抓到大不了關掉帳號拿掉商品，另立門戶重新開始，正版業者或網路商城根本防不勝防（或者說，只有少數暢銷作家才會發現並且有能力去提告）。

其實，今天一般的販售實體書的實體書店，也多半和蘋果商城一樣，都是先讓供應商將產品上架販售（基於信任供應商的原則），直到有人出面表示某件商品違法或者有剽竊時，才會進行處理（我自己在台灣的連鎖書店擔任採購時就碰過好幾起抄襲作品更換書名就上架販售，後被原出版社告發並寄來法律存證信函，要求產品下架的事件）。

我個人認為，要求蘋果商城必須判斷所販售之產品是否合法，有點強人所難，特別是當蘋果商城若認定自己只是「房東」而非「百貨店」，因為產品內容實在太多，橫跨國家太廣，且無從得知該供應商是否取得原產品之合法授權，最多是碰到檢舉隨即下架。

或者還有一個做法，當某一產品的供應商宣稱其擁有獨家販售權且經證明屬實後，未來再有同名產品上傳商城販售，由系統發信件向正版廠商求證，確認無虞後才可販售，否則一律擋件（這在系統工程的技術性範圍內應是可進行設定的才對）。

蘋果之所以讓韓寒與九把刀火大，是因為明確告知其商城所販售之產品乃非法盜版，卻消極無作為，處理態度讓人不滿，才會如此，不過，如果從網路商城的經營模式來看，不難發現蘋果之所以老神在在的原因。

想讓「房東模式」的商城就範，惟一的方法就是直接告「房東」，好像過去有精品名牌廠商直接控告eBay縱容其平台中所屬的網拍業者非法販賣盜版，而不是合法業者去告非法業者盜版，唯有直接槓上房東且取得法律上對合法版權擁有者有利的判決，否則類似的爭議還會不斷上演。

最後回頭來說一下約翰洛克，不少華人暢銷作家都抱怨自己的電子書版稅少得可憐，讓人提不起勁來發行電子版。

現階段來說，華人世界的暢銷作家的電子書版稅真的不能算多（對比其實體書或其他衍生性授權產品的收入來說），但美國的亞馬遜網路書店卻已經能產出千萬版稅的電子書作家。

我認為華人暢銷作家的電子書版稅收入之所以不如美國的暢銷作家，是因為不少華人暢銷作家都由網路起家，作品本身就已經免費上網供人瀏覽，同樣都是上網瀏覽，選擇直接連到作者的部落格閱讀免費產品的應該會比前往網路商城購買產品的機會大。

此外，我認為華人作家圈的數位版稅之所以微薄，除了免費閱讀與盜版侵權外，還有一個很關鍵的原因，那就是我們提供網路商城販售的作品，多是已經出版過實體書的老書，而且實體書已經賣得熱火朝天。暢銷作家的老書每年都會動固然沒錯，但銷售量無法和新書相比，更別說有盜版和免費版本存在，都稀釋了電子書版稅獲利能力。

美國的作家之所以能夠開始享受電子版稅的進帳，是因為美國的出版業已經開始進行典範轉移，越來越多出版社與作家敢於將新書拿出來在網路書店上進行數位版販售（亞馬遜的推動或許也是不容小覷的影響因素之一），且因為數位版的製作成本較低，於是，美國出版界想出精裝書價格破壞的方式來販售新書（數位版）。

約翰洛克之前，美國的電子版新書要價約十美金，已經遠低於過去的平裝版新書，更別說是高價精裝版，對於一個閱讀市場成熟且原本書價偏高（且盜版風氣還不盛）的社會來說，價格破壞對讀者來說有很大的消費誘因，因為只要多買幾本電子書，就能攤提電子閱讀器的購買成本，此後便能持續享受低價購買新書的好處。

然而，華文出版界一來書價偏低，二來重度閱讀人口規模不夠大（市場不夠成熟），三來電子書閱讀器的平均單價仍然過高（得買很多本電子書才能攤提掉電子書的購買成本），四來出版業者還不敢讓自己旗下的暢銷作家只先推出電子版的新書在網路上販售，五來已經偏低的書價很難再進行價格破壞（雖然我覺得其實可以，畢竟電子書省了紙張與運送成本，製作成本大幅降低）……。

總而言之，一言以蔽之，華人出版界還沒發展出數位出版的商業模式，仍然還是紙本圖書模式主導市場，因此，電子書閱讀器不夠普及（這點可隨著平版電腦與智慧型手機的普及而克服，一般人畢竟不會長時間閱讀，不需要專門用於閱讀的電子書閱讀器，平版電腦與智慧手機便已足夠應付其閱讀需求），可供選擇的電子數位版新書太少，支撐不起新書市場，導致新的消費模式無法建立，暢銷作家們的電子書版稅自然無法大幅上升。

除非華人出版圈開始思考介入數位圖書的產銷模式的改變，否則，數位版稅除了少數個別例外的狀況外（例如，電子書閱讀器購買來免費贈送給讀者的贈送本，一次可能買下一萬本的數位版本），暢銷作家們的版稅大概短時間內還很難靠數位版本來衝高！

免費下載，音樂和出版的使用模式完全不同，不能相提並論

二〇〇九年十月四日中國時報有篇新聞報導指出，美國暢銷作家丹布朗新書《失落的符號》，已有多個非法線上下載網站可以取得書籍內容，該報導作者表示，出版業者認為電子書盜版風氣若昌盛，出版業很可能步上音樂產業的後塵。

這是個看起來很聳動但卻完全無法被證實的推論。實際上，目前存在的反論反而多過於推論，也就是說，免費提供電子書內容下載並不會影響書籍銷售。長尾理論一書作者克里斯·安德森在新書《免費》中引述了保羅·科賀爾與尼爾·蓋曼的例子，說明書籍內容免費讓讀者下載電子檔，反而能讓書籍更加暢銷。保羅·科賀爾在提供自己作品的電子檔免費讓讀者下載後，不但書籍銷量沒有受挫反而上升（後來出版社甚至自行決定每個月提供一本科賀爾的書讓讀者免費下載）；尼爾·蓋曼在《美國眾神》出版時大方分享書籍內容，讓讀者免費下載，結果不但美國眾神賣上暢銷排行榜，就連其他作品也都紛紛提高了百分之四十五的銷售量。

克里斯．安德森說，內容產品怕的不是免費被人傳閱下載而是默默無聞，那些不怎麼樣的產品才會因為免費下載而不被青睞。好的作品則會因為免費下載而引起讀者共鳴，進而引發購買潮。

拿音樂和書籍類比則是完全錯誤的，音樂免費下載之所以風行且衝擊唱片銷售量（但如今音樂唱片工業也發展出一套有別於過往的銷售模式，唱片為輔，其他版權收益與周邊商品販售才是主要業績來源），是因為音樂是用耳朵聽，大多被人當作背景音樂，而且電腦的音樂播放軟體如今已經非常成熟，非法下載的版本和正版CD根本無法分辨（再加上CD問世後生產方並沒有因為生產成本下降而調降價格，也曾引發不小民怨）。

然而，電子書的情況則和音樂完全不同。電子書的閱讀所仰賴的電子閱讀器或電腦螢幕界面，其科技物質基礎仍然遠遠比不上紙張（紙張較不環保但對眼睛較為舒適，螢幕的發光介面對眼睛的傷害相當大）。長期閱讀電子書容易造成眼睛疲勞。《N世代衝撞》的作者的研究則發現，電子書／數位閱讀多半較適合廣泛多元迅速瀏覽資訊性內容（例如報章雜誌的短篇文章），至於需要系統性或深入閱讀的作品（例如長篇小說），仍非數位閱讀的主流（這也是為何網站閱讀強調眼球聚焦時間只有八秒）。當年《哈利波特》在火紅的時候，世界上也充斥著免費電子版可供下載，但絲毫不曾影響《哈利波特》的銷售量（中文的非法譯本甚至比正式授權譯本更早問世且放在網路上免費供人下載，但中文版的銷售量依舊驚人）。

尼爾蓋曼免費提供《美國眾神》全書電子檔下載，但事後出版業者追蹤研究發現，讀者平均閱讀頁數為四十五頁，也就是說目前絕大多數讀者仍然以紙本閱讀作為長篇閱讀的首選。只要碰到自己有興趣的書籍，他們會放下電子書去買紙本書。

或許有人會以近來電子閱讀器的熱銷做為反證。問題是電子閱讀器的熱銷不過是數千萬台的規模，然而全球出版市場的維運規模（也就是潛在讀者）乃是以十億計，若電子閱讀器的銷售量無法衝破億台，則談論電子閱讀器的未來有多麼火熱，將能帶動閱讀的典範轉移云云都仍言之過早。記得當年ＰＤＡ問世時也火熱了好一陣子，但近來已經被高階智慧型手機與小筆電給打得不見蹤影，電子書閱讀器能否成為獨立成熟的電子商品規格還在未定之天，目前的過於樂觀與其說是社會趨勢無寧說是廠商的行銷造勢。

其實華人世界的閱讀圈也不乏免費提供內容但最後作品集結成冊（紙本書）後卻依然大賣特賣的，像台灣的九把刀、藤井樹、Mr. 6、史丹利、彎彎等網路作家，其作品大都可以在網路上免費找到，但卻絲毫不影響實體的銷售。新世代的書籍銷售，靠的除了是作品內容的吸引人，更靠讀者對作者的喜愛與支持。

書籍和唱片的不一樣之處還有，紙本書存在了超過兩千年，印刷書超過五百年，書籍的文化象徵意義短時間內很難以被只強調閱讀的功能面之電子書給取代。不說書籍的編輯設計印刷出版本身也是一項工藝（紙本書的美學價值），好的書就像工藝品一樣是值得收藏的（君不見中國線裝書與西方古書的價格之居高不下），而只要人類擁有的欲望還存在紙本書作為文化品味的象徵意涵還存在，紙本書就不會因為電子書的免費下載而被淘汰，會淘汰的頂多是那些經不過讀者檢驗讀過電子版後，覺得不感興趣不需購買紙本的其他默默無聞之作，出版業者實在無須擔心電子書的非法下載會搶了紙本書的銷售業績，那些損失就好像把紙本書賣給圖書館或租書店造成的免費傳閱與朋友借閱一樣，雖然存在但卻很有限。

在數位的世界裡，十五分鐘與七天無異

日前，台北市政府法規會指稱Google與蘋果網路線上商城所販售之數位內容商品規定違反消保法第十九條的七日鑑賞期之規定（七天內消費者若不滿意所購買之商品可以無條件退換貨），要求限期改善，由於蘋果遵守的是美國的三十天退貨鑑賞期，因此，樂於配合將免費退貨鑑賞期由原本的三十天減為七天，但Google堅持維持購買後十五分鐘內退貨的規定不肯配合，被台北市政府重罰一百萬元，不過，Google還是維持原意，無意退讓。

對此，台灣的四大出版協會（出版公會、出版協會、出版協進會、台北市雜誌公會）共同發表聲明表示，電子書、電影、音樂、應用軟體等數位內容，屬單日就可消費完畢之商品，若給予消費者七日內無條件鑑賞退費之保障，將不利於經營數位內容的業者。

數位內容商品由於其方便複製，可迅速消費完畢等特質，令業者強烈主張，應成為消保法七日鑑賞期之例外，另訂辦法規定之。

先撇開數位內容不談，單就實體圖書來看，就我所知，台灣一般實體書店私底下也都不遵循消保法第十九條的七日鑑賞期之規定，業者所抱持的理由同樣是認為消費者購買產品之後，可以在七天之內使用完畢拿回來退換貨。因此，除非是商品出現破損的情況，才接受換貨（換相同品項之產品），但也極少接受退貨，就算某些健忘而大量消費的客戶偶爾買到重複的品項（且電腦POS系統可以從客戶資料中得知對方是重複購買），也還是不允許退換貨。

從法蘭西斯福山的論點來看，社會資本低的國家／地區，人與人之間的信任關係不足，為此，從事商業行為時，商家或消費者都會為了防止自己被詐騙而設計一些防詐騙流程，從而提高了營運成本。反之，社會資本高的國家／地區，人與人之間的信任關係充足，因而從事商業行為時，對於防詐騙之設計投資較少，營運成本因而降低。

雖然我認為，四大出版協會以及部分網路輿論指稱的開放七日鑑賞期將不利數位內容產業之經營的顧慮（害怕被頻繁的退換貨詐騙），有其道理，然而，從蘋果線上商城仍然可以遵守三十天免費退換貨鑑賞期之制度來看，遵守七日免費鑑賞期並不困難，是可以做到的，至於部分輿論擔心的問題，我只能說，那是典型的低社會資本國家／地區的反應。

從經濟社會學的角度來看，不只是線上商城，乃至整個資本主義商品經濟流通系統存在的基礎，其實是建立在人與人之間彼此信任的前提上，雖然商家與消費者會設計一些防偽防詐騙措施來防堵惡意犯罪，但是，基本上那都是防君子不防小人的，整套經濟體制能夠順利運轉，是因為絕大多數的人彼此信任這套體制，願意遵守此一體制的遊戲規則的緣故，而非防偽體制做得好的緣故。

舉例來說，為什麼新聞偶爾傳出計程車司機搶劫、性侵乘客，但大多數人卻還是敢攔路上的計程車搭乘，是因為信任。我們為什麼去郵局投寄包裹郵件，是因為信任。我們為何把錢存在銀行裡，是因為信任。整套資本主義市場規則的基礎，是信任，而非防竊制度夠嚴謹。

如果不是信任，就是刻意要詐騙的人，那麼，就算只有十五分鐘的反悔期，想要詐騙的人還是可以利用這十五分鐘來進行非法拷貝，再退貨（內行人都知道，所有的數位加密防拷貝系統同樣是防君子不防小人），業者同樣莫可奈何。

美國的亞馬遜網路書店之所以能夠讓讀者習慣在其網頁上購買電子書，出版社與作者之所以不擔心違法拷貝的電子書會四處流傳從而造成其獲利受損，我認為深層文化感知因素在於，他們選擇相信廣大消費者，認為消費者是值得信賴的，想要從制度漏洞中白搭便車的人只有極少數分子，從而膽敢將新書放上網路書店進行數位電子版的販售，而這，剛好符合法蘭西斯福山說的高社會資本國家的行為邏輯（願意信任人，抱持無罪推定邏輯）。

反觀台灣，電子書之所以遲遲無法做出產值，主要是從作者到出版社都不信任市場／消費者，認定購買數位版的消費者會將作品非法大量傳播從而影響到出版社的獲利，因而不敢將新書直接以電子書的方式販售，最多只願意釋出過了新書週期之作品的電子書（我在這裡提到的，是具有龐大商業利潤的暢銷書，而非一些做公益或利基市場的作品，目前國內有部分圖書已經直接推出電子版販售，可惜沒有暢銷作家參與），其背後的預設，便是不信任的有罪推定，認為消費者不值得信賴，認定白搭便車者的數量龐大。

白搭便車者的數量多寡，或許與每個國家的風土民情有關，不過，我個人抱持樂觀的態度，就算是社會資本低的國家，絕大多數的消費者也還是遵守誠信原則，遵守市場遊戲規則，就算免費鑑賞期有三十天，絕大多數的消費者還是不會鑽此一法律漏洞來佔商家的便宜。

商家以為利潤可以靠制度來保障，其實，真正能保障利潤的是消費者與商家之間的信任關係。

過去網路上的非法盜版之所以泛濫，主要原因其實是方便（拿免費的非法版本比購買合法版本要節省交易成本），而不是真心想要偷竊（大多數人取用也只是個人使用，甚少公開謀利），若是數位內容電子商務系統的便利性能超越非法盜版／下載時，有能力購買的消費者是會願意付錢購買數位內容產品，而且不會鑽法律漏洞，購買後一再退貨。況且，網路商城自己其實可以設定遊戲規則，針對異常退換貨的客戶進行交易限制，來約束企圖鑽法律漏洞的消費者。只不過，我認為，無論制度設計多麼嚴謹，都還是防君子不防小人，而制度設計的目的是在提高從事非法行為的交易成本，不在真正從制度面去防止犯罪行為的產生。

就說我過去所待過的零售百貨業，每年也有百分之一到二的盤差（清點庫存與帳目庫存之間的數字出入），據信是被專業小偷給摸走（而每年零售通路能抓到的小偷多半是素人小偷，而非慣竊）與公關、耗損，雖然是數位內容產品（沒有公關、耗損），我認為承擔百分之一到二的盤差耗損也是合理的事情。

我認為，商家應該站在信任消費者的立場去設計商務交易的遊戲規則，至少先從從實際日常交易中所得到的數據來檢驗（若真的出現大量的異常退／換貨，再來修改遊戲規則不遲，且對外也有合理的說詞），而不是憑自己的預設想法來推斷／臆測消費者。除非消保法進行修法，否則我認為凡事要在台灣從事商業行為的業者，都應該遵守台灣的法律規定。

形式法律的尊嚴不容因為某些輿論的抗辯就隨意在還沒修法之前做出妥協，傷了法之尊嚴對業者和民眾都不是好事。當然，堅持固守老舊不合時宜之法律也不是什麼高明的行為，修法是可以考慮的事情。

比較好的做法，應該是商家暫時遵守法律規定，並且一方面邀集政府官員、專家學者、產業人士、消費者代表共同針對數位內容產品的販售特性進行討論，讓支持與反對七日鑑賞期的聲音都可以充分表達，然後大家取得一個共識，根據此一共識來修改法律規定，才是上策。

當網路書店轉型網路商城之後……，拿圖書商品當帶路貨時，出版業該怎麼辦？

二〇一一年夏天，沉寂好一陣子的圖書折扣戰議題，又因為博客來在七八月份為了慶祝十六周年而大舉推出各種超低價優惠措施而引爆。

先是博客來為了慶祝十六周年，推出加購第二本暢銷／新書只要六・八折，隨後金石堂網路書店與誠品網路書店也紛紛跟進推出新書六・八折的活動。

聽說部分誠品門市因此大排長龍等買新書，然而，其他無力跟進的中小型書店通路，以及擔心進貨成本又要被通路壓低的出版社編輯們則是悶在心裡，敢怒不敢言（或者說，抱怨了也沒用）。

事件經報紙批露後，博客來出面澄清，表示促銷活動的折扣是由公司自行吸收且活動檔期很短，只是要回饋讀者的支持。

然而，從博客來七月份開始就瘋狂推出各種促銷優惠活動（購物買千送百元購物金、便利超商集點活動可兌換百元購物金、凡每月推薦暢銷新書就加送三十元購物金、每月七日購物加送二十五元購物金……）來看，不少人以為，博客來將掀起另外一波更低的價折戰，且將進一步崩壞台灣的出版市場的圖書價格。

不過，根據我的觀察，博客來此波超低價優惠促銷活動，主要的目的，是想藉著提升自己在圖書零售通路的市占率來衝高網站會員人數，為自己進軍網路商城做準備。

就連出版同業先進也少有人發現的是，博客來已在二〇一二年春天悄悄地拿掉了「網路書店」四個字，更換了新的品牌識別系統，只主打「博客來」而非過去一直以來的「博客來網路書店」，再從博客來近兩年來所販售之產品類型迅速的擴張至各種非書籍商品（如三C家電、購票服務、生活百貨等），足可證明博客來不再甘願屈就於網路書店，想讓自己發展成綜合型網路商城，以挑戰更高的營收目標。

博客來之所以拿圖書下殺超低價來搶占市占率、衝高會員人數，是因為從網路書店起家的博客來，所擁有的最死忠的會員乃是以購買「圖書」商品為主的消費者，和台灣其他的網路商城如Yahoo!、Pchome不同，因此，想讓博客來原有的會員們繼續留在博客來而不轉往其他網路商城購物，勢必得祭出優惠留住會員才行。我的判斷便是，博客來之所以不斷以低於定價七折的優惠賣書，是把圖書商品當作帶路貨，賠錢賣也沒關係，只要能夠以此招來更多的會員，而這些會員能夠在我的網路商城中購買其他高單價高毛利的非書商品即可。如此一來，就算博客來圖書部門的利潤是虧損的，但公司可以行銷企劃預算的方式來吸收成本，此外還能以其他高單價高毛利的非書商品來賺回利潤。

在台灣，量販店以便宜低價蔬菜、連鎖藥局以低價民生用品當帶路貨，賠錢賣以吸引消費者上門，讓他們以為撿了便宜卻不知覺間買了其他高單價高毛利商品，已經是行之有年的促銷手法。博客來不過是仿效而已。

此外，誠品雖然在圖書方面始終堅守某種銷售價格（過去是不輕易打折，如今是打折但甚少殺到破壞行情的低價），但其實從其營運模式來推估，圖書從來也不是誠品書店獲利的主要來源（但卻是建立品牌形象的重要元素），誠品書店從過去的虧損到現在的轉虧為盈，靠的也不是賣的書增加了，而是在誠品商場與誠品生活百貨等其他非書部門所賺得的利潤來平衡。

博客來不過也只是用同樣的手法，拿書和其他網路商城區隔出差異化以及作為品牌形象的一種行銷手法，獲利都不從圖書而來。

因此，之前台灣的出版人聯合起來希望推動圖書定價制來抵制大型通路的低價折扣戰，效果方面其實是微乎其微的。以博客來來說，就算將來台灣真的通過了圖書定價制，書籍不能打折販售，但是它還是可以買千送百或購物就送商品抵用券的方式變相的將折扣回饋給消費者（前面說過了，網路商城可以把回饋的優惠當做行銷成本），然而，其他中小型書店通路卻未必有此財力跟進，結果恐怕只會適得其反，讓博客來取得更高的圖書市占率。

對出版業來說，真正巨大的傷害（而且是情感上而非利潤上）的是通路將書籍當帶路貨來賣，為的是拉抬其網路商城在非書商品部分的獲利能力。

當圖書成為帶路貨，我判斷出版業的通路與經營生態將出現翻天覆地的變化。

博客來之所以有能力將書籍當帶路貨，禁得起圖書利潤的虧損，是因為博客來隸屬於統一流通次集團，台灣最大的零售通路集團，背後的母公司統一企業更是台灣的十大財團之一，資本雄厚，獲利能力超強。光是統一流通次集團最知名的7-Eleven在台灣就有四千多家門市，每個月所創造的現金流上百億，更別說統一流通次集團旗下共有三十餘種各式零售通路，經營觸角甚至跨入內地與東南亞各國。

如果其他網路與實體書店無法正確解讀博客來大打價格戰的真正意圖，且決心和對方槓上，一來未必能搶到營業額，二來沒有像博客來般深的資金支持，三來毛利率受損，第四沒有自己的主要奮鬥目標，只是為了對抗而對抗，最後將在恐怖的消耗戰中節節敗退。因為，如果要比資金，恐怕全台灣圖書出版業加起來都還比不過博客來的母公司（在台灣，圖書出版是一門利潤與營業額相對偏低的產業，年僅數百億產值，整體產業產值／利潤還不如一家台積電）。

博客來的轉型與圖書低價促銷掀起的並非書籍折扣戰，而是生活風格之戰，這才是未來圖書零售市場最激烈的商業競爭。書籍不是和其他書籍競爭，書店也不是和其他書店競爭，出版社更不是和其他出版社競爭，而是和其他所有能吸引消費者目光注意，且擁有累積文化資本價值之文化商品，乃至所有提供消費者休閒娛樂之產品競爭。

除非出版人能正確解讀博客來從網路書店轉型為網路商城，以及之所以大打圖書價格戰的真正目的，並且敢於聯合起來拒絕讓出自己的利潤來配合促銷（反正既然對方打算拿圖書當帶路貨，就算暢銷商品的出版社不願意讓利，博客來也會自己想辦法吸收），如此才能不損及出版社的毛利，無懼市場的瘋狂價格戰而不斷回頭壓低自己的製作成本或提高書單價。

至於博客來對圖書通路所造成的衝擊，通路業者必須想辦法建立起屬於自己的差異化行銷模式，實體書店可能要更強調消費／閱讀體驗的感受，推出各種複合式的圖書消費體驗（如買書聽演講、喝咖啡、看電影……），讓逛書店成為一種生活風格，在書店買書成為一種不可或缺的生活方式／生存形式，才可能抵擋得住來自網路書店的價格下殺促銷活動的衝擊，存活下來。

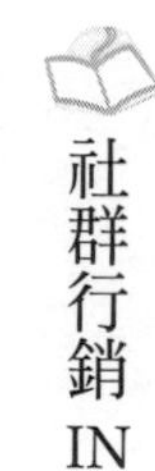

在台暴紅的社群網站

Facebook、噗浪、推特等社群網站、微型網誌，突然在台灣爆紅，也不過就是幾個月的時間。

好比說原本使用人數一直在六位數徘徊的社群網站Facebook（二〇〇四年成立，創辦人年僅二十五歲，當初只是哈佛大學裡的一個封閉式社群網站，但由於大受使用者好評，迅速被推廣到全世界，網址：www.facebook.com），半年之內突然飆升到全台網站使用頻率的前五名，會員人數以每周數十萬的速度在增加，目前已經超過四百萬用戶（全球用戶則超過二・五億人），而且還持續高速增長中。微型網誌噗浪，也在相當短的時間內在台灣創造了超過三十萬的用戶（全球用戶約二百萬人）。

社群網站是一種顛覆人際傳播的新興媒介，它的出現打破了社會學家認為一個人至多只能和一百五十位上下的人維持較為密切的互動關係的上限，一口氣將人與人之間的人際圈加大，並且讓人可以根據和每一個人不同的情感程度決定互動的頻率／親密度。

大衛・瑞德認為，社群網站的規模與重要性，大型網絡的有效性將成指數函數擴展，也就是說，當一個社群網站每新增一個人，該網站的價值就是原來的兩倍。

有人潮聚集的地方，就有錢潮，就有商機，社群網站和噗浪在台灣的快速竄紅，社群網站成為人潮最聚集的地方（看看電視新聞每天都要設法推出和「開心農場」有關的新聞吸睛）於是，腦筋動得快的出版人、作家，紛紛將手伸進社群網站，利用社群網站附設的應用程式，建立了屬於自己品牌的社團網頁、粉絲專區。

成功的社群網站之粉絲社團——以侯文詠為例

根據我粗淺的觀察，之前與出版相關的網路社群的建構，要以知名暢銷作家侯文詠先生在Facebook上所成立的粉絲團的經營最為成功。我自己在該粉絲團還不滿一萬人時就已經加入訂閱，然後看著侯文詠先生的粉絲社群快速壯大，超過七萬人，是台灣所有出版相關的社群網站粉絲專區中人數規模最大，也堪稱最為成功的一個社群。

或許有人會說，侯文詠先生的高人氣，以及圖書暢銷的情況，自然能吸引一大批粉絲加入其社團。然而，我卻以為，侯文詠在Facebook上社團之所以能夠快速增長，不光是人氣而已。不少名氣不亞於侯文詠的出版社、暢銷作家也都在社群網站成立了自己的社團，而且還推出很多抽獎活動，但是就粉絲成員成長人數來看，都沒有侯文詠的社團來得快。

我認為，侯文詠的粉絲團能夠快速增長最主要的原因，一來是死忠讀者群剛好就是網路重度使用者，樂意擔任起傳播者、中介人的角色，邀請自己的朋友加入社群。加入Facebook的粉絲社群並不難，只要點選就能加入（封閉性的資格認定社團除外），加入後的參與承度可高可低，隨人自選，能夠以最便利的方式接收到社團的資訊，只選擇自己有興趣的回覆即可，即便都不回覆只是默默觀察也可以，加入成本並不高，自由度高，是粉絲社團吸引人的地方。

第二、侯文詠先生非常謙虛但卻積極的參與社團的經營，就我自己的觀察，不少作家的部落格／網站其實都是委由出版社代為管理，作家本人並不太參與部落格／網站的日常營運。然而，我發現侯文詠先生的社團成立之後，雖然也有出版社人員幫忙管理，但侯文詠先生卻非常重視這個社群的維護，除了定期發表文章，還會自己回覆粉絲的留言，而且還想了不少拉近和粉絲讀者距離的活動，例如推出每天介紹一個粉絲的故事，讓粉絲能透過侯文詠這個大平台與其他粉絲互動。

另外，侯文詠先生非常重視粉絲的意見，任何關於社團的設定之變更（例如版面格式），都要顧慮到粉絲的意見。也就是說，社團是所有粉絲的社團，並非作者一人之社團，社團事務交由所有粉絲共同決定，作者或出版社並不主導。

社群與圖書行銷

成功的社群網站，不光只是人數規模大，還必須讓置身其中的人能夠產生歸屬感，以彼此都覺得舒服的方式維繫友誼，結交新朋友。在社群網站裡，無論你是想要分享個人心情，炫耀成就，推薦商品／服務，發表創作，幫助世界⋯，全都很歡迎。

社群網站的確是出版人的行銷好幫手，只要用對方法。雖然說，公司網站與部落格已經具備互動功能，但是和社群網站相比，部落格與公司網站的互動功能實在陽春，而且可以選擇不與訪客互動。

平等互惠

社群網站的精神就是平等互惠，有意在社群網站建立社團或打著公司品牌做行銷的人必須了解，在這個網路社群的圈子裡，再沒有中央集權的事情（搞網路或社群行銷最怕的就是那種上對下式的態度，亦或者把網友都當作不懂事的外行人看待，如果抱持此種態度，那還不如不要搞網路行銷），必須放下身段，以交朋友的態度和網友互動，真心誠意的接受來自四面八方的網友的讚美與批評（傾聽網民之聲）。

把網友當朋友

真心把網友當朋友般對待，盡可能地和網友對話（時時問自己：我的讀者究竟想和出版社談甚麼？閱讀感想，作者八卦，新書資訊……，了解讀者的心，從讀者想談的話題入手，建立關係，引導閱讀），以平等互惠的態度（但是也不需諂媚）。社群行銷的成敗關鍵在於和網友對話，在對談中讓網友了解自家商品／服務對自己的好處，而非以廣告宣傳口吻向網友推銷產品。

口碑力量大

鼓勵網友向朋友推薦自己家的產品，因為人們更願意相信的是自己的朋友而非名人或廣告宣傳，只是，要想讓網友樂意替自己家的產品代言／推廣，重點不在於給網友好處，而是讓網友自己體認到使用了商品／服務之後的好處。

在這個人人有網誌的時代，有一本好書問世，越多的人願意將這本書的資訊貼在自己的部落格或微網誌（以超連結的方式），簡單寫兩三句讚許的言語或者讀後感，其所累積的口碑效應要比上傳統的大眾媒體打書來得有效（更別說在這電子商務日漸成熟的時代，網路閱讀到網路購物的距離越來越短，而推動閱讀到購買的關鍵力道，就存在於網友從網路世界中所接收到的口碑）。

鼓勵網友給評價

因此，要多多鼓勵網友寫下對自家商品／服務的評論，無論好或壞（記得要給大家方便的發表管道），甚至可以在自家的社群網頁上對網友發出問卷調查。我一直認為出版社在圖書行銷上太過重視購買之前的推薦／促銷，太過忽略購買後的閱讀評價之取得，太過以圖書銷售數字來解讀一本書的好壞。

有了社群網站之後，可以彌補圖書回函卡回覆率偏低的不足，鼓勵網友們回應任何一本自己讀過的書（不要只促銷新書）。告訴出版社想要看哪些作家的書？不想再看哪些書？多方收集資訊，作為出版社未來規劃書單的考量。

有些書，或許一開始銷售量不高但讀者評價很好，就應該繼續出版，並想辦法將書推薦給對的人。有些書雖然賣得很不錯，但是網路上的評價越來越差、銷售量也緩步下滑時，也許就是到了停止出版亦或者和作者溝通、調整寫作方法的時候。

能修正的就是好評價

不要害怕聽到對某本書／作者的負面評價，只要這些評價不是情緒性的謾罵發洩，而是能夠被調整改進的，就是好評價。舉例來說，前一陣子我的一個朋友買了一本知名出版社的日本攝影大師作品集的中譯本，發現書中出現很嚴重的印刷錯誤，便在網路上提出不少指教，也去信詢問換書事宜。幸好出版社自知作品有問題，對於換書要求非常乾脆，而且在後續的新印書也有了改善。如果，出版社換了另外的態度，例如那些被網友評為難吃卻把網友告上法院的餐廳（強勢回應是要命的錯誤），那麼，在網路的傳播之下，肯定是大傷品牌形象，甚至影響銷售業績。

絕不半途而廢

最後也是最重要的一點，除非有所覺悟，願意長期投入資源，按部就班的認真經營，否則寧願不要開啟社群行銷。虎頭蛇尾是最要命的錯誤（得罪死忠粉絲），但企業很可能因為人員更換（接任者沒意願或不懂）、主事者心態（老闆不支持就沒戲唱了）、工作過於忙碌（找不夠專業的工讀生代打）、回應不如預期、公司業績下降等各式各樣的原因荒廢了社群網站的經營。

虛實整合威力大：QR code與出版的無限可能

以QR code取代一大串網址

前一陣子，我家太座負責編輯一本書，書裡出現大量的Youtube影片的網址。我給她出了個主意，建議把書中的所有網址全都更換成QR code，並將QR code改放到文章出現網址連結的頁面，而非如原書集體收錄在全書最後面，當作附錄提供參考資料。

書籍附上網址，已經行之有年，只是絕大多數時候，讀者只是讀過去，很少會真的按照書上提供的網址上網搜尋資料。最主要的原因，是麻煩。如果單純只是一個網站或部落格的主網址就算了，偏偏有些是網站底層的某一則連結，網址非常長又有很多亂碼，真要按照網誌在網路上key in也是一件大工程，更別說真的耐著性子Key完之後，發現網址內容已經移除或消失，那種憾恨，真令人抓狂！

QR code就不一樣了，操作十分方便，只要有智慧型手機，就能夠過內建鏡頭輕鬆的掃描QR code，進入網路頁面閱讀。

雖然日本的QR code實際應用服務已經推廣普及很多年，不過，顯然台灣才剛起步，雖然也逐漸普及開來，卻仍有許多未開發且值得開發的應用方法，本文想談一談與出版有關的一些應用方法，希望更多出版先進能注意到QR code的好處。

有聲／影像書不再需要壓製光碟了

不少生活實用類書籍（像是食譜、健身、美容）都附有光碟，過去出版社的做法，是將影像資料檔壓縮成光碟，隨書附贈。

雖然過去的確應該有不少讀者，會使用隨書附贈的光碟，但現如今更多人應該會直接在網路上找相類似或相關的影片來使用，不再使用出版社隨書附贈的光碟。

舉例來說，現在就算不買鄭多燕的書，也能在網路上找到一堆鄭多燕的運動教學影片。

出版社與其花錢壓了一堆使用率不高的光碟隨書分贈，不如將此筆預算省下來，在自己公司的網站上架個一個專區，專門存放影音資料，然後再將此一資料的網誌轉成QR code，印製在書中，請讀者直接掃描QR code上網使用網路上的影片即可（或者同時附上網址，以免還沒有更換新型手機的讀者無法掃描使用）。

此外，其他像旅遊書也可以利用QR code，將原本非常大一張的地圖濃縮成一個網站，甚至與Google Map等功能整合，讓讀者透過掃描書上的QR code，就可以直接連線到書中介紹的景點或店面，甚至可以直接在網路上進行訂購或預約。

書籍行銷、販售與推廣也能QR code

除了將部分書籍內容以QR code的方式連結虛擬（網路）與實體（書籍），增加紙本書籍的附加價值外，圖書的販售與推廣其實也可以充分利用QR code。

例如，現在越來越多只進便利超商或特殊通路的書報雜誌，都在商品外體包上塑膠膠膜（或防止人閱讀或防止內頁贈品被盜取）。

此時，就能以QR code的方式讓讀者連線上網試閱，或乾脆直接連線進入網路書店該商品的商品頁，閱讀商品資料，判斷是否選購（網路書店的商品未來也要擔任起個別書籍的網路行銷宣傳的接觸點，當越來越多商業交易行為在網路上發生時，人們日漸倚重網路商城商品頁上提供的資訊來了解與判斷商品）。

未來，出版社出版的實體書，除了ISBN與商品條碼之外，也應該都有一組QR Code（看是要連線到出版社自家的網站，還是流量最大市占率最高的網路商城），讓讀者可以輕鬆的掃瞄QR code就上網查詢該書籍商品的資訊。

未來，出版社可以推出設計精美的書籤或明信片，書籤或明信片上就是一組書籍資料的QR code（單一份商品文宣就是一個小型書展），分送到咖啡館、戲院、劇場、車站、大眾運輸系統、計程車或百貨公司等人流或購書人經常造訪／停留的空間，讓讀者取用或掃描上網閱讀相關資訊（除了小型的明信片或書籤，也可以是大型的海報輸出，張貼在人潮聚集的場所）。若能普及此一行銷手法，則整個城市都是書籍賣場，無處不能販售、推廣書籍。

QR code的內容當然也不一定要是直接的網路商城的商品頁面，可以是該書作者的某一場演講活動的錄影或錄音資料，可以是和該書有關的某個名人的推薦或發言，甚至是直接進入該書的電子試閱檔案頁面，讓讀者免費閱讀（最後再附上網路商城商品頁網址連結即可）。

名片也能印上QR code

最後，個人名片上也可以印上QR code，與其放上一串沒人會打的網址，不如直接放上QR code，在交換名片時就可以提醒對方使用手機掃描QR code，進入你所預先準備的網頁，無論是要進行個人／企業服務介紹還是讓人對你留下印象，名片印QR code都是很不錯的一招。

QR code是虛實整合非常好用的一種媒介，而我真心地相信，未來出版產業的出路不單純在實體或虛擬上，而是充分發揮各自擅長之處又能彼此互補的虛實整合，QR code的便利使用與低廉成本，讓虛實整合成為可能之事，出版先進們應該多多思考如何使用QR code來強化實體書籍的價值，並應用於書籍的推廣行銷宣傳上，肯定能在銷售實績上有所斬獲。

・免費QR code產生器
http://www.quickmark.com.tw/cht/qrcode-datamatrix-generator/default.asp?qrLink

數位閱讀時代的版權經紀

當數位閱讀成熟後……

電子書第一次出現在地球上的一九九八年，雖有成熟的技術，但卻沒有相應成熟的電子書產業基礎建設配合，只有電子書的先驅們自行奮戰著，最後隨著網路泡沫化與東南亞金融風暴後的資金短缺而腰斬。

十年後，網路社會基礎建設成熟，無論是頻寬（解決下載過慢）、網路商城、電子商務、網路付費機制、搜尋引擎、物流配送系統、社群網站、部落格（web 2.0）都已然成熟，且擁有大量的使用者（全球網路使用者超過十億），每天有上億的人透過電腦上網在網路上閱讀各種文章資訊。

電子書，決定捲土重來。

我們姑且略過電子書產業發展時必經的平台標準的競爭不去管他，直接往後跳，跳到電子書產業已經成熟，無論內容、交易平台、電子書閱讀器的規格和經營模式都已確立的時代。從這個角度思考，出版產業的內容版權會出現甚麼樣的變化？

畢竟，沒有內容，無論是數位閱讀還是紙本閱讀，都無法成立。掌握內容版權，特別是暢銷書的內容版權，是經營出版事業決勝負的關鍵。

當電子版權勝過紙本時……

我認為，當數位閱讀／出版完全成熟後，版權的買賣將會出現翻天覆地的變化。

過往，由於紙本書的製作成本高（必須編輯、排版、印刷、配送，還要承擔退書與庫存），出版社往往得對某一個作者的某一本書之內容擁有某種程度之把握，才敢出手簽下版權。

然而，數位／線上出版顛覆了過往的出版模式，未來當數位／線上閱讀成熟後，人們寫好了作品，只要上傳至網路書店（亦或舉凡可以販售商品的網路商城），就算完成了出版、發行工作，可以面對讀者了。

新型態的數位出版模式裡，（有編輯能力的）作者可以略過出版人與版權代理商，直接和交易平台業者合作（合作模式，我以為可以走目前Google ad的模式，讓有意加入銷售的作者自行在線上完成一系列的登錄程序，就可以成為交易平台的合作夥伴，交易平台業者甚至不需要逐一和個別作者洽談合作，只要將合作流程標準化且上線就行了）。

對於交易平台業者來說，多收一本電子書來販賣，既不需要增加庫存或商品陳列成本（庫存／上架成本趨近於零），又多一件商品可以提供消費者選擇，就算這件新加入的商品賣得不是很好，對於交易平台來說也無所謂，並不會增加任何成本支出，而且只要我能夠收納盡可能多的圖書電子版來販售，在長尾理論的加持下，總體業績照理說應該有很不錯的成長（至於沒有編輯能力的作者，可能還是需要專門的編輯來幫忙文稿的編審，這也說明了未來的出版社與編輯工作很可能出現相當大的變化，不過此非本文主旨，先略過不談）。

對版權經紀的衝擊

目前華人出版界雖然沒有像美國那般具規模且制度化的版權經紀人，上述的衝擊似乎對美國或擁有版權經紀人的國家影響比較大，不過，對於作者可以直接和交易平台合作而無須出版社幫忙進行文本的加工印製，未來的作者不需將文稿版權販售出去，其實對出版產業的生態是相當大的衝擊。因為，當出版社買不到可供出版的文稿版權時，勢必得另謀出路。

此外，內容數位化之後，文稿版權重新回到作者手上時，還可能衝擊到一批人，那就是專門從事翻譯版權買賣與代理經銷的版權代理商。

無論大陸還是台灣，出版市場上的暢銷書有相當比重都是來自歐美日等出版先進國家之暢銷作品，過去這些作品的引進，是由出版社出面向版權代理商買下中文版的翻譯版權，然後針對文稿進行翻譯加工編輯印刷流通分配發行到書店，讀者再到書店選購書籍。

未來，當數位出版成熟後，書籍的販售不再以實體紙本為主而以數位電子檔案的下載為主時，作者不再需要將書籍版權販售給世界各國／語言的版權代理商，可以自己找適合的翻譯合作夥伴，請求製作翻譯版（而且一次可以製作多國翻譯版，也許將來翻譯可以以抽版稅的方式和文稿作者合作，不再只是像今天的賣斷翻譯權給出版社），翻譯完成後，作者只需將作品上傳到翻譯國消費者熟悉的大型網路商城（交易平台），就可以進行販售（根據這點，我認為如果音樂產品的販售能夠數位／線上化，那麼，音樂將不需要進行海外授權就可以透過網路商城向全世界販售，這也許是單一國家音樂市場萎縮的今天，音樂工業的出路；簡單說就是把全世界的消費者都當作產品販售對象）。

雖然說這個翻譯與跨國販售過程很可能需要當地的出版人幫忙打開市場（行銷企劃），不過，作者可以以合作出版的方式與當地的圖書行銷企劃單位合作（我預測，行銷企劃部門的崛起，亦或者專門經營出版文化數位產品販售之公關公司將會崛起），好像美商麥格羅希爾的學術教科書就是走合作出版路線，並不將書籍版權賣出去（其合作模式為：在欲翻譯出版國尋找合適的合作夥伴，要求對方提供翻譯與書籍加工編製服務，之後將文稿交給麥格羅希爾，再由其決定印量與出貨給合作廠商的成本價，合作廠商無法擁有版權，只能賺取成本與販售價差）。

另外像必須製成實體產品以販售的衍生性商品，作者還是必須尋找合作夥伴，將衍生性商品之版權販售出去。

當然，從事內容創作者大多只精於內容創作，並不擅長商業操作，因此，要內容創作者自己去談商業合作或許有困難，不過，那很可能也只是過去紙本時代的內容創作者才會有的現象，網路世代從小生活在電子商務與網路平台上，早已習慣架設部落格，經營社群網站，在網路上尋找可用資源，對網路世代來說，每個人都知道Google ad，就算不知道也能夠用搜尋引擎找到相關資訊，只要有意搶攻此塊大餅的業者將商業合作流程設計得夠人性化且完備，讓內容生產者在完成內容創作後可以直接上傳到網路交易平台且販售，甚至代為尋好合適的翻譯合作夥伴，未來的內容生產者也許真的可以跳過許多代理人自行販售其辛苦創作之商品，不需要再假手他人。

電子書與數位盜版

九把刀抗議販售非法盜版

立法委員賴士葆先生曾召開一場關於電子書與盜版的會議，暢銷作家九把刀也現身會議活動，為的是向蘋果電腦的線上商店抗議，因為該線上商店販售盜版的九把刀作品，因為作家和出版商出面抗議皆無效。

蘋果線上商店的初步立場是，要等法院判確定後才會將被法律認定為非法的產品下架，即便版權所有者出面指稱其為非法皆不接受（這和歐美電子大廠一看到有其他廠商疑似侵權就大動作提告，並且要求政府相關單位先行查扣疑似侵權之產品的作法可以說是完全兩套標準）。

說白一點，蘋果線上商店的意圖不難了解，線上商店是靠著向上傳產品販售之商家的營業所得抽成來賺取利潤，自然不可能自斷財路。

不過，蘋果線上商店之所以不願在作家與出版商出面抗議後隨即將產品下架，對外當然不可能直白地說，是為了自家企業的利潤，其實還有所謂的「盜版」的認定問題的複雜性。

舉一個簡單的例子，如果蘋果線上商店的註冊國家，上傳產品之上傳者的所屬國家，以及宣稱所上傳之產品乃非法盜版之版權所有人之所屬國家，當三方皆為不同國家時，且三方國家的版權保護法律規定完全不同時，究竟要適用哪一個國家的版權保護法令？

甚至若有國家公開保障非法盜版（這是存在的情況，只要上傳產品的販售者將公司登記在沒有加入國際版權公約，甚至保障非法盜版版權的國家即可，其實台灣也是遲至一九九四年才加入，在此之前，台灣盜版其他國家之圖書也完全都不需要支付版稅，而且可是有國家作為法律後盾），而從蘋果線上商店的立場來看，三方各自都沒有違法，是否就非得打跨國訴訟了？所以蘋果宣稱，非得等到法院裁判結果出爐後才願意將產品下架，就有了合法的說詞。

數位海盜橫行難抓

網路世界的盜版問題，遠比實體世界複雜，特別是網路的無遠弗屆，讓不肖的商品販售者可以找到願意保障自己非法獲利的國家登記註冊，就好像有一些小島型的獨立國家創造了「境外金融」等租稅天堂（就是那些名稱開頭為英屬××群島的小國），鼓勵有錢人或企業註冊，以規避國家的稅賦。

未來當網路交易成熟後，特別是透過線上網路商城販售數位電子文本（圖書、電影、電視等），完全數位化的產品透過完全數位化的交易模式進行販售，盜版成了輕而易舉的事情時，很可能會出現願意保障非法盜版的國家，建立類似境外金融的保障非法盜版的版權法規，鼓勵全球的非法盜版商到此註冊。

退一步來說，就算未來各國聯手，針對有意通過承認非法盜版的國家施加壓力，迫使這類承認非法盜版的國家屈服而進入國際版權公約的約束，但是，若當內容商品（圖書、雜誌、報紙、電影、電視等）全都透過線上網路商城販售線上下載的數位版本，虛擬商城上充斥數以千萬計的可販售內容商品，非法與合法並存，就算合法廠商不斷向線上虛擬商店檢舉非法廠商的非法盜版，恐怕有意投入非法盜版商品販售的業者，也能開發出一套類似Google ad的自動上傳與媒合系統，透過軟體程式將盜版產品散布到全球所有的線上虛擬商店販售，就算被合法廠商抓到檢舉，充其量就是下架，甚至關閉帳號，但可以很快地再以新的公司與帳號上傳新的非法盜版產品繼續非法販售獲利（反正只要將公司登記在境外金融即可，在這些地方成立公司非常容易且成本非常低廉），在數位時代，合法想要取締非法，雖然可能，但所必須付出的成本卻是非常的高。

數位時代，這是一個最壞的時代，也是一個最好的時代

上述情況對於有意投入創作經濟的朋友或許是壞消息，但或許也是好消息。壞消息是，你永遠知道有人靠著非法盜版你的產品來賺取不應得的利潤，而且永遠無法杜絕；好消息是，你的知名度以及合法販售的產品可能會因為非法盜版而衝得更高，而且因為知名度大開的關係，能從各種衍生性商品賺取利潤，其最後的總所得反而比原本更高。

舉個簡單的例子，數位閱讀普及後，日本的少年漫畫周刊的販售本數不斷下滑，Jump從全盛時期的六百多萬冊跌落到兩百萬冊，但是，非法的數位盜版卻讓周刊中的好漫畫傳播得更遠更廣，結果是漫畫推出單行本時，販售量屢創新高，且海外授權的版本也比過去多（因為數位傳播，其他國家取得內容的便利性也提高了），更別說龐大的衍生性商品的利潤。

再好比說像一些經常被盜版的世界級企業（如軟體公司、奢華精品公司），每年有大量的產品被非法仿冒或盜版，他們也致力於打擊盜版，但卻以一種特別的方式打擊，像是根據對每個國家的情況設定了業績額度，只要業績額度達成，對於盜版就不那麼用力去打擊，唯有當業績額度不理想時，才會大動作地打擊盜版，因為他們了解，完全取締盜版是不可能的，而適量的盜版其實是一種產品行銷，一種試用服務，可以讓自家的產品推廣得更遠。

老實說，數位時代的創作人想要完全杜絕盜版的危害是不可能的任務，換個看待版權與盜版的態度，以盜版不可能被消滅為前提，試著找出借力使力，讓非法盜版成為推廣我們的產品，替我們創造潛在消費者與維護品牌的幫手，會比大動作的取締盜版，來得有實質（利潤）幫助（當然時不時出來大動作宣示捍衛版權，取締非法盜版，呼籲購買正版，還是必要的，順便替自己打打廣告，炒炒新聞，做點媒體公關）。

走出新模式的唱片業

好比台灣的唱片業，十餘年前開始碰上大量的非法盜版與非法下載時，剛開始也是想著對付盜版業者，並且以道德訴求對消費者施加壓力，但是，道德勸說與法律取締還是比不上免費傳播的威力，數位海盜依舊橫行，固執於取締非法盜版的唱片業則陷入嚴重的不景氣，發片量快速衰退，銷售量也不見起色。

直到開始有唱片業開始轉換看待事情的眼光，以盜版與非法下載為不可改變的科技趨勢為前提，重新思考唱片業的商業模式，逐步開發出新的產業生態，於是出現了「電視節目選秀」（這種節目，非但不禁止盜版還非常鼓勵閱聽人在網路上散播節目片段）、「歌手簽名／握手會」（以韓國來的明星來說，一場簽名握手會的票價隨便都要上千，而一次就是幾千人的大型活動）、「歌手巡迴演唱會」（您不覺得，這幾年演唱會的數量是越來越多了嗎？一張演唱會的票，最貴的要十張ＣＤ甚至以上的價格），跟著活動推出的明星限量商品（還記得少女時代來台開演唱會，限量周邊商品要價動輒數百上千，但還是搶購一空嗎？），口才好的還可以接演講，文筆好的可以專欄寫作（再不濟也能由影子寫手代筆，出版明星寫真書），或者跨行到主持、演戲等其他娛樂圈領域……。

曾經頹靡的唱片工業，開始了新一波的產業熱潮，仔細留意電視節目的話，不難發現，這一兩年推出的新專輯越來越多，不但新人輩出，就是許久不發片的老歌手也都紛紛推出新專輯，台灣的唱片業不但告別了過去十年的蕭條，甚至還因為新的產業模式能夠跨足整個大東亞市場而顯得更加蓬勃旺盛，頗有成為亞洲娛樂中心的核心城市的潛力。

與數位海盜共存的業態

的確，盜版令人厭惡，特別是靠著非法盜版賺取應該屬於我們辛苦努力才創造出來的利潤，然而，面對數位科技的複製轉貼與免費放送，任何試圖以法律或道德打擊盜版的行為註定都會失敗（唱片工業的起伏就是最明顯的個案），或許出版人與寫作人應該趁著紙本圖書還能維持一定銷售能力，非法盜版的數位下載還沒完全普及到像曾經傷害唱片工業的核心利潤那樣慘烈之前，好好地以數位盜版是數位時代不可避免之惡為前提，認真思考出版業與寫作人該如何在這樣殘酷的市場中建立一套新的產業獲利模式，讓出版業與寫作工作能夠在數位時代繼續存活。

不要再去想過去印刷紙本時代，一本書暢銷之後，就能拿紙張換現金的美好過去了，過去已經過去，再緬懷它也不會回來了，重要的是迎向數位閱讀的未來，出版人與寫作人可以怎麼樣創造自己生存不可動搖的利基與營運模式，這才是我們當前最需要面對的課題！

電子書真能大獲全勝嗎？

——從書籍的產製、配送、使用、回收與銷毀談起

電子書即將勝出？

蘋果iPad平板電腦問世之後，雖然風波不斷，銷售業績卻開出長紅，不多久就賣出超過三百萬台，遙遙領先早幾年推出的電子書閱讀器。雖然電子書閱讀器打折降價求售，但似乎仍然無法提振疲軟的買氣；反倒是iPad很快地又推出第二代，更輕薄短小，螢幕尺寸更接近電子書閱讀器的版本，搶食電子書閱讀器大餅的意圖很明顯；至二〇一三年十月則已推出第五代。

約莫二〇〇九年七月開始，台灣的出版市場突然間非常地數位化，各種閱讀器、交易平台、數位內容廠商紛紛出線，宣示要以數位出版將台灣的出版產值推向新的高峰，姑且不論數位內容授權上所遭遇的阻礙，電子書閱讀器在平板電腦的夾殺下如何殺出重圍（未來不只蘋果

會推出平板電腦，各大電子品牌也都會有自己的平板電腦），總之，市場上普遍看好「電子書」，認為「電子書」將在不久的未來取代「印刷紙本書」，成為閱讀載體的新標準，而書籍與出版的構成概念，也將和過往不同。

電子書的基礎是電力、石油與貴重金屬

雖然我並不像其他樂觀人士所認為的，電子書會在短時間內大獲全勝，但是，我也相信好像報章雜誌期刊等承載資訊性內容的閱讀載體，的確會很快地從印刷紙本媒介轉移向電子數位媒介，但是「印刷紙本書籍」，特別是主題明確、架構宏偉，篇幅浩大，內容深刻的「書籍」會被電子書給取代，我個人從目前的電子書發展模式來判斷，覺得是還不可能，因為電子書還沒達到人機一體，同存於一個共同空間的程度。

不過，近來在我閱讀了一些支持紙本書的作品（例如艾柯的《別想擺脫書》），以及關於工業產品的生產、配送、使用、回收與銷毀過程的作品（例如安妮．雷納德的《東西的故事》），我開始懷疑，在這個地球資源無止盡的浪費，毫無計畫的開發使用的物質文明社會，造成全球暖化極端氣候，生態系統極度不平衡而脆弱的時代，高度仰賴電力、石油與稀有貴重金屬才能建構完成的電子數位網路系統若不能在產製流程上進行大規模的改革，發展「從搖籃到搖籃」式的永續產製商業模型的話，電子書在未來勝出的機會，恐怕微乎其微。

紙本印刷書與電子書的產製過程

說實話，目前的紙本印刷書和電子書的生產過程都非常的不環保。

印刷紙本書方面，紙張的漂白需要使用大量有毒化學物質（而過程必須使用汞，還會產生戴奧辛），印刷用的油墨雖然有較為環保的大豆製品，但大多數出版人選擇的印刷染料仍然以便宜為主；純白紙張是最不環保的，但大多數書籍用紙都還是挑選純白紙張。再生紙更只被用來印刷和環境保護有關之書籍時使用，感覺宣示意義大於實質意義（更別說再生紙其實相當不環保）。

紙本書最為人所詬病的，莫過於為了生產紙張，得大量使用木材（光是美國，一年就得砍掉三千萬棵樹來造紙），不少生態學者與環保人士會針對因為用紙需求的增加，地球每年得砍掉多少樹木，提出批判與質疑，甚至支持以電子數位產品取代紙本印刷書籍的人，都會拿此數據作為佐證，好像廢掉了紙本書，就能減少樹木森林的砍伐，就能有效阻止全球暖化。

很可能大家誤會了，電子產品的生產過程，不但使用的原料比紙本書還稀有，生產過程更是比紙張還要毒，而且產品完成後還得高度仰賴電力文明系統的存在才能使用（紙本印刷書不用，印製完成後就能獨立存在，不再耗費任何能源）。

舉例來說，電腦使用大量的塑膠製品，塑膠製品的基礎原料ＰＶＣ是從石油提煉而來，石油是蘊藏於地殼之下的天然資源，人類無法自行創造出石油，只能開採挖掘，而石油生成所需的時間遠比人類使用的速度慢上許多，科學家估計石油約在五十年以內就會開採殆盡。

這還不算開採石油所造成的生態破壞，像是近來美國墨西哥灣漏油事件遲遲無法解決，已經造成全球三大漁場之一的墨西哥灣之海洋生態資源嚴重汙染，預計有三分之一的海鮮漁貨因此受影響，且因石油汙染海面造成的生態浩劫在二十年內都不會解決。遍布全世界的油田也多少有漏油與破壞生態之問題。

製造ＰＶＣ的過程本身會排放大量的二氧化碳與戴奧辛，融合成塑膠製品更需要添加鉛汞等對人體有害之金屬，都對環境與生命有高度破壞性，非常不環保。

此外，為了將矽提煉成晶圓的過程，必須添加相當多的化學物質（約五百到一千種），整個電子產品的生產過程會使用大量的有毒物質，也會排放有毒物質，特別是「阻燃劑」的使用，不但在產製過程中本身就有相當的風險，未來在電子產品交給消費者使用，以及使用後丟棄、報廢等過程，阻燃劑在內的諸多化學物質只要處理流程不夠完善，就會汙染土地和生態環境。

上述還不是電子產品最要命的麻煩，畢竟透過產品設計，是可以有效降低塑膠與有毒物質的使用，問題的關鍵在於生產電子產品所需的稀有貴重金屬，像是黃金、鋇、鎘等，電子產品所需的貴重金屬多半來自政局最動盪的非洲國家，電子大廠為了確保稀有金屬原物料能夠低價供應，不顧當地礦產開發之殘酷暴虐橫行，這與尚未制定鑽石評鑑制度的血鑽石，幾乎無異。

稀有貴金屬就在過度廉價的銷售與浪費式的使用中大規模的被消耗，加上電子業有一條相當不利資源使用的「摩爾定律」（每十八個月，產品的效能就會提升一倍，卻只需要使用一半的資源）。摩爾定律看似讓資源更有效的利用，但其實卻是不斷地推動改版、換機潮，創造消費者根本不需要的欲望，手機電腦相機每年不斷改版更新，鼓勵消費者丟棄舊版本改買新版本，調高消費者的消費／換機頻率，可以創造電子產業的鉅額經濟產值，但在外部成本長期被忽略的情況下，資源過度耗費使用的嚴重性完全被低估，生態環境的破壞（特別是在產品的回收報廢過程的不環保）也嚴重被低估。

以蘋果的iPhone和iPad來說好了，幾乎一年就要改版一次。艾柯就曾不無嘲諷的說，個人電腦自從一九七〇年代問世以來，軟硬體都不知道已經改版過多少次，老的軟體系統所儲存的內容資料如果沒有備份更新到新電腦，一下子就因為機型老舊而無法開啟，這和印製完成後就能獨立存在至少數十年到數百年的紙本印刷書相比，電子書看似高效能其實更浪費，且更沒有效率，電子數位內容的儲存必須仰賴不斷複製與轉檔，沒辦法像紙本書一旦印製完成就可以獨立存在。

之前不是還有人說，光碟儲存檔案的壽命，約莫只有二十年？不論其數據是否為真，但光碟儲存資料的時效性遠比紙本書來得短很多，應該是不爭的事實。十五世紀印刷完成的古騰堡聖經如今依然存在，只要打開，就能閱讀，不需要先充電或先買一台電腦，但我們很難想像五百年後的人類可以開啟五百年前的一份數位資料，如果沒有相應的機械輔助的話？

印刷書與電子書，誰能符合永續經營法則？

若從印刷紙本書和電子書兩項產品的原物料生產週期來看，紙本書所須的木材，只要二十年就可以生長茁壯，而且人類可以自行建立一套培植系統，以接近永續經營的模式生產。電子書的存在則不然，它高度仰賴人類無法自行生產，而大自然卻須花費數以億年的時間才有辦法合成的石油與稀有貴金屬。

若人類無法立即地大規模變革目前的電子產品之原物料開採、產品生產、配送、使用與銷毀／報廢流程，恐怕電子書在天然資源逐漸稀少的未來是否真能夠勝出，還是一大問號？

安妮．雷納德認為，一般人思考「東西」的使用只看價格與功能，這是不夠的，必須宏觀而全面地系統性思考，從生產「東西」所需的原物料開發、加工生產、配送、使用、回收與報廢等物品和環境以及人的完整生命週期的角度來思考，電子書能否取代印刷紙本書，似乎不能只從「東西」的功能面來思考，還必須考慮「東西」本身的生產製造流程，將永續經營的可能性納入考慮之後的判斷才是。

電子書產業成熟後對台灣出版產業的衝擊

假設電子書的成功是必然的……

電子書第一次出現在地球上的一九九八年，雖有成熟的技術，但卻沒有相應成熟的電子書產業基礎建設配合，只有電子書的先驅們自行奮戰著，最後隨著網路泡沫化與東南亞金融風暴後的資金短缺而腰斬。

十年後，網路社會基礎建設成熟，無論是頻寬（解決下載過慢）、網路商城、電子商務、網路付費機制、搜尋引擎、物流配送系統、社群網站、部落格都已然成熟，且擁有大量的使用者（全球網路使用者超過十億），每天有上億的人透過電腦上網在網路上閱讀各種文章資訊。

電子書，決定捲土重來。

我們姑且略過電子書產業發展時必經的平台標準的競爭不去管他，直接往後跳，跳到電子書產業已經成熟，無論內容、交易平台、電子書閱讀器的規格和經營模式都已確立的時代。從這個角度思考，台灣的圖書出版產業會發生甚麼樣的衝擊和變化（雜誌與新聞不在本文討論之列）？

台灣的圖書出版市場會出現甚麼變化？

自從進入出版產業以來，我不斷在想，台灣的出版產業的特色是甚麼？

後來我發現，台灣的出版產業是翻譯加工製作中文版實體書籍以及版權代理兩塊特別強，台灣的出版產業的獲利（撇開中小學教科書等寡佔市場不看，就一般社會書與大專學術用書來看），高度仰賴歐美日中等文化先進國提供中文繁體字版的授權，看看每年歲末年終登上各書店暢銷排行榜百大的書單，看看台灣每天推陳出新送到書店的書單，翻譯書比例之高，不能不說是台灣的出版特色（再加上中文作品並不一定是台灣在地寫手自己寫的，大多是出版社自中國大陸星馬等地簽回來的作品）。台灣自己雖然也產暢銷作家，甚至暢銷國際如幾米、蔡志忠，但出口遠遜於入口是不爭的事實。

高度仰賴翻譯書營利的台灣出版界，換個角度，就是能夠暢銷甚至外銷的在地寫手偏少。

當電子書產業成熟之後，當絕大多數的書籍都像蘋果iPod販售歌曲的模式，透過線上付費下載時，台灣的圖書出版會發生甚麼變化？

我個人預測，暢銷書的中文翻譯授權／代理市場將會出現巨變。

假設，全世界的讀者都知道亞馬遜網路書店以及自己國家的大型網路書店，那麼，當實體紙本書真的如預測般消失了（在商業營運的層次上），書籍全都改以電子數位內容的方式，在網路上購買／下載。

以網路無國界的特色來說，如果我是暢銷書的作者，我不會再只想賺那將書籍的××國版權賣出去之後的微薄版稅，我會思考，可不可能自己擁有作品全世界各種語言的版權，我自己來對這些國家的讀者販售，只要我找到人幫我將書籍翻譯成該國的語言，再放上世界級網路商城或特定國的線上商城來販售就好，我不需要再將書籍版權授權給世界各地的版權代理商。我預測，未來圖書版權的存在形式將出現巨大的變化，授權外文翻譯權的情況會日漸減少，由作者本人擁有各種語言的文字版權的情況會增加（這裡可能出現新行業，專門幫忙作者處理各國文字翻譯與版權取得之工作的公司）。

像台灣這樣高度仰賴翻譯書獲利的出版產業營運模式，在電子書產業成熟之後，最直接的衝擊，很可能是找不到人願意將書籍的中文版授權給你，由你翻譯成中文版，放在你國家的網路書店來販售。

舉例來說，一個英文暢銷作者自己掌握中文版權，他自己找人來翻譯作品，翻譯完成後將作品的中文版放在亞馬遜網路書店，假設只透過亞馬遜來販售中文版，那麼，全世界的中文讀者（不只台灣，還包括中國香港澳門新加坡馬來西亞與海外華人）如果要看這本書就只能跟亞馬遜買，在實體書店看起來很困難的任務，在網路書店只要鍵入網址就行了。

當然，台灣的網路書店或電子商務交易平台也可以向亞馬遜或原書作者請求代理經銷販售該書之中文版（甚至各種語言的版權都可以，反正網路商城的長尾效應，庫存零成本，不怕商品多，只怕商品不夠多），就像今天出版社把書發給各種不同的書店通路販售，透過讀者對於電子商務的熟悉性來販售產品。

歐美各國預測電子書出現後現今的出版社將會消失或轉型，然而，台灣的出版社之所以消失，原因可能和歐美不同，不是內容生產者跳過出版社直接找上平台業者來販售作品，不再需要加工編輯製作實體書，而是直接從源頭就壟斷了書籍的中文版，因為網路無國界，電子書的販售不需要舖貨到實體書店，因此不需要在地業者才能提供的服務（加工編輯製作中文版實體書）。

如果說，出版業的壽命只剩下五年，那麼這五年台灣的出版人應該思考的是沒有暢銷的內容文本可販售後的出版社，該怎麼轉型？因為，當書籍內容完全數位化之後，台灣出版社擅長的翻譯加工業務將會大幅萎縮，不只不需要傳統的編輯，更不需要翻譯書的加工編輯。

不過，雖然書籍的各種語言版權可以掌握在原作者手上，但書籍之販售還是需要在地團隊來行銷宣傳，因此，我認為未來如果出版社還存在，行銷企畫的部門應該會逐漸壯大，無論是行銷自己在地作家的作品，還是外國作家的中文版，而版權代理將改為行銷代理，作者將中文版圖書的行銷代理權委託給特定團隊，該團隊以其賣出多少次下載來向作者收費。

電子書產業的獲利者

電子書產業成熟後，真正的獲利者是內容生產者與閱讀界面的生產者，內容生產者透過網路無國界的傳播能力，只需要將自己的作品上線，甚至就能自己獨家販售，根本也不用透過網路書店（前提是這個作家夠有名，好像史蒂芬金等級的世界知名作家），一般作者雖然需要透過交易平台販售作品，但是，數位內容的電子書的販售跨越國界，以往一本台灣出版的中文書主要只能在台灣販售，未來一本中文的數位內容電子書卻能對全球十餘億使用中文的華人讀者販售。

大家都很看好的電子書閱讀器這一領域，雖說目前的標準規格仍然由各家廠商競爭中，鹿死誰手還不知道。不過，因為它需要高度技術，也就掌握在目前生產電子產品的少數電子大廠手上，因此，無論規格最後誰勝出，以代工見長的台灣電子業都能吃到全球電子書閱讀器市場。只不過，電子書閱讀器這個市場，嚴格來說根本不能計入出版產業，出版人是看得到吃不到。

至於交易平台這一塊，目前聲勢最大的書店，無論實體也好還是網路，未來的競爭對手是像Yahoo!、ebay、樂天等網路商城，Facebook等社群網站，甚至是個人部落格，畢竟只要能夠將產品上傳商城，商城就可以販售（只要擁有電子商務的交易機制即可）。試想，Google ad的廣告加盟模式拿來向全球的內容生產者徵募其作品的數位內容販售權時，交易平台會出現怎樣巨大的波瀾？

傳統實體書店雖然還會存在好一陣子，不過規模應該會萎縮，而且會轉型。未來很長一段時間嚴格意義的實體書將不會消失，但出版印刷數量會大幅減少，書店將成為一種精品商場，未來的實體圖書將日趨精緻講究，銷售對象也將是重度愛書人或收藏家。

電子書成熟時，就是台灣出版產業崩潰日?!

悲觀一點看，電子書產業成熟時就是台灣出版產業崩潰日，不是因為電子書不再需要出版社與編輯，而是大量仰賴翻譯暢銷書獲利的台灣出版界的既有經營模式將會瓦解，出版人很可能無書可簽，無書可做。像台灣這種靠翻譯和代理權維生的文化後進國的市場會大幅萎縮，直接被文化先進國給吃掉。

如果說電子書是出版未來的必然趨勢，缺乏內容生產者的台灣出版界究竟該怎麼轉型以因應，的確是到了該深思而且無法太過樂觀的關鍵時刻。

上哪買電子閱讀器？

——兼論網路書店集購活動和數位收費閱讀平台在台灣

話說之前台灣的出版界與科技業，硬是浩浩蕩蕩地再次宣布了對電子書的雄心大志，無論閱讀器、交易平台都有人摩拳擦掌搶著進去。

新聞報導更引了不少美國的電子閱讀器銷售佳績來證明電子書時代的來臨，台灣也有不少廠商投入電子閱讀器的銷售，甚至過去就推出過不少款。

但是，其實我心裡一直有個疑問，在台灣要上哪買電子書閱讀器？

以我這麼頻繁地逛遍各種書店的重度購書狂，在我所逛遍的書店通路都沒看到展示品，都不能輕易看到電子閱讀器這件商品的陳列販售，一般讀者難道反而容易找到閱讀器買？

這真是有趣的弔詭。

博客來網路書店搞集購送現金

繼六六折推銷過季暢銷書取得佳績後，有了統一超資金奧援的博客來網路書店，各種行銷活動更是如火如荼的加碼推出，除了購物金點數外，之前竟然推出了集購活動（看來是想出玩集購辦法了）。

其實，在我短暫地在某一家網路書店服務的歲月裡，我也曾經提出過網路集購的經營模式，只不過該網站業績太小，加上網站本身的升級與程式更新非常不容易，最後放棄了。

過往圖書集購最大的問題在於，如果讀者只買一本，光是運費就可能讓集購的折扣失去吸引力，若是由商家吸收則成本過高。博客來由於本身接單量大，且設置的購物免運費門檻不高，加上成天活動不斷，以及近兩年來販售商品早已超過網路書店邁向商城，在在條件都讓其有利基發展集購。

更重要的是，他們推出買的人越多折扣越多，而且折扣以購物金的累積贈送為活動加碼（活動商品本身的折扣倒是不變），例如每增加一百本送出去的購物金就往上加碼一倍，而購物金由公司的廣告行銷預算來吸納成本計算。

目前看起來只是試辦，但我認為，以博客來規模的網路商城若推出集購成功，將大幅改寫暢銷新書的銷售版圖。因為，暢銷新書在新書期間的銷售量原本就能單週衝上數百本，在各家通路折扣都差不多的情況下，在博客來和網友一起集購新書還能贏得購物金，好康給很大，其他通路恐怕很難招架。

數位閱讀收費平台的問世

台灣的易創網曾舉辦針對寫手的說明會，目的在宣揚數位閱讀收費平台的好處，鼓勵寫手加入。這類收費閱讀平台的經營模式是靠著向會員收取會費（會員點閱文章就會扣除費用並支付一定金額／版稅給寫手），近年來在大陸很火，不少寫大眾文學的網路作家已經能光靠在數位閱讀平台上收取的版稅維生，而台灣由於市場規模較小，且寫手數量較少，遲遲無法發展，近來竟也有業者打算投入，甚感佩服。

其實，數位閱讀平台的建立是遲早的事情，以網路的無遠弗屆，還有以語言做為疆界區隔的特性來看，台灣發展數位閱讀平台也不是沒有勝出的機會，只要能將自己的網站推向中港澳星馬與海外華人市場，使其成為全球華人閱讀中心即可。

問題是，那得要有一大批的優秀作家寫手，其所推出之作品讓人願意掏錢買單而不光心想著看免費的，這一點在台灣就有一點困難，台灣雖然不乏寫作人才，但寫作人才中願意走市場路線的本已不多，就算願意走，台灣已非過去的華文創作市場的核心主流，早已淪為邊陲，再加上台灣的作家寫手的國際觀不夠，很少思考經營全球華人讀者圈的方法（光問一點，港澳星馬中很多作家會試圖切入台灣的報刊媒體發表文章，但台灣寫手有多少寫手作家會想投稿港澳中國的報刊？），在在都使台灣的寫手只能坐困台灣島內，甚至以分食搶奪不具市場競爭力的文學獎獎金為生存手段。

對比於大陸有廣大讀者群支撐作家，香港有媒體力挺作家，台灣似乎只有文學獎力挺作家，以至於台灣有水準的作品很難走出去和人競爭，再加上自己的內需市場過小等等諸多因素，大概沒有獨自發展數位閱讀平台的能力，台灣的寫手作家們只能自己去加入中國開設的數位閱讀平台，爭取成為人氣作家，賺取大陸的版稅一途。

電子書與紙本書應該分進合擊，而非各自為政

目前台灣的出版產業者的主要利潤來源，主要倚靠出版社向版權代理商購買歐美日等國的暢銷書的紙本中文翻譯版權，出版繁體中文版，搶攻暢銷書排行榜，再以暢銷的聲勢將書推向學校、企業或政府單位的團購市場。

一般來說，圖書的利潤只有百分之三十來自零售通路，其他百分之七十的業績是靠各種團購來賺取，這也是為什麼擁有完整通路布建的大型綜合出版社的圖書業績，總是比一般的中小型出版社來得出色，主要的原因在於大型出版社願意且有能力砸大錢搶歐美日的暢銷排行榜上的圖書版權。

此外，拿到暢銷書後，大型出版社也比較有能力運作行銷戰，在零售通路上搶得好成績，再以此成績為依據將暢銷書賣到早已經布建完成的團購通路中，而一般中小型的出版社受限於人力或業界經驗的不足，縱然偶爾能有幾本書衝上零售通路的暢銷排行榜，書卻還是很難像大出版社，賣得嚇嚇叫。

以二〇一〇年台灣最暢銷的一本書《FBI教你讀心術》來說，熱銷的八十萬本，雖然一開始是以商管書的手法來操作這本書且成功熱銷，但最後能讓銷售數字攀升的關鍵卻是將書賣進政府單位中所有需要這類型出版品的機構。

說了這麼多，無非想說明電子書在目前依舊遵循紙本書遊戲規則的圖書市場來說，生存利基相當薄弱。

先說零售通路的部分，販售電子書的管道仍然不多，雖說只要圖書在一個通路販售就能排出暢銷排行榜書單，但是，暢銷排行榜也得具有一定的公信力才行（例如和其他零售通路或媒體的暢銷排行榜的書單有部分雷同），沒有公信力的暢銷榜是無法引起團購市場對此書的興趣。

其次，佔圖書市場銷售主力的團購市場，根據目前電子書產業發展的商業模式來看雖然圖書館採買電子書的部分有所斬獲，但是對於企業團購或政府大宗採購的銷售方法，似乎還看不出有什麼合理搶攻團購市場的商業模型，然而後者才是圖書市場最主要的獲利來源。

該如何建立一套可執行的電子書的團購商業模型，以及將圖書推薦給團購採購者，是電子書產業未來想要進一步搶攻圖書市場佔有率必然要深思考慮的部分。

我覺得在電子書與紙本書雙軌並行且仍然以紙本書獨佔特殊團購市場鰲頭的時代，像台灣這類靠著採購歐美日翻譯版權創造出版利潤的出版產業，電子書內容業者不妨搶進「版權代理」業務，也就是說，假設有一家專營電子書的出版社存在，那麼，這家出版社應該壯大社內的版權部門，積極布局版權買賣市場。

為什麼搶購版權很重要？

一來目前電子書在台灣的銷售狀況還很不理想，遠遠不及其他紙本圖書，因此，海外的出版社考慮到營銷能力，不太可能單獨將圖書的電子中文版授權給電子書內容業者，比較可能的作法是將紙本與電子版的海外版權包裹出售。

若是電子書的業者搶下翻譯版權之後，可以自行找翻譯將作品中文化，並製作電子版放上電子書的通路販售，另外，再將紙本的版權授權給其他和自己有合作關係的出版社，或者乾脆自己公司再另外成立一家專出紙本書的出版社來出版紙本書，在市場上販售。電子書內容業者除了可以收取販售電子書所得外，還可以賺進紙本書的版權收入。

目前的出版業有一個相當特別的情況，那就是將電子書和紙本書切割來看，好像投入電子書事業的人就是看衰紙本書的未來因而與之切割的先行者，而堅持紙本書的則是不看好電子書的未來因而繼續堅守紙本書市場。但其實，紙本書和電子書都是書，只是圖書的呈現載體不同，且兩者的成本結構相差很大，但無論投入電子書還是紙本書，都是靠著販售圖書副本而獲利的一種商業行為，既然是商業行為，該考慮的就是能否從中獲利？只要能夠從中獲利，就算是兼營紙本書與電子書也未嘗不可。

甚至於應該說，為了整體圖書出版產業的發展好，電子書與紙本書應該由同樣的出版人來經營，而不是像現在紙本書歸傳統出版人，電子書歸科技業者（從電子書的幕後投資金主略可知一二），一刀兩斷。

統一由單一企業來分別經營的好處是，可以透過一批書在電子書與紙本書中的銷售情況來預測紙本書與電子書的進展狀況，從而找出對兩者來說都是最好的產業模型。

大抵上我是守舊派，我認為無論如何，紙本書都不會消滅殆盡，而情感上我也希望能夠捧在手中閱讀的紙本書可以一直存在，但我也希望未來在閱讀資訊性圖書時可以利用電子書（雖然有了電子書之後，書看完就不能捐給社福單位或賣給二手書商，也不能借給別人，大幅減少了圖書流通的機會，特別是向下流通），畢竟電子書方便且價格便宜（目前的情況來看，電子書的售價應該在紙本書的百分之五十至七十之間），對於需要大量閱讀的消費者來說，電子書也有相當程度的便利性。可是以目前紙本書與電子書互相敵視的情況來看，若不積極調和鼎鼐（例如，向雜誌業學習，商業週刊等財經雜誌目前已經開始同步推出紙本版與電子版），讓電子書與紙本書互補其不足，共同發展圖書市場，恐怕將來來收割圖書市場果時的將會是另外一批人，而不是現在檯面上的出版人。

電子書，誰該先拿出誠意推動？

電子書，已經成為華文出版界一個令所有參與者心動卻又心痛，很知道其前景無限卻不知如何著手發展的大麻煩！

暢銷作家們責難數位網路商城允許販售非法盜版（甚至不惜聯名提告），數位網路想著如何盡可能壟斷更多的文稿電子版來壯大自己（實際情況是，電子書並不好賣，又不能多重授權給不同數位商城，讓不好賣的情況更加嚴峻），出版社明知電子書的銷售成績不甚理想，故而在合約上極盡能力自我保護（好比說採用銷售結款制度，而非預付版稅，但偏偏電子書本來就已經不好賣，加上作者沒信心出版社能夠誠實報告銷售數量，且作者根本無從查證，只能單方面相信出版社的數據），人人都想保護自己的權益，書籍定價下不來，電子書閱讀器推廣不開來，於是，這個還不成熟的新興出版市場便在人人有想法，沒人肯犧牲的情況下繼續僵持不下，繼續延宕！

至於那些宣稱自己的總業績很好的數位閱讀商城，是的，或許其總業績真的很好，但卻是以龐大的作者群的努力書寫累積的長尾效應所創造出來的，特別的是，奠基在極低的單篇點閱／下載販售價格，以及寫作人無悔的付出。

對於華文電子書市場，我想所有有關人士都應該自問一個問題：「到底誰願意先拿出誠意來推動？」

所謂的誠意，是像亞馬遜網路書店願意賠本販售自家的電子書閱讀器，好讓閱讀器能夠普及開來（話說，手機不也習慣以綁通訊費的方式，以低於市場價格的方式賣給使用者，看準的就是買了手機之後的使用者，會拿手機打電話上網傳簡訊玩ＡＰＰ，再從應用服務賺回來），出版社忍受獲利減少壓低書籍售價、書店自行吸收書籍價差，務要將書價壓到消費者可以接受的區間，作者放棄堅持電子書與紙本書一樣的售價，改變版稅計算方式，好減輕市場推廣期間的壓力，亞馬遜上甚至出現定價〇・九九美金的新書（推理小說）。

打造一個新的商業模式，說穿了就是一種典範轉移，從舊典範轉移到新典範時，有人能得利有人會蒙受損失（但沒有人知道），如果產業中的每一個環節都只考慮自己的利潤最大化，卻想把成本外部化，希望別人來吸收／承擔可能的風險，自己卻躲在合約規則的保護之下，一點成本都不願意承擔。那麼，最後的結果就是市場遊戲規則無法建立（公共性出不來），徒見一大塊市場卻無法有任何人從中確實獲利。

開拓新市場必須承受風險與虧損，當然不是所有人都能玩得起，出版人也可以選擇不玩，但是，如果覺得電子書之路非走不可，則必須在一定程度下承擔風險與虧損，更積極勇敢的表現誠意給市場上其他參與者看。沒有誠意的展現，就沒有信任的建立，參與者們無法真誠的攜手合作，市場很難打得開。特別是電子書目前的發展趨勢，雖然有所進步但還遠不如實體書（例如在圖文整合方面的作品，紙本書還是比電子書來得優秀），必須更努力克服眼前的障礙才行。

在還拿不到大量暢銷新書版權的電子書市場，若要打開市場，必須用力行銷，電子書廠商們必須建立起自己的暢銷排行榜，針對每一本銷售具潛力的作品用心推廣。

誰說出版人只能賣新書，老書重新包裝後熱賣的情況也時有所聞，好比說台灣的新經典出版社重新推出費茲傑羅的《大亨小傳》，加了村上春樹的長篇解說，大大提升了讀者購買慾望，上市後也的確快速衝上暢銷排行榜。電子書若要開拓讀者，不能只是被動當個書店，必須更積極的向市場推廣行銷，為每一本可能暢銷的作品尋找與讀者連結的切入點。

即便是網路上到處都可以下載的免費公版書，只要找得到新的附加價值，就能夠吸引讀者掏錢購買。

另外，過往今來的絕版書其實不少，電子書廠商應該更用力著墨於取得曾經絕版而市面上買不到的紙本書之電子版權，累積書單還是很重要，特別是這些已經絕版故而不會對版稅有太多迷戀的老作品之版權，在長尾理論的推動下，只要累積的絕版作品的電子版權越多，對電子書市場的開拓就越有利。

當然盜版永遠是讓人頭疼的事情，不過，如果紙本書那麼貴都能無懼盜版的衝擊，照樣賣出自己的暢銷書，那麼，電子書或許不是不能抵禦盜版搶市，只是還沒找到自己的抵擋盜版的方法，光是低價或鎖檔案並不能防堵電子盜版（畢竟真要盜版大不了找人把書稿全文照打一遍），當然用力要求數位商城不得再販售非法盜版電子書等基本的堅持也還是一定要做，只不過，盜版者真要盜版也還是有辦法盜版，正攻法還是應該放在消費者閱讀與消費模式／習慣的建立，好像歐美市場已經成功打開小說的電子書市場，雖然也是一路跌跌撞撞，甚至實際收益並不如外表風光，但是，市場打開了，讀者習慣養成了，才是最重要不是嗎？就像今天人們已經能夠習慣在網路商城上購物，不若十多年前那樣恐懼不安，即便被騙事件也還是時有所聞！

出版與社會

台灣出版政策的轉變

台灣出版政策的轉變——從管制、獎勵到起飛

過去五十年，台灣圖書出版政策幾經轉折，對於促成現在的出版態勢，有著不小的影響。

台灣的出版政策大體上來說可以分成三大時期，第一、孕育管制期，從一九四九年到一九七五年；第二、開放管制獎助起飛期，從一九七六年到一九八六年；第三、出版多元自由期，從一九八七年解嚴至今。

一、孕育管制期：一九四九至一九七五

五〇年代整體台灣社會動盪不安，國民政府亟欲鞏固統治。當時的台灣社會經濟力低落，出版方面以翻印為盛。像是古書翻印與西書翻印，都是一種成本低、利潤高的出版活動。而一

九六六年行政院的中華文化復興運動，更是將這波古籍翻印推向高潮。

一九四二年三月二十九日公佈，同年五月五日實施的「國家動員法」中第二十三條規定，「政府於必要時得對人民之言論、出版、著作、通訊、集會、結社，加以限制」（轉引自胡蘊玉，一九九八：三十八）。此法為台灣初期限制出版的重要依據。直到一九七四年才有所修定。

五〇年代初期的台灣社會經濟力低落，再加上並沒有加入任何國際著作權公約，所以西書翻印並未造成太大問題。然五〇年代中期起，台灣西書翻印日盛，美國出版界抗議，但因此時的台灣出版法採註冊主義，因此台灣政府拒絕美國出版界抗議。美國出版界則認為台灣申請著作權過程繁瑣，加上註冊費用太高因此希望台灣政府修法，降低註冊費用，則願意授權台灣出版業在台合法重印，並降低圖書價格，使台籍學生有能力購買大學教科書。結果在台灣西書翻印業者的推動下，美國圖書進入台灣註冊登記。

但美國在台印製圖書，回銷美國本土的問題，在一九五九年的大英百科全書翻印事件上又起紛爭。美國在台印製圖書的回銷，造成美國本土出版業獲利受創，最後台灣政府基於「翻印行為會影響國家形象，又我國目前仍繼續需要技術知識傳入」，故允許大英百科全書的註冊登記，並於一九五九年將一九四四年的著作權法第十條，「外國人有專供中國人應用」改為「外國人著作如無違反中國法令情勢」，此舉擴大外國圖書著作申請著作條件。

而一九六〇年起，西書翻印獲利極高、越來越多翻印，而翻印書籍流入美國本土及其他國際市場，嚴重影響原版市場，引發美國出版業不滿，向台灣政府抗議，要求簡化註冊主義，禁止台灣翻印西書出口，並以取消美援與軍援向台灣政府施壓，要求台灣政府改善翻印西書出口問題。於是台灣政府於一九六〇年、一九六二年與一九六三年分別公佈限制翻印書籍出口的行政命令。並且於一九六四年著手修改著作權法，增列縣市警察機關取締翻印的權力，加重翻印罰責，增加對外國著作的保護。

這個時期的戒嚴對整體的出版政策影響很大。戒嚴法第十一條更規定，「戒嚴地區內最高軍事長官，得以禁止集會、結社、遊行、請願並限制言論、講學、新聞、雜誌、攝影、標語暨其他危害軍事的出版物。」

在圖書進出口方面，於一九五一年訂定「管制匪報書刊入口辦法」，未經核准的匪偽書報不准進口，且不許台灣出書業者出版大陸作者作品。

並且為強化國民的國家認同教育及思想教育，於一九五二年，有教科書統編制的產生。再加上一九二八年的著作權註冊主義，一九四二年實施的「國家動員法」中第二十三條對出版的限制與規定，一九四九年頒布的「台灣省戒嚴地區新聞紙雜誌圖書館制版法」，和一九六八年公佈、一九七〇年修正的「台灣地區戒嚴時期出版物管理辦法」，形成台灣早期的出版法令。

二、開放管制獎助起飛期：一九七六至一九八六

一九七六年到解嚴前可以說是台灣出版的成長期。一九七三年到一九七五年的石油危機導致出版業缺紙、紙價高漲、裝訂印刷費大增，並造成多家出版社倒閉。但是從一九七六年起，

國際景氣開始復甦，台灣出版也開啟了成長期。

內政部於一九七三年著手修訂著作權法，一九七四年公佈「出版法實施細則」，於一九七五年完成草案，一九七九年四月修定公佈。其中對於內容之規定第九條規定：「出版發行旨趣，必須符合闡揚基本國策，激勵民心士氣之旨」（轉引自胡蘊玉，一九九八：三八）。第九條之規定發行旨趣對於出版自由的扼殺難以估計。

隨著一九七八年盜印風氣大盛的原因，一九七九年制定加強「文化與育樂活動方案」，視修訂著作權法為重要政策。一九八二年，行政院決定「著作物不論是否登記註冊都能受到著作權法的保護，以及登記時不得審查著作物的內容」兩大原則，確立著作主義的著作權法，並於一九八五年通過實施。

政府於一九六二年成立「內政部出版事業管理處」，而於一九七三年，因應行政院精簡組織決定，將「內政部出版事業管理處」合併入新聞局，更名為「出版事業處」，並調整管理出版的角色。開始強調對出版業的獎勵、補助，對出版不再只是以管理為主。使台灣出版事業的角色有了轉變，轉入新聞局管理對台灣出版界是個分水嶺，自此台灣出版界不再只是被管理，政府開始獎勵出版。

一九七三年修訂的出版法第四章中明定出版獎勵保障，在第二十三條中明定獎勵補助標準，第一、合於憲法第一六七條第三款規定者；第二、對教育文化有重大貢獻者；第三、宣揚國策有重大貢獻者；第四、在邊疆海外或貧瘠地區發行出版品，對當地社會有重大貢獻者；第

五、印行重要學術專門著作或邊疆海外及職業學校教科書者。一九七六年鼓勵優良圖書金鼎獎就是基於此法而出，並且於一九八二年開始頒贈獎金。而出版獎助條例則於一九八四年實施，補助範圍有學術專門著作出版的補助，優良出版品輸出國外，郵資或運費的補助，和出版事業參與文化交流活動的補助。一九八二年起，行政院新聞局協同「商務印書館」推動「書香社會」圖書禮券。一九八三年金鼎獎舉辦讀書週，一九八五年增列推薦優良出版品，一九八七年舉辦第一屆國際書展，一九九二年配合兩岸政策，更設立「大陸圖書著作個人獎項」。

此時期政府對大眾傳播事業的管制放鬆。一九五八年以前，台灣出版管理歸內政部，但由內政部暫交「警政司」管理。一九七三年，行政院決定將內政部所署的出版事業管理處交併入行政院新聞局，其他大眾傳播事業也一併交付新聞局管理。一九七六年，新聞局成立了金鼎獎，獎勵優良出版品，並統一了出版事業登記。自一九七六年起始編製《中華民國出版年鑑》。一九七八年，政府決定開始公開非機密性的政府出版物，並於十一月與正中書局簽約委託發行。一九八三年並定「行政機關出版品管理要點」，統一規範政府出版品（辛廣偉，二〇〇〇：七十五至七十六）。自此台灣地區的出版品可謂日漸開放管制。

一九八二年所修訂的著作權法廢除了著作權註冊主義，改採創作主義，著作權不論登記與否，都能受到著作權保護，而且登記時不得審查著作物的內容（轉引自周明慧，一九九八：四十八）。

這個時期隨著管理出版的單位由內政部轉移到了新聞局，隨著政府部門本身角色的轉變，政府整體出版政策也有所調整，由過往的管理監督轉變為輔導獎勵。

政府出版政策的轉變造成出版社的增加，為下一個百家爭鳴的多元出版階段奠定了一個良好的大環境。

三、出版多元、自由期：一九八七至今

八〇年代影響台灣出版日後興盛的兩大原因。第一，一九八七年七月一五日宣告廢除「台灣地區戒嚴時期出版物管制辦法」。出版品的管制回歸出版法之事後審查原則，警備總部退出文化檢查的工作，由新聞局取代。第二，八〇年代後，美國貿易保護主義興起，我國對美貿易順差日大，台灣盜版問題嚴重，加上上一次出版法修法並沒有將外國人列入著作權創作主義的保護，再加上翻譯權的未定，種種原因之下於是開啟了中美著作權談判。而談判結果是開放翻譯權，並對一九八五年以前的著作採溯及繼往原則。內政部並於一九八九年「中美著作權保護協定」後著手配合協定內容，並於一九九〇年完成著作權修訂草案，最後一九九三年通過「中美著作權保護協定」即著作權法修正案。

至此，台灣的出版法可謂完備。翻譯西書必須取得原書授權，並且造成九〇年代台灣出版界生態的大轉型。

第一、爭取西書的授權翻譯。自新著作權法於一九九二年六月十二日施行後，外國著作不用登記，同樣在台灣享有著作權。此一修法造成出版界生態的大轉變，過去只要是暢銷的外國圖書，台灣出版業者就可以逕自翻譯出版，並且常有一書數版的情況。

然而新著作權法的實施，使原本可以隨意翻譯的外書籍，必須向外文原書取得授權才能翻譯出版，這個改變使台灣的翻譯出版成本增加，不僅沒有阻擋外文書的翻譯、引進，反而加速其發展，到了九〇年代，外文翻譯書成了出版界的出版大宗。並出現了版權代理公司。

第二、一九九四年的「六一二大限」，在一九九二年六月十二日所實行的新著作權法中第一一二條規定「本法修定實行前，翻譯受修正施行前本法保護之外國人著作，如未經其著作權人同意，本法修正實施後……不得再重製，前項翻譯之重製物，本法修正施行滿兩年後，不得再行銷售。」也就是說一九九四年的六月十二號，是無版權外書翻譯書合法銷售的最後一天，這造成當年出版界莫不大量拋售。這便是有名的「六一二大限」。這一天是台灣出版界的一個分水嶺，自此不再有無授權翻譯書並且非法盜印也逐漸在台灣消失。

第三、外國出版業進駐台灣，隨新出版法的問世，外國出版社看準台灣和大陸市場，紛紛在台設立分公司。像是日本東販的台灣分部；香港牛津出版社和與基督教文化研究所、香港青文出版社等出版社授權唐山發行；香港三聯、香港中文大學授權台灣商務印書館；禾林、麥格羅希爾、朗文等也紛紛在台成立分公司。

第四、禁止真品平行輸入，禁止真品平行輸入指的是貿易商（出版商）在未經著作權人同意下，直接從著作權人所授權的外國行銷商或代理商之處，購買合法的著作重製物（水貨）輸入國內，和著作權人所自行輸入或授權本地代理商合法輸入的著作重製物直接競爭，形成兩種進口管道相互競爭，即原版與水貨之爭（馮陣宇，一九九三：四十三）。這樣的規定表示外文書的進口必須取得授權，然除教科書外，學術專書實不易有出版社或書店願意取得進口授權，這導致台灣外文書價格高，不易購買，外文圖書的進口基準是商業考量，並且進口書種大減。這樣的規定等於是西書進口業者保障，像專營社會科學的桂林、森大、雙葉、書林等。不過隨著網際網路與網路書店的興起，個人透過網路直接選購外文圖書，使得個人購買外文圖書的困難度已經下降，並造成西書進口業者的衝擊。

「六一二大限」則使得許多過去一書數版的現象消失，像是《成長的極限》（一九七三，驚聲文物供應社與巨流出版社均有出版），《馬克思後的馬克思主義》（巨流與谷風），《近代的社會變遷》（巨流與萬象圖書），《無聲的語言》（巨流、協志、三山），《人類動物園：都市人及其環境的探討》（巨流、遠流）等等。

不過，自「六一二大限」後，除已喪失原書版權的情況外，一書數版的現象消失了，並且間接淘汰一批冷門但優秀的書籍。整體來說，新著作權法後的台灣出版界呈現大量充斥翻譯書籍的現象。

四、小結：出版政策轉型下的出版界

政府出版政策的轉型對社會學出版品的影響很大，過去威權戒嚴統治時期，因思想統治需要，統一收編管理出版。學術著作當然是收編重點，導致第一階段社會學出版業衰弱不振。第二階段則隨著政府鼓勵出版的政策轉型，社會學出版品的種類也開始呈現增加的狀況，不過外文著作問題尚未解決，並且有熱門書籍一書數版現象。到了第三階段，解嚴導致思想解放，加上大陸政策開放，外文書籍版權確定，民間社會力日漸成熟，出版品在這個階段可謂百家爭鳴，出版的數量與類型都是過往所望塵莫及的。

參考書目

王榮文。一九九〇，〈台灣出版事業產銷的歷史現況與前瞻－一個台北出版人的通路探索經驗〉，《出版界》，第二十六期（十一）：七至十五。

——一九九五，〈因應出版變局〉，《出版界》，第三四期（六）：六。

吳健民。一九八三，〈正中書局創業半世紀〉，《出版界》，第十期（十二）：二至五。

何秀煌。一九九五，〈大學通識教育：理想、內涵以及問題〉。《通識教育季刊》，二卷一期：六十五至六十六。

沈君山、黃俊傑。一九九五，〈邁向二十一世紀的大學通識教育〉。《通識教育季刊》，二卷一期，三至四。

應鳳凰。一九八五，〈開拓出版原野的文星書店（上）〉。《文訊》，十七期（六）：三一一至三二三。

——一九八五，〈開拓出版原野的文星書店（下）〉。《文訊》，十八期（七）：二八〇至二九〇。

戚國雄。二〇〇一，〈台灣人文社會類翻譯書的生產與製作〉。《檢視當前台灣翻譯工業與翻譯文化研討會論文手冊》，翻譯工作坊。

郭為藩。一九八七，〈通識教育的實施方式〉，載於《大學通識教育研討會論文集》，清華大學人文社會學院編印。

陳明蹯。一九八七，〈四十年來台灣出版史略（上）〉。《文訊》，三十二期（十二）：二五九至二六八。

——一九八八，〈四十年來台灣出版史略（下）〉。《文訊》，三十三期（一）：二五一至二六九。

蔣濱。二〇〇一，〈印書館與出版社——由歐美大學出版社的經營理念譚國內學術出版社葉面對的課題〉，《人文與社會科學簡訊》，第三卷第三期（二月）：二十四至三十四。

行政院文化建設委員會。一九八四，《一九八三年中華民國出版年鑑》，行政院文化建設委員會。

——一九九八，《一九九七台灣圖書出版市場研究報告》，行政院文化建設委員會。

——一九九九，《一九九八台灣圖書出版市場研究報告》，行政院文化建設委員會。

——二〇〇〇，《一九九九台灣圖書出版市場研究報告》，行政院文化建設委員會。

——二〇〇〇，《民國八十八年文化統計》，行政院文化建設委員會。

——二〇〇二，《二〇〇〇台灣圖書出版市場研究報告》，行政院文化建設委員會。

王瓊文。一九九五，《台灣圖書出版業發展歷程與未來發展趨勢》，台北：政治大新聞研究所論文。

周明慧。一九九八，《國家角色與商品網絡：台灣地區圖書出版業發展經驗》，東吳社會學研究所碩士論文。

天下文化企劃編輯。一九九七，《出版人的對話——關於兩岸出版發行的論述》，台北：天下文化。

何光國。一九九四，《文獻計量學導論》，台北：三民。

辛廣偉。二〇〇〇，《台灣出版史》，河北：河北教育出版社。

林俊平。一九九九，《中國時報開卷版書評之研究》，南華大學出版學研究所碩士論文。

胡蘊玉。一九九八，《文化工業運作下的台灣文學研究——以金石堂暢銷書排行榜為例》，淡江大學中文所碩士論文。

莊麗玉。一九九五，《文學出版事業產銷結構變遷之研究——文學商品化現象觀察》，政治大學新聞所碩士論文。

孟樊。一九九七，《台灣出版文化讀本》，台北：唐山。

賀修銘。一九九七，《文獻生產社會化及其管理》，湖南：湖南教育。

翟本瑞。二〇〇〇，〈資訊時代的學習工具變革：電子書電子期刊與虛擬圖書館〉，《教育與社會——迎接資訊時代的教育社會學反省》，台北：揚智，二四五至二七〇。

盧郁佳。一九九七，〈從《讀書》、「質的排行榜」到《讀書人》〉，收於《眾神的花園——聯副的歷史記憶》，聯經。

韓維君等。二〇〇〇，《台灣書店風情》，台北，生智。

隱地、游淑靜等。一九八一，《出版社傳奇》，台北：爾雅。

卿家康。一九九四，《文獻社會學》，湖南：武漢大學。

鹽澤實信。一九九〇，《日本出版界——出版文化的周邊》。林真美譯，台北：台灣東販。

【附錄】台灣出版大事表

分期	年代	大事紀
1949 孕育管制期 1975	1942年	「國家動員法」於3月29日公佈，5月5日實施。其中第二十三條規定，「政府於必要時得對人民之言論、出版、著作、通訊、集會、結社，加以限制」。
	1949年	頒布「台灣省戒嚴地區新聞紙雜誌圖書館制版法」。
	1951年	訂定「管制匪報書刊入口辦法」，未經核准的匪偽書報不准進口，且不許台灣出書業者出版大陸作者作品。
	1952年	教科書統編制產生。

1949
孕育管制期
1975

1959年

將1944年的著作權法第十條，「外國人有專供中國人應用」改為「外國人著作如無違反中國法令情勢」，擴大外國圖書著作申請著作條件。

1960年

公佈限制翻印書籍出口的行政命令。

1962年

成立「內政部出版事業管理處」。

1964年

修改著作權法，增列縣市警察機關取締翻印的權力，加重翻印罰責，增加對外國著作的保護。

1968年

公布「台灣地區戒嚴時期出版物管理辦法」（1970年修正）。

1973年

內政部修訂著作權法，其中出版法第四章明定出版獎勵保障。
行政院將內政部所屬的出版事業管理處交併入行政院新聞局，其他大眾傳播事業也一併交付新聞局管理。

1974年

公佈「出版法實施細則」。

1987 出版多元、 自由期至今	1976 開放管制 獎助起飛期 1986				
1987年	**1982年至1985年**	**1979年**	**1978年**	**1976年**	**1975年**
七月十五日宣告廢除「台灣地區戒嚴時期出版物管制辦法」。出版品的管制回歸出版法之事後審查原則，警備總部退出文化檢查的工作，由新聞局取代。	修訂著作權法，廢除了著作權註冊主義，改採創作主義，著作權不論登記與否，都能受到著作權保護，而且登記時不得審查著作物的內容。	4月，修定公佈「出版法」。	政府開始公開非機密性的政府出版物，委託正中書局發行。	新聞局成立金鼎獎，並統一出版事業登記。 開始編製《中華民國出版年鑑》。	完成出版法草案。

1987
出版多元、
自由期至今

1989年

中美著作權談判，開放翻譯權，並對1985年以前的著作採溯及繼往原則。內政部於「中美著作權保護協定」後著手配合協定內容，並於1990年完成著作權修訂草案，後於1993年通過「中美著作權保護協定」，即著作權法修正案。自此翻譯西書必須取得原書授權，造成1990年代台灣出版界生態的大轉型。

1992年

6月12日，新著作權法施行，俗稱「六一二大限」。自此外國著作不用登記，同樣在台灣享有著作權。此一修法造成出版界生態的大轉變，此後翻譯書皆需取得授權，非法盜印逐漸在台消失；但同時也加速了外文翻譯書在台的發展，之後甚至出現專業的版權代理公司。

2003年

新聞局於12月完成「出版品及錄影帶節目分級處理辦法」及「網際網路分級管理辦法」草案，首度將網際網路的閱讀，分限制、輔導、保護、普遍級等四級管理。

2004年

台灣於兩年前加入世界貿易組織（WTO）後，為期兩年的著作權緩衝期即將於此年7月10日到期，俗稱著作權「710大限」。710過後，凡是1954年以前發行的電影、歌曲，或是作者死亡尚未滿50年的書籍，都必須經過權利人授權，才能公開販賣。

2004年

8月24日，立法院臨時會三讀通過著作權法十三項條文修正案，增列防盜拷保護措施、將盜版行為一律改為公訴罪及強化邊境管制措施等。

1987
出版多元、
自由期至今

2006年

2月，中盤商農學社控告金石堂書店積欠帳款官司，日前達成和解，金石堂支付農學社一筆相當金額，雙方恢復交易往來。金石堂近年推行的「銷售結款」方式，引發不同爭議。

2007年

7月，經銷商凌域傳出與金石堂書店財務糾紛，暫停營運，牽連數十家出版業者，城邦集團決定自金石堂撤架，同業擬跟進以解決金石堂銷轉結做法對業界造成長期的壓力。

9月，經銷商凌域指金石堂書店拖欠書款導致其引發財務危機，宣告倒閉，卻有知識領航、探索、布波、高談等出版社，聯合控告凌域文化偽造有價證券、偽造文書、背信等。

2008年

7月，52家出版業者與電信業者、通訊服務業者與圖書館共同成立「台灣數位出版聯盟」，這是台灣出版業者首度與科技及通訊業者大規模的結盟。

9月，Google Play付費的圖書功能正式登陸台灣，已與台灣八家出版社結盟。

12月，聯經出版公司和農學社結盟的「聯合發行股份有限公司」正式掛牌運作。此為台灣圖書發行業首次大規模整合。

2013年

11月，「中華民國出版商業同業公會全國聯合會」成立大會，將首推動所得稅法第17條修正，購書費用列入所得稅特別扣除額。

*本表參考「台灣出版資訊網」http://tpi.org.tw/publishmap_event.php等網站提供的資料。

書籍出版與人口結構

之前曾有愛書友在網路上發起一個要求出版社印行「大字版」圖書的活動，大意是希望以集購的方式推動，若是某一本書願意認購「大字版」者達一五百人，出版社就另外印行「大字版」。

之所以有「大字版」的需求，除了一些暢銷書的字體設計偏小不利閱讀外，另外一個很重要的原因，恐怕是「老花」的熟年讀者越來越多。

於是，我認真地思考了人口學與圖書出版趨勢之間的關係，發現了有趣的現象，圖書出版與人口結構之間有著相當緊密的關聯。

人口紅利創造圖書類型

舉個例子，最近一年來，原本冷門的詩集突然又熱絡了起來，不少出版社推出詩集，不少人也自費出版詩集。

雖然說，詩集還是小眾，也還是難以變成暢銷書（大概只有夏宇和極少數詩人的作品例外），不過，為什麼詩集出版變多了？

扣除政府補助，以及業者的文化理念不談，最關鍵的原因，極有可能和人口結構有關。我的推論是，過去苦哈哈的窮「文青」們紛紛從學校畢業進入社會，擁有了穩定的工作與收入，過去消費不起的嗜好，而今可以負擔了，甚至有財力自費出版。

雖然說，台灣的未來發展深受少子化問題困擾，不過，根據人口學的預測，直到二〇一七年台灣的人口都還是繼續向上成長，二〇一七年以後才會結束人口紅利，翻轉向下。

尤其重要的一點是，作為主要勞動人口的五、六年級生（一九六一至一九七九年出生的人），人口數量龐大，以同樣是龍年的一九七六年為例，當年的總生育人數高達四十二萬餘人，雖然日後逐漸下滑，但也都還維持在每年出生三十餘萬人口的規模。大量的青壯人口，支撐了內需市場，圖書出版市場自然也因此獲益。這恐怕也是為什麼最近一兩年「二十幾歲××〇〇」、「三十幾歲××〇〇」的書會熱賣的原因之一。

也就是說，人口紅利是能夠創造圖書類型的。出版人應該密切關心社會人口結構的變化趨勢。

好比說熟年市場，台灣的戰後嬰兒潮即將大批從職場上退休，這批史上最有錢且人口數量驚人的消費人口極需要大量的圖書產品來填補其退休後的生活，然而，雖然台灣目前已經有針對熟年市場推出的雜誌與圖書，但卻依然顯得生澀且數量稀少，興許是目前負責出版品規劃的出版同業先進大多為青壯年人口且習慣了以青少／壯年市場為優先的思維模式，故而輕忽了熟年市場的開發。

然而，要補充即將告罄的人口紅利所造成的市場萎縮，熟年市場的開發絕對是不能輕忽草率的一個重要領域。

當人口紅利不再時？

人口紅利對於圖書消費的衝擊是很大的，好比說少子化對童書市場的衝擊。過去的台灣，每年動輒出生三四十萬人，且多由漢人中產階級家庭所出，加上台灣經濟成長中，父母樂於投資童書購買，創造了台灣童書業者的一片繁榮。

而今的台灣，生育率已經來到全世界最低，根據人口學資料的推測，未來台灣的常態生育人數恐怕只有十四至十五萬人，其中又有將近百分之十二・五的新生兒來自父母其中一方為新移民的家庭。

童書業者除非能夠根據人口結構的變化推出適合新市場需求的產品，否則很難生存，就算將來每個家庭都十分重視孩童教養也是一樣，就算父母重視教養而樂於投資圖書購買，當總市場規模萎縮時，銷售力道也會下滑。

少子化對圖書市場的衝擊，首先是童書，接著下來將是教科書、參考書、漫畫言小等青少年讀物，隨後擴及勵志書、商管書、小說散文、生活風格叢書等各個以大眾為主要訴求出版領域，還有暢銷書的銷售量（不過，近來開始有童書業者以童書來開發熟年市場，是頗為有趣的發想，唯營運狀況還需要觀察，跨界使用圖書也許是人口萎縮時代的圖書出版經營必須慎重考慮的一環）。

反而是原本就走小眾或精英路線的出版品，受到的衝擊較小，分眾市場原本的市場規模預測就比較謹慎，也不求圖書能夠暢銷（只要穩健長銷、累積能夠穩定獲利商品就足夠），人口結構的改變影響較小。

移民狀況也會影響圖書出版

影響台灣圖書銷售總量的原因，除了少子化趨勢之外，「移民」也是重要因素。

先說人口外移，根據統計，目前台灣約莫有兩百萬國人長年旅居海外（主要在中國大陸）工作，只有逢年過節才回台灣，兩百萬的工作人口不在台灣的內需消費市場，對於出版業這類以內需市場為主要銷售訴求的產業來說影響非常大。

其次則是人口移入，長居台灣的外籍移工約莫四十萬，外籍配偶也約莫四十萬，且主要來自中國、越南、印尼、泰國、菲律賓等國家，不少移入人口還擁有大學以上學歷，說起來是補充台灣出版市場非常重要的一股生力軍，只可惜台灣的出版先進們還無法領略東南亞新移民對於補充台灣出版市場的重要性，針對這些新移民所推出的出版品雖然有，但是並不多。然而，若要補充移出人口對於出版內需市場的影響，新移民閱讀市場是一定不能放棄的重要領域。

總而言之，以面對大眾市場為主要銷售對象的出版人來說，年齡、性別、世代、移民、人口消長等等都牽動著出版市場的規模與發展趨勢，人口結構問題必須時時謹記在心，否則很可能自信滿滿地砸大錢，推出以為能暢銷的好書，結果銷售狀況卻屢屢不如預期（還反過頭怪罪市場不買書）。能消費的人口萎縮、外移了，書再好能賣的也有限！

兩岸關係的開放與書籍製作出版間的關係

——以社會學書籍為例

九〇年代後兩岸的出版界，因著一九七九年大陸政策轉趨開放，一九八七年的台灣解嚴，兩岸政策之間鬆綁許多後，合作交流機會增加許多。不少大陸學者的中文著作與翻譯作品大量進入台灣。以社會學書籍來說，大陸學者撰寫或翻譯的作品，而在台灣以正體中文出版發行的部分，總計有兩百一十餘種。也就是說，九〇年代中，在七百餘種的中文著作與中文翻譯的社會學著作中，有大陸學者參與的部分占了兩百餘種之多（王乾任，二〇〇二）。可見大陸地區對於台灣社會學書籍的製作，有越來越大的貢獻。

這樣的一個書籍數量，對台灣社會學書籍的影響很大。其中結構群、桂冠圖書、遠流、時報文化、淑馨，幾乎各家出版社都有與大陸合作的書籍。

根據「兩岸出版業合作發行書籍之現況」調查研究發現兩岸出版版權貿易與合作出版方式有以下幾種：

一、關於版權貿易形式方面

第一、透過自由國家或地區的仲介者，間接取得大陸或台灣作者出版社對作品或出版品的授權。像五南就授權大陸地區的出版社一百多本書籍的版權（轉引自王瓊文，一九九五：一一八）。有編輯表示，其所屬公司無論是取得大陸稿件或是販售書籍簡體字版，均透過版權代理商。據某編輯表示，其所服務之公司交由版權公司負責版權業務有七成，自行找出版社接洽有三成。

第二、透過海外學者的引薦，造成授權契約。

第三、直接與香港三家中資出版社（香港商務印書館、香港中華書局、三聯書店香港分店）洽談版權。

第四、直接與大陸作者聯繫取得版權。

第五、透過設北京的中華版權代理總公司或香港中華版權代理總公司取得授權。

第六、直接與大陸出版單位簽定授權合同或進行兩岸合作出版。

隨著兩岸的互動往來頻繁，後三種方式逐漸成為主流。根據「兩岸出版業合作發行書籍之現況」（轉引自王瓊文，一九九五）與本研究的整理調查，在取得書籍授權後，兩岸合作出版的常見模式如下。

二、合作出版階段常見模式

第一、以台灣出版社為主導，由台灣作家撰文，請大陸畫家畫插圖。這類書以台灣兒童圖書為主。

第二、在翻譯作品方面，台灣出版社邀請大陸作家寫稿、翻譯，以降低台灣出版品的成本。例如淑馨出版社的「世界文化叢書」，稿源來自大陸，但由台灣負責美工／配圖／製版／印刷等。而淑馨出版社本身是淑馨文化集團的一個公司，而淑馨出版集團「與大陸許多出版社合資成立廣州百通科技文化出版公司。」（轉引自王瓊文：一九九五：一一〇）

另外還有像揚智文化的「手邊冊」，生智的「大師系列」，泰半是由大陸學者操刀。專出考試用書的建強出版社負責人表示，也使用這種方式與大陸地區合作。其他像桂冠的「當代思潮系列叢書」、「新知叢書」中，有不少社會學翻譯作品，來自大陸地區，而楊國樞在叢書總序中，也交代了一些大陸稿件的來源。「如甘楊、蘇國勛、劉小楓主編的『西方學術譯叢』和『人文研究叢書』，華夏出版社出版的『二十世紀文庫』，陳宣良、余紀元、劉繼主編的『文化與價值譯叢』，沈原主編的『文化人類學譯叢』，袁方主編的『當代社會學名著譯叢』，方力天、黃克主編的『宗教學名著譯叢』」。

遠流的「新馬克思主義經典譯叢」、「西方文化叢書」，時報文化的「近代思想圖書系列」等，唐山的「新馬克思叢書」等，均有不少書籍都採此種方式合作出版。

第三、由台灣出版社出錢，大陸出版社出力，由大陸學者專家配合，考古發掘進行研究，紀錄整理由台灣出版社出版。如光復書局與中國文物出版社合作出版的「中國重大考古新發現」就是如此。

第四、由學者在大陸成立研究室，出版社配合成立編輯室，對當地文化進行研究寫作。如漢聲雜誌與大陸學術機構的合作。

第五、台灣與大陸約定同一共同題目，分別邀請兩地作家撰稿合作出版一系列叢書，共同分享台灣、大陸與海外版權。如光復書局、錦繡出版社等等。在社會學方面較為有名的例如遠流「西方文化叢書」，在發行人王榮文（一九八七）在總序〈構築中文讀書社群〉中指出，該叢書的創立基礎就是「台灣的大陸政策開放，文化界新視野，一股大陸熱與合作精神。」該叢書是由香港三聯出版社編輯企劃，主編由當時旅居法國的大陸學人高宣揚擔任，撰述人則為兩岸三地甚至世界華人學者。然而，實際書籍的撰述人似乎以大陸學者為主。

五南出版社楊榮川表示，五南「其實介入大陸市場蠻深的」。例如版權的交易，五南的書籍授權給大陸的有一百多種，與五南往來的出版社有一百多家。大陸第四屆廣州國際書展和天津台灣書展，其實都是由五南出版社主辦。其次，五南在大陸設有「亞信資訊股份有限公司」，主要負責印刷排版工作。但實可作為五南了解大陸市場的一個起點。（轉引自王瓊文：一九九五：一一八）

第六、兩岸各自出版同一原著的中文譯本

特別是現今的翻譯著作授權方式是外國出版社採雙邊授權，將中文版分為簡體字版與正體字版，分別授權給台灣與大陸兩個中文地區，不再像過去只授權國際中文版。

在這樣的授權方式之下，開始有一些台灣出版社，向購買大陸地區購買該書的中文翻譯版權，再向原書出版社購買原書授權。

而所購得的中文翻譯權，或直接出版，或再自行找台灣地區的學者人士修訂翻譯，出版繁體字版，或者自行翻譯出版。第一類像是知書坊的心理學系列，第二類像貓頭鷹（後由左岸文化接手）的人類的經典叢書、弘智文化的《五種身體》（二〇〇一）。第三類像是麥田的純智歷史叢書中的《英國工人階級的形成》（二〇〇一），已有上海譯林出版社的簡體字版在先，台灣麥田出版社另外找人翻譯、製作。

相反若是台灣地區先取得原書中文授權並且已經出版的翻譯著作，大陸地區也和台灣一樣，或者購買台灣的翻譯權。像是馮建三譯時報出版的《文化帝國主義》（時報，一九九四）、林志明譯的《物體系》（時報，一九九七）、夏鑄九等譯《網絡社會的崛起》（唐山，一九九八）。

或者自行重新翻譯出版。像是韋伯文化的《全球化大轉型》（二〇〇一），大陸版則由中央編譯亦自行翻譯出版。巨流出版社的《社會學的想像》（一九九五），大陸簡體版則由北京三聯自行翻譯編輯製作出版。群學出版社的《全球化》（二〇〇一），大陸簡體版則由北京商務自行翻譯編輯製作出版。而這些出版情勢有日漸增加的態勢。

第七、兩岸各自盜印。台灣以解嚴前後崛起的結構群、谷風、南天等出版馬克思主義類型書籍的出版社最為有名。結構群在九〇年代末期更有過直接翻印大陸四川重慶、上海三聯、上海譯文等出版社所發行的簡體字版書籍，不作任何更動，但由紙張開本與膠裝則可判斷出為台灣版，因為與大陸版明顯不同。

隨著遠離解嚴，兩岸政策的開放與經濟依賴日深，兩岸在合作出版上的數量，似乎有越來越多的趨勢，而合作的模式與管道越趨正式。

不過，這樣的兩岸學術出版合作對台灣的社會學出版是利弊參半的。缺點是台灣原已不振的學術翻譯寫作，更淪為對大陸的學術依賴。第二，學術思考邏輯與用語日漸大陸化，雖然大陸學者的翻譯著作會先由台灣學者將專有名詞修改成台灣慣用法，但是文法上、修辭上的問題更大，並且不是每一本都可以修改完全的。兩岸經過五十年各自的發展，其中文已經有相當大程度的出入，對外文的理解詮釋也有相當大的出入。然大量的大陸翻譯書籍的引介，雖然讓出版社省下極多成本，但長期來說對台灣的學術出版文化卻是一種扼殺。像早期的結構群與晚近的知書坊是其中最甚者，將大陸書籍直接轉檔出版，這樣的一種出版方式是對台灣學術語言的一種扼殺。

優點是，台灣出版社可以節省金錢支出與出版所需的時間成本，並且可以提供較多的書種給台灣社會閱讀。特別是台灣的學術圈太小、學術分工又過細的問題，似乎可以在接軌大陸社會學社群下得到舒緩。若從賴特（Robert Wright，二〇〇二）的「非零和邏輯」來往好的方面想，這似乎又是一種「社會大腦」的累積，有助於學術發展。這些利弊得失可能需要更長的觀察才能有所定論。本研究並不深入探討。

真正施壓台灣出版界的是版權買賣而非禁書不上架

之前，誠品與部分書店通路不擺售《殺佛》一書的事情，因作者出面抗議而鬧了好幾天新聞，引發部分人士對服貿問題的關切，更譴責誠品的態度，還讓該書在網路書店衝上銷售排行榜，可謂另類行銷成功。

如果仔細留意，出面對此事表態的出版人並不多。實在是撇開事件背後可能出現的中國因素不談，商業法則也是造成此一事件的原因之一。不只是台灣，近年來全球的大型連鎖實體書店只進大型出版社的重點推薦新書，小出版社或冷門書只建檔不下量的鋪貨趨勢已然是常態。

連鎖書店採購每天的工作量驚人，新書下單通常只靠出版社報品或新書提報單，不翻看實體書（實在是沒時間）就直接下單的情況越來普遍。

一般來說，非重點書僅建檔不下量已經是常態，中小型出版社的重點書首批下單量不足百本的情況也很普遍，簡單說，在書店門市看不到新書是常態，至少每年出版的新書有一半是不可能在實體書店看到新書，因為實體書店的沒有那麼大的陳列空間（過去那種新書出版就去實體書店找的觀念要改了，如今上網路書店下單買到書的機會更高一些）。

《殺佛》除了不排除的確可能有中共因素干擾，更可能是圖書發行模式的變遷造成的結果。邏輯學上有所謂的「孤例不成證」，假使誠品或其他通路並非所有批判中共之書都沒有上架，則歸咎通路揣摩「共意」而不敢上架，可能是疏忽了出版產業本身的發行生態本身的影響。況且，在消費主義當道的資本主義社會，企業主更在乎的是書籍銷售實力，而非某本書是否得罪當權者（加上後來有一些新資訊出來，誠品並非所有門市都買不到《殺佛》）。人們對誠品的期待和實際之間的落差，背後牽扯的可能是更殘酷的商業而非政治。

某種程度這恐怕更是誠品不願積極出面澄清的緣故，寧可讓人誤認為是政治因素干擾造成某本書不上架，也好過讓人發現大多數的新書無法上架，已經是新書發行的新常態。

不過，是否中共因素對台灣出版產業的施壓狀況不存在？

非耶！

根據同業先進表示，今年以來，中國方面採買台灣自製出版品版權的狀況不若過往熱絡。有傳言道，在服貿過關之前，盡可能減少對台灣出版品簡體字版權的採買。我認為，如果說有對台灣出版產業施壓，這才是真正對台灣出版產業施壓的關鍵。

近年來台灣圖書市場不斷萎縮，版權外銷成了出版人補貼虧損的一種方法（特別是最近幾年兩岸版權銷售狀況活絡，台灣輸出了不少自製書版權到中國出版簡體版），突然之間政策緊縮，對台灣的出版界來說雖然不是致命的影響，卻毋寧也是一個提醒，中共因素的確存在。

【代結】台灣出版市場，是轉型不是縮小

每每談到台灣出版產業的困境，必被同業先進或報刊媒體引為解釋的主要理由，不外乎台灣市場規模太小，每年卻出版四萬種以上新書，供給大於需求，導致書籍退貨率年年高升，衝破五成，再加上出版社越開越多，破萬之數都有人引用。

上述統計數字沒錯，但引用者常常沒能深入解讀統計數據背後的差異，導致無法有效指出當前台灣出版產業困境的核心問題。

一、網路發達，加上快遞便利，台灣繁體書的閱讀人口，並不限於台灣本島的兩三千萬人，至少香港的六百萬加上東南亞星馬的數百萬華僑，都是基本分母（逛過香港中文書店的都知道，有七成左右華文出版品來自台灣）。再加上遍佈全球的三千多外華僑（不少華僑會定期透過網路書店集購圖書），總市場母體高達六千萬。

二、零售業佔台灣圖書出版總營業額約三分之一，其他三分之二在各機關團體企業學校圖書館之團購（還有租書店），但幾乎所有證明出版不景氣之閱讀分析報告中的國人平

均購買／閱讀數字，直接被拿來證明「全出版市場」銷售狀況，並不正確。更別說還有海外華人消費者。

三、台灣每年出版四萬餘種的新書中，有過半是政府出版品、個人出版以及特殊通路之出版品（例如租書店言情小說、武俠小說、甚至漫畫），這些出版品的主要營業額來源並非書店。零售書店每年進貨之新書品項約兩萬，而非業者所指之四萬（有興趣分析詳細出版品項清單者，可參考國家圖書館書號中心每月出刊之《全國新書月刊》）。

四、承第三點，台灣一年出版四本以上新書之出版單位僅九百家。再扣除常態性出版的政府部門（例如中研院各研究所、各縣市政府文化局、政府各部會等均有登記出版業務單位），實際在市場上營運之民間出版社，約五到六百之間，並非業界前輩一再引用之數千家。

也就是說，台灣出版零售市場是由數百家出版社、二十餘家經銷商（以及地區總經銷商），以及數百家書店（含網路書店與十大連鎖書店）以及上千家文具店兼售圖書，和全台七千多家便利超商，數百家量販店（圖書區）所共同組成。近四五年來，年營業額一直維持在兩百億左右。

然而，近四五年來，台灣社會環境產生巨大變化，代工產業沒落以及出走大陸，中產階級出走台灣（閱讀主力之一的流失）；網路的崛起泡沫化與再崛起（數位閱讀成熟，報刊雜誌購買力萎縮、電腦書購買力萎縮）少子化的衝擊，年人口出生數量以從一九七六年的高峰四十餘萬人，跌落至今不滿二十萬人（可以想見童書、教科書參考書市場的萎縮）；租書店崛起（漫畫與言情小說、武俠小說緩步下降）；國人重視文化、設計、旅遊、美學（書籍設計裝訂技術提升，旅遊與設計類出版品興起）；明星出書熱潮持續……。

出版反映社會趨勢，如果當營業總額不變，出版總量微幅上升，但閱讀類型卻產生變化時，自然某些新抬頭的閱讀類型，就會搶走不再被讀者青睞的閱讀類型的業績。就像email淘汰手寫信件一樣，閱讀類型也會隨著時代變遷而轉變。例如二〇〇〇年左右十分熱門的網路小說市場，已經大幅萎縮，文學閱讀轉向奇幻、推理，甚至「高級商業小說」（例如在台銷售近百萬冊的《達文西密碼》，破四十萬冊的《追風箏的孩子》等等）。至於一九八〇年代以前風行全台的「純文學」，則早已萎縮的只剩下幾隻小貓。閱讀世代的替換，成長經驗的差異，社會環境的變遷，都會造成閱讀類型的轉向。台灣出版市場的餅並沒有變小，只是內部結構出現調整。不再被青睞的出版類型（與出版社／人）經營上自然比過往辛苦。

再加上近來台灣大型出版集團圖書行銷手法日漸熟練，暢銷書屢屢能賣破二十萬，像《達文西密碼》（近百萬）、《佐賀的超級阿嬤》（破五十萬）、《追風箏的孩子》（破四十萬）、《M型社會》（破二十萬）《藍海策略》（破二十萬）《執行力》（破二十萬）來看，圖書市場也出現「馬太效應」，暢銷書贏者全拿的情況越來越平常。

各種因素累加起來，自然排擠到不少首刷只有兩千冊（甚至一千）的B級一般書的市場，所謂的高退貨率，也幾乎都產生在這些出版品身上，以及經營這些出版品的二線出版社。

固然是出版社太小不被通路重視，無法和大出版集團抗衡，爭取到足夠的行銷資源有關（只要定期觀察書店強打新書，不難發現幾乎都是前二十大出版社佔據黃金行銷櫃位，中小型出版社即便有優質新書，也難以爭取曝光）；但也有部分原因在於，台灣二線出版業者的投機心態，出版了不少並不值得出版（或者值得出版但卻沒有好好設計包裝經營該主題）的出版品，導致主要連鎖通路不願對這些書下單，而書都印了，經銷商只好將這些書配給其他獨立書店或地區書店（在台灣，只有連鎖書店採購才有新書下單權力，其他獨立書店門市，都是被動接收經銷商／出版社配送來的新書），即便不適合該店銷售，許多經銷商也會統一公平分配，導致新書期間雖然把書順利鋪出去了，但過了新書期（甚至當月），就被退回的情況日漸嚴重（因為經銷商配不對的書給不對的書店賣，自然會被書店退貨，畢竟一般書店都還是月結制），B級出版品新書退貨率便日漸升高。

國內通路業者是否願意深耕各地書店，了解各家書店之圖書銷售類型，並針對需求更精準的配書（以減少新書期退貨），也是解決退貨率過高的問題之一。經銷商或許更應該去思考的是，為何書店會把當月新書退回來？如果能賣的書，書店為何要退貨？

台灣出版產業上中下游有各自的問題，要把餅做大，得願意先謙卑的回頭面對自己的問題，然後尋思和上下游之同業聯合，以開誠佈公的態度，檢討並了解市場現況，找出四贏之道（上中下游以及消費者），否則，書價只會越來越高（如果通路只懂要降百分比，要折扣而不願意提升書店經營品質），而退貨率也只會越來越高（如果出版社依然想以書養書，利用月結制拿爛書換現金），並不能有效解決問題，金石堂的事件，是個很好的提醒，希望我們所有出版人都能從中學到該學的教訓。

【附錄】想出書，得先知道向出版社提案的方法

我在出版社工作那幾年，經常都會收到一些投稿。稿件品質的好壞暫且不談，看得出投稿人對其作品的專注與熱忱。遺憾的是，這些稿件最終都沒能出版，雖然「不適合」當時任職的出版社也是原因之一，投稿方式錯誤更是造成稿件石沉大海的關鍵。

不了解出版業的人，可能誤以為「編輯」是一份很優雅的工作，每天看看稿件、讀讀書。實際上「編輯」的工作非常忙碌且龐雜，很少有時間能夠坐下來好好看稿子，特別是那些還不確定要不要出版的投稿稿件。

大一點的出版社或許有專門審稿的單位（或配合的人員），小出版社通常忙到喘不過氣來，一個人得當很多人用。

或許你會覺得，「怎麼可以這樣？」但是，現實就是這樣！

或許你為追問，「出版社是怎麼決定稿件的採用與否？」

通常分兩種情況，翻譯書的部分，信任版權代理商的推薦清單，從中挑選合適自己出版社

的書籍，再找專門的審稿人員幫忙判斷，編輯很少會自己讀完全書再下判斷（當然也不是沒有這樣的情況，只是少見）。

自行投稿的部分，編輯大多會看此書稿有無附上「出版提案書」？

想要書稿被出版社採用，重要的反而不是稿件本身，介紹稿件與撰寫人的「出版提案書」才是決勝負的關鍵。

以一個簡單的比擬來說，就是替自己和自己的作品寫一份「履歷自傳」，向出版社自我介紹。把這份自我介紹的書籍履歷寫好，至少比那些只把稿件寄來甚麼說明都不做的作者，替自己贏得洽談的機會比較大。

那麼，書的「履歷自傳」應該包含哪些元素？

首先，最重要的是書名，取個好書名，一個好書名勝過千言萬語。書名就是最好的企劃案標題，包容整本書的概念與架構。

其次是目錄／大綱，你應該對於你要寫的書籍內容，有完整的目錄大綱，這份目錄大綱能讓編輯猜得出你想做甚麼？

寫一段書籍主題的說明介紹，告訴編輯，這本書打算處理甚麼議題？以甚麼手法撰寫（小說、散文、詩歌、戲劇、評論）？打算寫多長？有幾個章節？誰是你的目標讀者（誰會需要買你的書來看）？市面上有那些作者的作品跟你屬於同一個脈絡？你的書籍賣點在哪裡（為什麼人家要買你的書來讀而不是買別人的）？

寫一份自我介紹，談一談你在文字撰寫與出版方面的資歷。幾歲的時候覺得自己喜歡寫作？為什麼想要寫作？寫過哪些作品？在那些地方發表過作品？有沒有得過文學獎？有沒有誰可以幫你的書稿掛名推薦？你有沒有可以推廣行銷書籍的管道？有沒有死忠讀者支持你出書並且會買書？

至於你寫的稿件，只要給一章左右的份量就可以了，不需要提供整份的稿件，編輯沒空看也還會覺得累，投稿的素人作家則會擔心自己的稿子被出版社給偷用了（完全沒有擔心的必要，出版社如果看你的稿子好，寧可直接跟你買也不會再找別人來重寫）。

另外，給還沒出過書的素人寫手一個良心的建議，對於編輯提出修改建議時，不要覺得挫折受傷或者被否定。編輯代表的是讀者／市場的眼光，從一本書的呈現架構的角度來思考文稿的呈現方式，通常會對作品的鋪陳與表現手法有其見解，就算你不認同也不要急著否定對方的善意，應該多聽聽編輯的想法，回去思考看看。

記住一點，會嫌的人才會買，如果編輯根本不覺得你的稿件有出版價值，根本懶得給你建議或跟你討論修改方向，直接回絕你就好了！

做好上述幾點，替你的書和你自己寫一份精彩的「出版提案書」，完成出書夢想之路，也許就離你不遠了！

啟思路01　PI0031

編輯到底在幹嘛？

──企劃、選題、行銷、通路、電子書全都得會

作　　者　王乾任
責任編輯　邵亢虎、鄭伊庭
圖文排版　陳姿廷、姚宜婷
封面設計　陳佩蓉

出版策劃　釀出版
製作發行　秀威資訊科技股份有限公司
114 台北市內湖區瑞光路76巷65號1樓
電話：+886-2-2796-3638　傳真：+886-2-2796-1377
服務信箱：service@showwe.com.tw
http://www.showwe.com.tw
郵政劃撥　19563868　戶名：秀威資訊科技股份有限公司
展售門市　國家書店【松江門市】
104 台北市中山區松江路209號1樓
電話：+886-2-2518-0207　傳真：+886-2-2518-0778
網路訂購　秀威網路書店：http://www.bodbooks.com.tw
國家網路書店：http://www.govbooks.com.tw
法律顧問　毛國樑　律師
總 經 銷　聯合發行股份有限公司
231新北市新店區寶橋路235巷6弄6號4F
電話：+886-2-2917-8022　傳真：+886-2-2915-6275

出版日期　2014年7月　BOD一版
定　　價　390元

國家圖書館出版品預行編目

編輯到底在幹嘛：企劃、選題、行銷、通路、電子書全都得會 / 王乾任著. -- 一版. -- 臺北市：釀出版, 2014. 07
面； 公分
BOD版
ISBN 978-986-5696-19-1 (平裝)

1. 編輯 2. 出版業

487.73 103008372

讀者回函卡

感謝您購買本書，為提升服務品質，請填妥以下資料，將讀者回函卡直接寄回或傳真本公司，收到您的寶貴意見後，我們會收藏記錄及檢討，謝謝！如您需要了解本公司最新出版書目、購書優惠或企劃活動，歡迎您上網查詢或下載相關資料：http:// www.showwe.com.tw

您購買的書名：________________________________

出生日期：________年________月________日

學歷：□高中（含）以下　□大專　□研究所（含）以上

職業：□製造業　□金融業　□資訊業　□軍警　□傳播業　□自由業
　　　□服務業　□公務員　□教職　□學生　□家管　□其它_____

購書地點：□網路書店　□實體書店　□書展　□郵購　□贈閱　□其他

您從何得知本書的消息？

□網路書店　□實體書店　□網路搜尋　□電子報　□書訊　□雜誌
□傳播媒體　□親友推薦　□網站推薦　□部落格　□其他__________

您對本書的評價：（請填代號　1.非常滿意　2.滿意　3.尚可　4.再改進）

封面設計____　版面編排____　內容____　文／譯筆____　價格___

讀完書後您覺得：

□很有收穫　□有收穫　□收穫不多　□沒收穫

對我們的建議：________________________________

____

____

____

請貼
郵票

11466
台北市內湖區瑞光路 76 巷 65 號 1 樓
秀威資訊科技股份有限公司 收
BOD 數位出版事業部

（請沿線對折寄回，謝謝！）

姓　　名：________________ 年齡：________ 性別：□女　□男

郵遞區號：□□□□□

地　　址：____

聯絡電話：(日) ________________ (夜) ________________

E-mail：____